刘华杰 著

自然以自由

NATURAL
THEN
LIBERAL

北京大学出版社
PEKING UNIVERSITY PRESS

图书在版编目（CIP）数据

自然以自由 / 刘华杰著. —北京：北京大学出版社，2023.6
（沙发图书馆·博物志）
ISBN 978-7-301-33993-0

Ⅰ.①自…　Ⅱ.①刘…　Ⅲ.①博物学　Ⅳ.①N91

中国国家版本馆 CIP 数据核字（2023）第 080344 号

书　　　名	自然以自由	
	ZIRAN YI ZIYOU	
著作责任者	刘华杰　著	
责 任 编 辑	徐　迈	
标 准 书 号	ISBN 978-7-301-33993-0	
出 版 发 行	北京大学出版社	
地　　　址	北京市海淀区成府路 205 号　100871	
网　　　址	http://www.pup.cn　　新浪微博：@ 北京大学出版社	
电 子 信 箱	pkuwsz@126.com	
电　　　话	邮购部 010-62752015　发行部 010-62750672	
	编辑部 010-62752022	
印 刷 者	北京中科印刷有限公司	
经 销 者	新华书店	
	880 毫米 ×1230 毫米　16 开本　28 印张　422 千字	
	2023 年 6 月第 1 版　2023 年 6 月第 1 次印刷	
定　　　价	89.00 元	

前　言

这是一本有关自然、哲学、博物的个人杂文集，绝大部分是受邀撰写的图书序言和图书评论，小部分涉及学术争鸣、媒体访谈。时间跨度大约5年，极个别者例外。

1. 考虑一个命题：自然以自由

书名《自然以自由》包含两个大词"自然"和"自由"，以及一个非常含糊的连接词"以"。无论怎样的自由观，都没法脱离自然问题得以讨论。两者的关系在历史上也被讨论过无数次。

自由是相对于束缚而言的。自由问题看似单纯的政治哲学问题，其实也有自然的一面。当生命（不限于人类）自身能力低下时，面对大自然的束缚，活动余地有限。当生命自觉意识到局面需要改变并有可能改变时，自由问题就出现了。认识自然、利用自然、征服自然、再造新的自然等等，一路走来，部分打着"争取自由"的旗号。早期朴素的想法可能是（少有人公开讲出来），自由处在自然权威的对立面，降伏自然的"暴政"将获得更多人的自由。争取政治自由，不过是换个对手。突出人类个体之主体性，将一举两得，两种自由都解决了！真的如此吗？

启蒙运动发生于17—18世纪的西方，当时的对手是封建专制和宗教愚昧。为何启蒙？是让处于蒙昧状态之人意识到不足、不自由，改变还在其后。启蒙本身就包含着矛盾，甚至可能是不道德的！让人意识到问题，又没办法改变，痛苦增加了，这恰好是历代知识分子的写照。

到了康德那时，启蒙已经进行了相当长一段时间，1784年康德说："如果现在有人问：我们目前是生活在一个已启蒙的时代吗？那么回答就是：不是！但却是生活在一个启蒙的时代。"① 意思是启蒙没完成，还在进行中。到了1884年，启蒙任务完成了吗？没有。到了1984年呢？还没有。从康德讲那段话时算起又"启"了两百多年，还遥遥无期。对手已部分更换，却没有消除。有时老对手、新对手叠加在一起，任务愈发艰巨，几乎无法完成！以启蒙自居者，其人生大多染上悲剧色彩。

启蒙的目标是使民众能够公开地运用自己的理性。那么理性又是什么？以前好像很清楚，现在则不得不思考一番。理性不等于当代自然科学的理性，不等于"现代性"的理性。当然，这不意味着几百年来无数前辈完全白费功夫，人们的确获得许多。许多什么？许多自由！席勒1795年说："人类粉碎了枷锁。幸福者！恐怖的枷锁/断了，可别也扯断羞耻的缰绳！/理性要自由，无限的欲望也高呼要自由，/他们放纵地挣脱神圣的自然。"② 不仅仅人类在持续争自由。也有人说，疫情的泛起实质就是日益边缘化的病毒为争取自由的绝地反击。人类不能就此而简单地服输，立即承认"地位低下"之新冠病毒的自由权利，但疫病泛滥的生态学解释可以让我们意识到人类自由必然受到约束。从更大的范围看，启蒙只是手段，不是目的。对启蒙也要反思，但措辞要十分小心。

在康德的时代，自然、目的性、自由就难以协调，康德哲学某种程度上就是要把三者的复杂关系理顺。通常，人类主体面对来自人为和来自大自然两方面力量的夹击，与前者的战争表现为争取政治自由（哈耶克的《自由宪章》和《法律、立法与自由》在此有点用途），与后者的战争表现为争取生存自由（也关联着道德自由）。应当说，政治自由确实已争取到一些，

---

① 康德.康德著作全集：第8卷.李秋零，主编.北京：中国人民大学出版社，2013：45.
② 席勒.席勒诗选.钱春绮，译.北京：人民文学出版社，1984：58–59.

而后者战绩不明显，有时战争进入了消耗战，矛盾愈加不可调和。比如现在"零零后"的年轻人，有些人不想生孩子。他们有这个自由，但是细想一下，是无奈的自由，还是不自由。"决定不生孩子"也是形势所迫，是精细"算计"的一种决策。人口多了是个问题，不生孩子更是个问题。

回想一下笛卡儿、康德的二分法，人虽然根本上是大自然的一部分，却被"隔离"开来。人走出人之专制而导致的受监护状态（涉及人为法，称法律、规章、制度）被认为是自由的表现，人"征服"大自然（涉及自然法，称自然定律、规律）也同样是自由的表现，虽然康德早就暗示对两者的态度要有所区别。但康德哲学极强的人类中心主义特征，妨碍了对后者的发挥。"合目的性"是康德反复启用的一个说辞，为此他还构造了"自然意图"等不合时代潮流的概念。行为或思想合目的性，则是自由的，反之则是不自由的，这是心理层面的解释。但目的性本身也是时代建构出来的，由此解释堕入循环。对于具体的主体，自由有多少，更是难以度量。

康德从年轻时就在考虑，如果不借用宗教，如何表达、处理人的活动与自然法则（自然律）的关系。康德的写作多少还有点宗教禁忌，从那时至今，西方自然科学在功能上已经完全取代西方基督教，形势发生了大反转。康德对开普勒、牛顿、布丰都表示尊重，自己也考虑了贯穿大自然所有层面，一揽子给出世界存在与演化的图景（涉及他的"万有博物学"）；后来基本放弃了这个艰巨任务，但晚年又试图拾起来。康德对新兴的近现代自然科学极为敬重，所补充的只是知识的确实性问题，构思了"先天综合判断"等完全不成功的解决方案。就知识的生产而言，康德未提供任何新手法；就知识的性质而言，康德有惊人的领悟，却开出了错误的药方。他最大的贡献，可能在于肯定人之认知与规范世界的能力。

在科学昌明的时代，讨论自由问题，对话方主要不再是康德的先验论，而是自然科学的有限经验论。"自由不在于幻想中摆脱自然规律而独立，而在于认识这些规律，从而能够有计划地使自然规律为一定的目的服务。这无论对外部自然的规律，或对支配人本身的肉体存在和精神存在的规律来说，都是一样的。这两类规律，我们最多只能在观念中而不能在现实中把它们互相分开。"[①] 1987 年我从地质学系准备考哲学系研究生时，首次接触到这段话，有醍醐灌顶的感觉，之后亦经常琢磨它的现实意蕴。当下，在非科学主义的意义上理解"自然规律"，这段话便显示了强烈的批判性。再进一步，单纯认识了"自然规律"，可能也不足以增加总体的自由（"总自由"）。但无论如何，认知对于获取自由、个体生存总是重要的。

现在重启博物之学，并非在逃避现实，是想借用科技的一个类似物（一个更有传统、经过了检验的东西）来平衡科技，反思科学主义以及与之相黏着的意识形态。

科技不应当垄断人们的自然观念。自然科学对于刻画自然具有优先性和优越性吗？自然与人为、人造是什么关系？怎么做才叫顺应了自然？现代科技发明了一些自由"项目"，也埋葬了若干，两者能进行会计核算吗？剥夺一个人的自由意味着什么？争取自由的过程会附带产生什么后果？自由与自然、必然的关系如何？这些问题始终考验着每一位学人。科学哲学、政治哲学专门讨论这些问题，但哲学以外的学术也涉及相关问题。本文集主要从博物学文化（cultures of natural history）和"天人系统可持续生存"的角度间接触及这类问题。

书中虽然没有以西式学院派哲学的架势分条分步骤论证"自然"和"自由"是什么，但是相信读者阅读后能够体会到作者的见解，并得出自己的观念。简化来看，"自然"与"自由"分属两界，哪个高？有人说显然"自由"更高，本书名似乎也在暗示这一点。其实不一定，两界的划分本身就有诸多预设，就排除了许多严肃的思考方向。自然、自由、自在、自我是密切相关的一组概念，也应当联系起来讨论，那将用到更大的分析框架（博物学文化实际都涉及了）。人们可以讲"自然以自由"也可以讲"自由以自然"，它们两者还应当构成一个循环，互相推动，所谓"道之反（返）

---

① 马克思，恩格斯．马克思恩格斯文集：第 9 卷．中共中央马克思恩格斯列宁斯大林著作编译局，编译．北京：人民出版社，2009：120．

也"。其中任一环节，比如"自然以自由"，作为一个命题，表达了一种不常见的看法、非主流的哲学观点。它是我多年从事科学哲学、科学史、科学社会学以及博物学文化教学与研究的心得。在我内心里"自然"与"自由"同样神圣，它们互相渗透，也可说是一体两面。做到自然了，也就自由了；有自由了，也就自然了。现实场景太复杂，通常"访问"不到纯然的、理想化的自然、自由，它们永远是学人憧憬、追求的状态。吉狄马加曾写道：

> 我曾问过真正的智者
> 什么是自由
> 智者的回答总是来自典籍
> 我以为那就是自由的全部
>
> 有一天在那拉提草原
> 傍晚时分
> 我看见一匹马
> 悠闲地走着，没有目的
> 一个喝醉了酒的
> 哈萨克骑手
> 在马背上酣睡
>
> 是的，智者解释的是自由的含义
> 但谁能告诉我，在那拉提草原
> 这匹马和它的骑手
> 谁更自由呢 ①

---

① 吉狄马加. 自由. 中国民族，2004 (9)：卷首寄语 1.

在这里，诗人没有论证"自由"是什么，但不等于他没有表达看法。相反，诗人以一种特殊的方式宣布了"自由"的部分含义。席勒说过，"要提防挣脱锁链的奴隶"，"智者的理智所不能看到，/有童心的人会简单做到"。[①] 我的想法与此相关，若要讲明，那就是"自然以自由"。这个论点之强弱，要由实践来判定。演化有时间指向，回到过去是不可能的。"自然"，包含着合理性，也不意味"不变"，而是"自然地变"。自然地变，是指与环境协调一致地变。

2. 博物作为手法

博物是一种极其"浪费"时间的活动，而当代人普遍感觉没有足够多的空闲时间。"一个人如果没有自己处置的自由时间，一生中除睡眠饮食等纯生理上必需的间断以外，都是替资本家服务，那么，他就还不如一头役畜。"[②] 现在，"他"可能不是"替资本家服务"而是服务自己或其崇拜的对象，但意思差不多，依然是"役畜"。

在现代社会，人文一直在"说"，科学一直在"做"，会说不如会做，这就注定前者越来越弱势。重启博物学文化主要针对的是现代性危机、唯科学主义霸权，希望沿着传统继续操练起来。可以用路德的宗教改革来类比重启公民博物的用意。

要达到相关的社会目标，宜采用"博物+"策略，一阶与二阶必须结合。首先，一阶爱好者宜主动用二阶思想武装自己。其次，二阶研究者在做研究、写论文的过程中也要沾沾泥土，亲自操练至少一种自然爱好，而且要长期坚持，否则根本体会不到研究对象（诸多博物者）对大自然的深情。过去十多年中，中国的一阶与二阶博物活动有一点点结合，瘸腿现象依然严

---

① 席勒诗选，1984: 82–83.
② 马克思恩格斯文集：第3卷，2009: 70.

重。宏观看，一阶和二阶都缺。比较而言，二阶缺得相对多，高校教师、研究人员负有责任。中文世界二阶读物本身就很有限，阅读频率也很低，应当鼓励学者多翻译、多写二阶内容，要说服出版社重视二阶博物学著作的出版。

如果两者结合不良，会造成一种片面印象：许多人会以为博物与科学没什么区别，只是更肤浅一点罢了。果真如此，确实没必要重启博物之学了，干脆直接做科学、搞科普就结了。

鼓吹博物，并非让人们变得更忙。其实忙是一种"罪"。如格雷伯（David Graeber，1961—2020）所言，我们忙活的大部分工作实际上毫无意义。

一代人或许都有一代人的宿命。我们这一代人找到了古老的博物学，吆喝着重启它，主要是想为未来演化扫清思想障碍。也适当搭建了一些平台，勾勒一下图景。坦率说，也做不了太多事情。下一代人比我们优秀，一定会做得更好。

3. 编排方式

本书收录的是论文以外的杂文，敝帚自珍，觉得其中也有点内容。我更喜欢用日常语言讲出自己最得意的想法，因此在我眼中杂文比装模作样的学术论文重要。我也认为学者应当多写杂文，少写刻板的论文。显然，这不符合潮流。

已收入《殿里供的并非都是佛》（江苏人民出版社，2004）、《看得见的风景：博物学生存》（科学出版社，2007）、《天涯芳草》（北京大学出版社，2011）、《博物自在》（中国科学技术出版社，2015）、《从博物的观点看》（上海科学技术文献出版社，2016）、《博物致知》（湖北科学技术出版社，2016）等书的杂文，即使内容与本书主题直接相关也不再重复收录。梅比（Richard Mabey）《杂草的故事》的书评则例外，这篇书评修改、增补后在"典藏版"中以序言的形式出现，本书仍予以收录。全书共分五编，依次为：

第1编为"借序言事"，收录的都是为国外博物类图书撰写的中文版序言。并非单纯介绍、评论原书的内容，也借机会阐发自己的零星看法。每一篇末尾会注明文章的写作时间，以及与之相关的原书信息。

第2编为"同声相应"，收录的也都是序言，与上一编不同之处只在于对象不同，前者针对翻译的图书，这里针对中国人自己写的图书。这两编占据了主要篇幅，也可以把此书视为"序言集"。

第3编为"博物知本"，所议之事涉及科学史、科学文化、博物学文化，既有一阶的也有二阶的内容。当下的哲学处于"高不成低不就"的尴尬境地。往高层次"升华"，留给高手大显神通；某以诠才末学，"下行"做点链接土地的杂事。

第4编为"砥砺争鸣"，选取几篇表达不同看法的短文。文字写得很直接，如有冒犯，在此道歉。

第5编为"媒介互动"，随着博物学出版物的增多，媒体也越加关注博物学，这里收录了若干采访文字。

编文集要面对一个麻烦问题：内容重复！此文集收录的文章，是不同时间出于不同目的而撰写的。涉及的主题又基本上是博物学（文化）和哲学，有些问题被反复问起，不可能不重复，因此要说一声抱歉！也考虑过大幅度删改，但那样可能改得面目全非，也不尊重历史。细心的读者会发现，不同时期作者对同类问题的看法是不同的。如果对比稍早时期的其他文集，会明显看出思想的演化痕迹。为了不破坏当时讨论的语境和思考特点，编订此文集时，尽量不做"微观手术"。若要删节就成段成篇地做。

感谢我的老师、朋友、同事、家人、学生！感谢当初邀请我撰写序言和书评的出版社和报刊。感谢北京大学出版社编辑田炜、徐迈出色的编辑工作帮我排除不少错误、纠正了一些不规范的用词。我运气真好，总能赶上优秀的编辑，再次感谢！

刘华杰

2022 年 1 月 18 日于北京肖家河

目　录

第 1 编

借序言事 ————

◎

关注"生活世界"中的食物

　　《撼动世界史的植物》是一部界面友好的小书。"界面友好"指行文简洁，全书像讲故事一样，没有吓人的学术论证。"小书"指篇幅较小，全书主要讲述13种普通的植物，只用了不到200页的篇幅。去掉优美的大幅面插图，单看文字是颇少的。这两点就决定了它的畅销？哪有那么容易！在媒介不断复杂化、多样化的时代，没人敢说具备了哪些"品质"，作品就一定畅销。往往是畅销后往回推，即马后炮式地寻找、概括一番。找出成为畅销书的充分必要条件，非常困难，可能会落入我曾概括的"双非原则"——既不充分也不必要或许很重要（neither necessary nor sufficient but possibly important）。但也不是无迹可寻，评论者总可以事后挑选一些自己认为重要的相关因素。

　　首先，这部书非常有趣，不经意间传播了许多重要的知识点。它们未必有多高深，却很有意思。比如，辣椒和玉米都原产于美洲，传到中国后又传播到日本，辣椒在日本称"唐辛子"，在韩国称"倭辛子"，玉米在中国称"玉蜀黍"（《本草纲目》），在日语中称"唐蜀黍"。蚂蚁对堇菜种子的处理，对双方都有好处。爱尔兰马铃薯晚疫病的暴发与单一种植直接相关，导致100万人饿死，以及爱尔兰人的美洲移民大潮。而美国的肯尼迪家族、迪士尼、麦当劳兄弟、林肯、克林顿、奥巴马都有爱尔兰基因。对于消化草料，牛有四胃，马有盲肠。稻米与大豆是黄金搭档，配合食用营养更为均衡。淮南王刘安发明豆腐（公元前谁发明了豆腐以及有多少人食用它，可能说不清楚，但在宋代豆腐肯定已经相当普及，成为一种寻常食品）。日本农林水产省的水果概念与我们的不同，专指树上所结的果实，番茄、草莓、西瓜都不算水果，而是蔬菜。

这里还可以补充几句。水果概念在超市中和日常语言里，中国、美国、日本其实差不多，但在日本生产商和在日本消费者那里有差异。日语中"果物"相当于汉语的水果；"野菜"相当于蔬菜，指人工种植的种类，不包括野生的！"山菜"相当于野菜。美国曾经对蔬菜加征关税而水果是免税的。番茄是蔬菜还是水果之分类学，是非常现实的问题。美国的进口商当然主张番茄是水果。联邦最高法院最终判下来，番茄是蔬菜，就也就意味着它在征税之列。2019 年，在高温难耐的夏日，了解一下这些"无用而有趣"的知识，不是也挺好吗！

其次，这部书再次传达了非人类中心论的一个观点。作者尝试从植物的角度看世界、看历史。人类常常自以为是，太习惯把自己置于其他所有生命之上，因而不大习惯从鱼、从狗、从细菌、从松树、从郁金香的视角看问题。

作者在书的结尾处说："人类的历史其实是植物的历史。"听起来有点奇怪，对不对呢？关键一点，如何理解"是"。对于一个科学哲学意义上的"综合命题"，"是"的两边并不相等，相等也就是没意思了。比如，5=5，老张 = 老张，植物 = 植物，属于废话练习。奇妙的是，特别是对于极有启发性的格言，恰好要选取初看毫无瓜葛、细看又有特别关联的两个不同的事物。判别好的修辞或好的造句的标准是什么？标准是"能给人以启发"。稻垣荣洋的造句"人类的历史其实是植物的历史"确实能给人以启示。换个视角，"人类只不过是照料着植物的可怜虫"，这对狂妄自大的人类或许是一个较好的提醒。不过，这些并非他个人的独创，类似思想我们也能从其他作家那里找到，比如戴蒙德的《枪炮、病菌与钢铁》、波伦的《欲望的植物学》（中译本为《植物的欲望》）、劳斯的《改变历史进程的 50 种植物》，甚至可以追溯到技术哲学家埃吕尔的《技术社会》。《撼动世界史的植物》一书末尾的参考文献中，也包含上述戴蒙德和劳斯的作品。

再次，该书的写作顺应了当下历史学界的思想解放，有"大历史"和文化史的背景或者影子。面对"现代性"社会的诸多问题，以及学术本身的发展需要，"历史"观念也在悄然变化。洞悉变化不需要熟读巴特菲尔德《历史的辉格解释》和布赖萨赫的《西方史学史》等学术文本，通过关注当下历史书籍的品种、范围即可领略。"大历史"，顾名思义，指时空格局大，融通多学科知识，讲述万物（包含人类）交织的历史。历史学家要打通原有的条块、部门、层次阻隔，重视系统突现，在更宏大的视野中"观察"人类与环境的互动，考虑人类的命运及生态系统的命运。对此方面，此处不展开叙述。

对于文化史，在我看来，变化主要体现在一旧一新两个方面。前者指回归历史学原初的全面性。在汉语中，就词的字面意思来讲，何谓历史呢？历，经也，时间轴穿越，历史学家干的活儿；史，记也，记录图像和文字，史官干的活儿。历史写作与研究有两个维度：纵向的时间延续，横向的空间展开。没有丰富的"史"（积累空间切片），"历"（在不同切片间寻找因果关系）是做不成的。这个，对于西文也是一样的。古希腊词的"伊斯特丽亚"（ἰστορία，对应拉丁词 historia、英文词 history），主要是记录、描写之义，时间演化之义是后派生的，却一点点成为主流。对于"历史"之类偏正结构的词，长期以来人们只注意其一个方面。于是，历史侧重于时间演化过程。对于"宇宙"，侧重于空间绵延，其实两个维度都是有的。汉字中"宇宙"两字一个指向时间一个指向空间："四方上下曰宇，往来古今曰宙。"提及"历史"之词源，决不是掉书袋，假装深沉，而是要恢复古老的传统，提醒人们做历史工作的也要关注、记录当下正在发生的各种事件，它们马上就将成为历史学家研究的对象。与其等到许多关键信息丢失了再去费劲地重构，还不如现在就亲自描述正在发生的现象。当然了，两者都要做，适当偏向一点是可以的，但不宜只取一个。历史学家描写当代社会、正在发生的社会事件肯定有别于新闻记者、社会学家、人类学家的做法，但这一任务不能取消，历史学工作者要勇于担当起来。其中的历史学工作者，未必是职业历史学家，也可以是此书作者这样的"杂草生态学家"，也可以是稍加训练的普通文化人。那么，写什么？怎么写？马上就成了问题。这与我要说的第二个方面有关系。

后者相对新颖，代表着历史观念的一种新变化。特洛伊战争、伯罗奔尼撒战争、恺撒征服、十字军东征、拿破仑称帝、第三帝国兴亡，当然可以是历史写作的对象；工业革命、电力革命、原子弹、计算机、核军备竞赛、互联网、5G 通信之争，可以是历史写作的对象。但是，世界各地普通人的日常生活，也可以是并且应当是，历史写作的重要对象。中国古代的四大发明——不同于洋人根据他们的需要概括出的造纸术、指南针、火药、活字印刷术——茶叶、丝绸、瓷器、豆腐，在文化史的意义上，都大有文章可做。唐朝人穿什么衣服，能吃到辣椒吗？主流史学家会研究这些事吗？人类走出非洲，在各地都吃什么活过来的？我们的祖先都是成功者、胜利者，他们不成功就不会有我们。既然普遍认为"历史是由胜利者写成的"（第 70 页），后人闲暇之时，也有责任写写"生活世界"（现象学哲学的一个术语，其实并不高深）中发生的历史。该书主要讲了 13 种植物，它们极普通，却又很重要，与恺撒、爱因斯坦、尼克松、盖茨相比，与机枪、坦克、航母、手机相比，谁更重要，更关乎天人系统的可持续未来？在我看来，这些植物更重要。恺撒、爱因斯坦能解决吃饭问题？不能！坦克、航母有助于和平吗？非也！所以，历史学家能写植物，本身就了不起，代表着史学观念的重大变化。其中，郁金香泡沫的故事并不很光彩，但郁金香竞赛总比军备竞赛要好吧！鼓励更多人把"剩余智力"用于园艺、文学、艺术肯定要比用于研发新型武器、升级手机，更合天理，更有利于天人系统的存续。

怎样描写物及人对物的利用？不单纯是唱赞歌，也需要反思。在人类历史上，"物种大交换"、全球化带来无数看得见的好处，但也有许多阴暗面。全球化过程中流通的有货物、金钱、奴隶、病菌还有垃圾。"就是因为这一杯茶中加入的砂糖，无数男女被迫离开生长的故乡过着奴隶生活。"（第 132 页）简单的道德判断无济于事，史学家可以先做一些基础性工作。关注自然物、人工物，对于史学家不算太苛刻的要求，经济史、制度史、思想史可以研究，物当然也可以研究。对物的研究，可以展现社会和环境的变迁，研究物就是在研究思想、经济、社会、政治。江河湖海以及普通的水，都值得历史学家关注。喝一瓶售卖的瓶装水，意味着什么？在世界游泳锦标赛的电视转播中看到矿泉水作为赞助商，这不令人思索吗？水可以卖钱，那空气呢？在污染不断加剧的进程中，干净的空气早晚会成为商品。水和空气成为商品，对人类和地球意味着什么？

稻垣荣洋说："我们不知道是因为有了文明才有了优质的作物，还是优质的作物支撑着发达的文明，但可以肯定的是，世界文明的起源都与作物的存在有着深深的联系。"（第171页）稍想一下，不难发现，有吃的，人才能活下去。没饭吃哪有什么文明。该书讲的13种植物分别是禾本科的小麦、水稻、甘蔗、玉米，胡椒科的胡椒，茄科的辣椒、马铃薯、番茄，锦葵科的棉花，山茶科的茶，豆科的大豆，石蒜科的洋葱，百合科的郁金香。它们按"科"来分，可分作8科8大类。其中调味植物也许讲得太少了，我倒愿意补充两种令人着迷的种类：块茎山萮菜（*Eutrema wasabi*，即常说的山葵，日本芥末的原料）和木姜子（*Litsea pungens*），前者属于十字花科，后者属于樟科。我第一次品尝它们的情景永远不会忘记，也建议没吃过的读者尝一尝。

影响人类历史的植物显然不止这些，但描述这13种已经足以说明问题，阅读相关的故事，足以让读者想象人类自身的历史、人类与环境互动的历史。其中，除了郁金香外，都是重要的食物。食物值得尊重，这些提供了食物的植物也值得尊重，世世代代的培育者也值得尊重。怎样尊重？首先是尊重植物的生存权，保证那些栽培这些植物的人能够方便地繁殖它们。"对植物来说，最重要的是什么呢？那就是结出种子，播撒种子。"（第179页）但是，随着人类本事的增大，一些追求特殊利益的个体和组织正在斩断植物种子传播的道路：一些公司以保护知识产权为名，禁止人们再次利用种子繁育下一代植株。实际上，大家应当联合起来，不承认某些种子专利，保障种植者拥有持续播种自己收获之种子的权利。这13种植物中，至少水稻、玉米、辣椒、马铃薯、番茄、棉花、大豆这7种都已经被部分转了基因（不是全部），即除了传统社会当中存在的自然物种外，已经有了对应的 GMO（基因修饰生物）。是好是坏？争议颇大。在我看来，至少目前看不需要转。正因为它们极为重要，在安全性无法保证的状况下，宜慎重，能不转就不要转，而不是急着转。瞧一瞧谁最急着转？的确有一部分普通百姓赞成转，但是这些人可忽略不计，着急转的人主要来自现代的强势群体：谋利的企业、部分科学家、部分政府部门。严格讲，挺转和反转都没有逻辑上充分的理由，但是反转却有一个重要的理由：大自然中、传统社会中已有的作物，都经历了漫长时间的演化，它们是久经考验的，它们是全人类的宝贵财富；对于以极快速的、根本不同于以往的手段改变植物的遗传方式，需要给出论证，降低风险，说服怀疑者。"谁主张谁举证，谁改变谁说服。"如果哪位科学家或团体觉得英雄无用武之地，可以学习古人，采用人们可以接受的办法尝试培育出某种新的作物，如水稻、小麦、玉米、辣椒、花生、大豆，不要随便糟蹋前人的成果。有人说，反转（本身有不同的程度）就是反科学、反进步、反文明。这种论调站不住脚。在人类漫长的历史当中，科学在哪里？在数千年数万年中人类驯化各种植物时依据了哪些科学？现在所谓的科学，是非常近期的事情，生命科学的现代史在达尔文之后才刚刚开始，当下科技能周全考虑的时空尺度仍然相当有限。生命的信息不是可以通过 DNA 序列来分析吗，天文学家不是可以提前万年预知日月食吗，宇宙探测器不是可以深入遥远的星空吗，精确制导武器不是可以指哪打哪吗？没错，但是，现实中的科学对于处理复杂生命现象，特别是了解某些改变的长远影响，能力极有限。科学的定量化、还原论本性决定了它本质是一种只能做局部小尺度探测、权衡的人类知性工具。现实中的科技，从来不是孤立存在的，它一定与权力、资本高度捆绑。在现代社会，没有科技肯定不行，只靠它，人类的命运就危险了。科技不意味着正确。科技标准是一个重要指标准，但绝不是全部指标。科技也分高低、新旧，也有成熟者和不成熟者之分，在风险未知的情况下，宜采用低技术、旧技术、成熟技术。

　　此书优点很多，不用细讲。读者阅读它，用很简短的时间就能获得一些有趣的知识，并引发思考，这些显然是优点。不过，该书活泼、简洁的写法也决定了，它不可能事事做得稳妥。比如，没有提及对于中国北方人生活极为重要的粟（*Setaria italica* var. *germanica*，可加工出小米）；关于水稻原产地的叙述，关于印度阿萨姆茶的分类学地位，叙述不很周全。又如，对一些事件因果关系的断言可能有疑义，如关于咸海如何死掉，洋葱与金字塔建造的关系，洋葱在以吃文化著称的中国却受到冷遇的原因分析。对于后者，稻垣荣洋说很重要的一个原因是切洋葱的时候，洋葱本身的辛辣会刺激人流眼泪。这样的猜测说着玩可以，不必当真。实际的可能性是，中国有类似的东西，对新物种的需求不强烈。在中国，小根蒜（薤白）、藠头、多种野葱、多种野韭等"替代品"分布广泛，早已被普遍食用。

稻垣荣洋是植物领域的科学家，在此书中就植物科学本身虽没有讲太多，但很得体。涉及植物本身时，他用词不多，却触及了一个根本性问题：现代人以工业化手法处理复杂的农业，引发了生态问题。书中讲到的"被甘蔗侵略的岛"，具有普遍性。在中国桉树、茶树以及其他多种经济植物和动物侵略的山坡、草场、水体，数不胜数，在世界其他国家，情况也差不多。在实施工业化农业的地区，生物多样性极度降低，生态破坏、水土流失。为什么工业手法不灵？因为人为的工业化，相比于大自然本身的复杂性、精致性还是太小儿科了。过分简化地处理本来很复杂的问题，虽然局部上有效，长程上却引发问题。比如工厂化养鸡，鸡能产蛋人也能吃肉，但是质量上与传统的土鸡相比绝对差远了，长期吃工业化鸡蛋鸡肉对人体也有影响。对此有何应对办法？首先要有敬畏之心，在观念上要"知止"。不得不做时，在量上要加以限制，不能一味地上规模、拼价格。要减少产量，提升质量，稳定价格。生态食品，是优良食品，生产成本高些，当然价格也高些。常说的"物美价廉"，其实是幻想，也不符合逻辑。

植物的故事，也涉及人的财富观、人生观、幸福观。书中，稻垣荣洋讲了一个老掉牙的故事："在一个南方小岛上，人们悠闲地生活度日。一个外国来的商人看到后，问大家为什么不更努力地劳作赚钱呢？岛上的居民问，赚那么多钱做什么呢？商人回答：'可以在南方的岛上悠闲地生活呀。'听了这句话后，大家说：'我们不是早就做到了吗？'"（第128页）我的好朋友田松博士很久以前在《渔民的落日》一文中也讲过类似的故事："一个渔民坐在海边，一个旅游者问他：这么好的天气，为什么不出海打鱼？渔民说：今天已经打过了。旅游者说：你应该打更多的鱼，赚更多的钱。渔民问：那又怎么样呢？旅游者说：然后你可以买一个机动船，打更多的鱼，赚更多的钱。渔民问：那又怎么样？旅游者说：然后，你可以雇人打鱼，你自己就用不着出海了。渔民问：那我干什么？旅游者想了一想，说：那时，你就可以像我一样，坐在海边，看落日的风景。渔民说：我现在正坐在海边，看落日的风景。"（中华读书报，1998-1-14）

稻垣荣洋用"笑话"来形容这个虚拟的故事。其实，它不是笑话，它涉及一个非常严肃的话题。可以坦率地讲，现在许多人就没搞清人生的目的。田松说："幸福与技术并无直接关系。无论技术怎样发达，也追不上人类日益增长的物质和感官欲望。"

实际上，这是一本轻松的小书，读着好玩即可，不必想太多。

当然，如果想了，也就想了，不碍事。你还可以自己尝试像稻垣荣洋一样思考、书写。也可以从餐桌上启动我们自己的博物学，认清我们每餐吃下的每一种植物。未必一下子精确到种（许多栽培植物很难确认"种"），通常知道植物所在的"科"即可。坚持一年，就会有非常大的收获。

最后抄录苏轼900多年前的一首《春菜》，愿我们每天都能享用美食。

> 蔓菁宿根已生叶，韭芽戴土拳如蕨。
>
> 烂蒸香荠白鱼肥，碎点青蒿凉饼滑。
>
> 宿酒初消春睡起，细履幽畦掇芳辣。
>
> 茵陈甘菊不负渠，鲙缕堆盘纤手抹。
>
> 北方苦寒今未已，雪底波棱如铁甲。
>
> 岂如吾蜀富冬蔬，霜叶露芽寒更苦。

久抛菘葛犹细事，苦笋江豚那忍说。

明年投劾径须归，莫待齿摇并发脱。

2019 年 7 月 28 日于西三旗

（稻垣荣洋.撼动世界史的植物.宋刚，译.北

京：接力出版社，2019）

文化远比具体知识重要

布丰是 18 世纪的博物学家，是千年一遇的大博物学家。如今套在他头上的称号还有许多，如科学家、作家、启蒙思想家，其实最主要的还是博物学家。就影响力而言，博物学家当中也许只有亚里士多德、老普林尼、林奈、达尔文、威尔逊等几个人可与之相比。

布丰对于知识的增长和人类对世界的理解有许多具体贡献，但最大的贡献是推进了"用优美的散文体来描写人以外的自然物"，空前激发了知识界对于自然世界的兴趣。布丰大规模地把植物、动物、岩石等自然物拉进了文学写作的范围，他出版的集知识、观念与文学魅力于一体的百科全书著作迅速成为时尚，对法国启蒙运动做出了独特的贡献。

正名仍是必要的

布丰研究的博物学，法文写作 histoire naturelle，涉及一个古老的传统，一直可以追溯到老普林尼那里，再往前可追溯到亚里士多德和其大弟子塞奥弗拉斯特。布丰奋斗了半个世纪的大部头著作也称 *Histoire Naturelle*，他去世前主持完成了 36 卷，后来其学生补充了 8 卷，合计 44 卷。这部大书的中译名应当为"博物志"或者"博物学"，却长期被不恰当地译作"自然史"或者"自然历史"。

为什么说那样翻译不恰当呢？博物学家达尔文、华莱士、迈尔、古尔德等人研究的内容不正好涉及大自然的历史演化吗？用"自然史"来代表他们所研究的领域不是恰如其分吗？非也！第一个理由是，以"自然史"来译犯了时代上的错误，相当于非历史地看待前人和前人作品。

在布丰的时代，演化思想并不是主流学术观点。他的辉煌著作虽然在个别专题上也涉及大自然的演化问题，但不是普遍的主题。对自然物的精彩描述才是布丰做的主要事情。这些描述，会偶尔碰到某物在时间进程中的变化，但是通常不涉及时间变化问题。就整个大自然而言，他更在乎的是空间、现状，而不是时间、历史。

对于现在的普通人士，以演化论（也译"进化论"）的观念看世界是相当自然的，因为大家从小接受的教育就一再提醒每一个人：世界是演化而来的，生命也是一点一点演化而来的，地球有几十亿年的历史。但是在18 世纪初，人们并不是这样看世界的，即使那时的学术精英也不具备基本的演化观念。正是通过布丰、拉马克、钱伯斯、达尔文、赖尔这样的人物不断努力，学者才逐渐搞清楚演化的一般历程，在科学的意义上确认了地球的历史相当长。以今日的教科书为标准来看，布丰对地球年龄的估计是不靠谱的。但这样比较，意义不大。直到 19 世纪下半叶，学者们还在激烈地争论地球的年龄。地质学上常以百万年为单位计算年龄。100 百万年是物理学家开尔文对地球年龄容许的最大值，而地质学家和生物学家认为恐怕要大于 400 百万年。实际上，按开尔文的精心计算，地球年龄逐渐在变小：1863 年他估计上限为 400 百万年，1868 年减小到 100 百万年，1876 年减小到 50 百万年，1881 年为 20—50 百万年，到了 1897 年他认定的地球年龄仅仅是 24 百万年（A. 哈勒姆 . 地质学大争论 . 诸大建等，译 . 西安：西北大学出版社，1991：122）。20 世纪 30 年代，爱尔兰物理学家乔利（John Joly）依然坚定地认为地球的年龄不超过 89 百万年。而我们现在认定地球的年龄是 46 亿年左右。要知道，开尔文不是一般人物，而是有着巨大权威的著名数理科学家。科学界所认定的"事实"和"真理"，是随时间而变化的，我们不应当用今日的标准来要求前人。

第二个理由是，historia naturalis 在西方很早就形成了一个重要传统，它是人类社会中记录、描述、探究大自然最古老的传统之一，一直延续到现在，名称也没有改变。布丰的工作就属于这个伟大的传统。理论上，这一传统的中文名可以随便起，但实际上不能那么做，特别是其中涉及一个古老的词汇"historia"（此拉丁词来自一个发音近似的希腊词），它在那时不是"历史"的意思，而是"探究、记录、描述"的意思。相关的作品一般译作"某某研究"或"某某志"，亚里士多德的《动物志》、塞奥弗拉斯特的《植物探究》、格斯纳的《动物志》、雷和威洛比的《鱼类志》等重要作品的书名都可以反映这一点。甚至培根的作品中还提到博物层面的研究（natural history）与实验研究（experimental history）的对比。其中的"history"依然是"研究"的意思，跟"历史"没关系。那么到了 21 世纪，有变化吗？没变化，学术界仍然重申"natural history"中的"history"没有"历史"的意思，不信的话可以读《哺乳动物学杂志》上的一篇文章 [David J. Schmidly. *Journal of Mammalogy*, 2005, 86（3）: 449-456]。这几乎是学术常识，对此不存在任何争议，今日做翻译不能忽视这一常识。不过，并非只有中国人不注意英文词的古义，现在说英语的外国人也有大批人士搞不懂"history"的古义。这没什么好奇怪的，正像中国人也并非都清楚"百足之虫死而不僵"中的"僵"是什么意思一样。旧版《现代汉语词典》甚至也给出了错误的解释，好在新版已经更正，将"僵"的错误解释"僵硬"改为正确解释"仆倒"。为什么说"仆倒"是正解呢？除了词源的考虑，还可从一阶博物上得到印证。观察一下北京山坡上常见的节肢动物马陆，就能理解它何以死后仍然不会倒下——因为支撑的脚众多！

第三个理由是，近代以来许多人就将"natural history"译作"博物学"了，可能是学习了日本的译法。这个译法很雅致，翻译讲究约定俗成。中国古代有"博物"一词而无"博物学"一词；日本有"植学"，而无"植物学"一词。两国交流中，许多名词汉字写起来相似，这是极平常的现象。不能单纯因为"博物学"三字与日本有关而不用。如果那样的话，"科学""社会""经济""规划""投影"这样的词我们还用不用？

许多人是下意识不假思索地译作"自然史"的，仅有个别人译错了还振振有词。一个看似有理的论据是，natural history 名目下所做的东西与部分历史学家的工作方式比较相似，而与数理派的 natural philosophy 形成鲜明对照。也就是说 natural history 大致上属于历史派，而 natural philosophy 大致上属于哲学派。表面上看头头是道，清晰得很，但这种理解依然经不起推敲。以今人的眼光回头看，natural history 的研究方式确实像历史学家的工作，特别是在宏观层面编纂自然物和人物的方式，与自然哲学穷根究理、深度还原的方式很不同。但是在遥远的过去，这两者都是哲学家合法的工作，亚里士多德和其大弟子塞奥弗拉斯特两者都做过，都可以称为真正的学问或哲学研究，在培根那里称为"真正的哲学"。说到底这种主张依然是用今日的想法改造历史。而且，译成"博物学"或者"博物志"，也并没有掩盖历史上两种或多种进路之间的差异。历史、哲学和社会学的不同进路，如今在科学史、科学哲学、科学社会学表现得非常明显，它们不同的科学观、科学编史理念受到空前重视，但这些并不构成重新翻译一个古老词组的足够根据。毕竟，我们得尊重历史。

也许，达尔文以后的 natural history 勉强可以译作"自然史"，大约对应于 history of nature，但之前的那个悠久传统无论如何不能那样翻译。考虑一致性，并尊重传统，将此词组在不同的语境下译作"博物志""博物学""自然志""对大自然的探索""自然探索的成果"更为合理。类似地，伦敦自然博物馆、法国自然博物馆、美国自然博物馆、北京自然博物馆、上海自然博物馆，也不能写作"某某自然史博物馆"或者"某某自然历史博物馆"。如果不嫌啰唆，倒是可以写成"某某自然探索博物馆"。

如何看待以前学者的科学错误？

现在看老普林尼、布丰、格斯纳的作品，会遇到一个大麻烦。那些伟大的作品中经常出现一些低级错误！包括基本事实错误，也包括一些荒唐的观念。这的确是一件不小的事情。就知识的数量和质量而论，过去远不如现在，一些人以为科学作品会好些，其实也好不到哪里去。因为科学作品对事实、真相更在乎，我们现在读先贤们的作品反而更不容易忍受他们的糊涂、失误。

现在重新出版历史上的科学名著或博物学名著，就直接面对这样一个问题。对于无准备的读者甚至编辑、主编，大家都希望读到一部符合或趋于现代科学结果的作品。给青少年阅读的科学史名著，更希望传达符合现代标准的理性、客观形象。而在我在看来，此任务很难完成。特别是许多人同时还强调原汁原味、符合历史面貌地传达科学家、博物学家的形象，这任务就变得愈加没法完成。

在过去，不是做了许多有益的努力，成功地传播了诸多科学家的形象和成果吗？没错，是很"成功"，但是不要忘记巨大的代价！我们绝对不要忘记以今人的认识来切分历史人物之工作的危害性。我们习惯于将他们的工作一分为二，一部分是好的，与我们今日的理解有通约之处，一部分是坏的或不合格的，是我们今日不赞成的。那样做的确收获了我们想要的东西，却也破坏了历史人物的完整性、统一性。知识、科技在任何一个时代也都是当时整体文化的一部分，老普林尼、布丰等人的博物类作品自然而然比数理类作品更多地反映当时的世俗文化和本地信仰。作为一名尊重古人的现代人，我们能够理解并容忍古代普通人的荒唐，也要有雅量容许古代伟人（包括科学家）的荒唐。实际上荒唐不荒唐、正确不正确，并不是唯一要看重的方面。以教科书的眼光看，过去的几乎所有东西都是错的，但那又怎么样呢？牛顿力学被相对论超越后它就不是科学了？如果那样，两百年后的后代瞧我们也不会好到哪里，在此可以学福柯笑一笑。不是嘲笑古代，而是通过笑来提醒自己。难道古代圣贤的智商不如我们？

具体到布丰的作品，应当怎样来阅读呢？我个人的看法是，先搞清楚布丰是什么时代的人物，在想象中把他的作品放到那个时代背景中来阅读，不要处处跟今日的教科书比。布丰说地球年龄为75000年，读者不能只盯着这个数字，参照今日的数十亿年来辨别布丰是否靠谱。还要看他是如何得出这个数字的，要将布丰的想法与他同时代的人的想法对比。要根据他的时代特点、他采用的证据和论证方式来综合判断他得出此数字表现了什么水准。某人从小的时候到博士毕业时，背诵的太阳系行星数都是9个，各级考试和公众科学素养测试时如果填下8个，都会得零分。到了2006年8月24日，太阳系行星变成了8个，之后的考试中如果继续填9个也会得零分。但是坦率点讲，数字填对了能说明什么？能说明填对的科学素养就高吗？重要的是了解到科学共同体在某个历史时期是如何认定行星的，他们根据什么标准判断谁是行星进而计算太阳系总共有几颗行星。也就是说，重要的是了解相应的科学文化（包括程序、方法和标准），而不是科学的结果——科学家认定的所谓"事实"和"真理"。因此，我的建议是要重视当时的科学文化以至于一般的社会文化，不要在一些知识点上过分计较作者对了还是错了、与今日的标准差距有多大。当然，专业研究者可以考虑得更周全些、分得更细致些。

通过关注作品所展示的科学文化、博物学文化有什么好处？读者可以在更大的基础、场域上欣赏、评析古人；了解他们首先是普通人，然后是历史上的伟人。否则，我们非历史地看待伟人，他们就显得非常异类，他们不是真实的活生生的人，而是巫师或者大神。其实这并非仅仅针对博物学作品提出的要求，对于数理作品也一样，古人讲的原子、力、能、碱，与我们今日理工科教科书中的同名概念可能相差甚远，他们的许多观念、命题如果不参照当时的科学文化，也是根本无法理解的。

但是，的确有些人，特别是有一定知识的人，无法容忍古代伟人犯低级错误。他们认为，出版古代作品，一定要纠正他们所犯下的科学错误。提醒这些人的方法是，可以先把前人的作品当武侠小说、游记之类文学作品来读。接着再思索一下，自己的智商是否真的高过相关的古人。最后，设想着把自己放回古代，如果自己是那位作者，能否写出更高明的作品？

经常有出版社邀我主持改编一套古代博物学家的作品集出版，读者对象为中小学学生，我都回绝了。我认为短期内没人能做到，长远看意义也不大。强行做了，没准副作用大于正作用，让一些初学者有理由嘲笑古代了，反而助长了其朴素实在论科学观。非要做的话，也要尽可能真实地展示古代作品的原貌，别做自以为聪明的"去伪存真、去粗取精"的工作。当然，我并非反对注释和解释，译者、改编者多加些注释是有好处的，比如张卜天重译哥白尼的作品《天球运行论》（注意，不是《天体运行论》）所做的那样。不过，即使加了许多注释，古代的科学作品也非常难懂，这是必须注意的。比如牛顿的书、拉瓦锡的书，今日读起来非常费劲。"人人应读"之类的宣传，是可疑的。相对而言，达尔文、华莱士的书以通俗的英文写作，也没有数学公式，还算好读的，但是，他们的思想在19世纪几乎没几个人能够准确理解，直到20世纪30年代才有较多的人理解其演化论。历史上被误解最深的恰恰是达尔文的《物种起源》！这有什么办法呢？想不出有更好的速成办法，作为读者只能一再提醒自己别自作聪明。

博物学的风格

瑞典的林奈与法国的布丰同一年出生，这实在是不小的巧合。林奈与布丰都是最优秀的博物学家，都为博物学的发展做出了一流的贡献，但两人的风格完全不同。

现在的科学家更欣赏林奈，林奈的"豆腐账"式书写与如今的各种植物志、动物志更相符。人们觉得布丰更像是文学家和社会活动家，他的作品与现代科学的书写方式差别越来越大。再进一步，甚至有人觉得林奈更科学，布丰不够科学。其实，笼统比较意义不大，两人可对照的方面的确非常多，但很难说他们对科学、对人类文化的贡献谁更大。布丰本人不但在博物学上创造了奇迹，他在传播微积分、创立几何概率方面也做得非常好，"布丰投针实验"就是一例。显然，林奈无法与布丰比数学成就。就博物学这一行而论，布丰和林奈对博物学的目标、方法认知有着巨大的差异，但两者恰好形成了互补。"布丰的博物学并不是要对自然建立一个分类体系，而是要拥抱整个知识王国。博物学已远远不是林奈的图表了——因为在每个物种的名字背后，都有着一个鲜活的生命，并且与其他生命之间发生着各样的联系。"［朱昱海. 从数学到博物学——布丰《博物志》创作的缘起. 自然辩证法研究，2015，31（1）：81—85］

林奈和布丰的写作方式后来都有各自的继承者，梭罗、缪尔、巴勒斯、奥尔森、利奥波德、狄勒德、贝斯顿、斯奈德、古尔德、卡森等人的作品更像布丰的，这些人大多与人文学术相关联，但利奥波德、古尔德、卡森也可算科学界人士。

当世界各地的自然志都编写得差不多时，全球范围的博物学家的地位都在逐步下降。每年发表若干新种，是林奈式博物学工作的延续，但在分子生物学的比照下，其地位已经远不如从前。博物学传统退出主流科学界，是不可逆转的趋势。也就是说，人们越来越不把博物学当科学看了，做博物传统工作的人想申请到科研基金变得越来越困难。那么，博物学是否真的就没现实意义了，应该退出历史舞台呢？显然不是，博物学仍然有生命力，但主要阵地恐怕要转移，此时布丰的《博物志》的写作风格将给人们重要启发。

博物学家（博物者、博物人）可以不是科学家，人们仍然可以做优秀的博物学家！布丰的写作风格在当今世界仍然十分需要，生态学、保护生物学、自然教育、新博物学，都可以向布丰学习。

到目前为止外研社的这个版本是最好的布丰著作选本。此书所加的《布丰传》、布丰入院演讲和生平简介都有助于读者理解布丰这个人。布丰在此书中讲述的具体知识，真的不太重要，随便在网络上搜索一下就能得到无穷多比布丰先进得多的知识。重要的是了解布丰的博物学文化、科学文化。

2016 年 3 月 15 日于北京大学

2016 年 8 月 22 日修订

（布丰. 博物志. 李洪峰，魏志娟，吴云琪译.

外语教学与研究出版社，2017）

博物有助于成人

《自然神学十二讲》（中译本已由上海交通大学出版社出版）与这部《博物学四讲》是姊妹篇，作者都是美国教育家、博物学家查德伯恩（Paul Ansel Chadbourne, 1823—1883）。在前者的中译本序言中我曾说，一百五十多年后选择翻译出版这样的老书，"看重的是他的高等教育背景"。什么意思？是暗示今不如昔？没错。2016年我在深圳的第三届全国"自然教育论坛"上讲到"自然教育根本上就是自然教育"，此句子并非同义反复，而是指出一个事实：当今的教育出了大问题，片面强调知识和竞争，越来越忽视哺育、培养受教育者成为健康的、有益于社会和大自然的人，现代性的教育某种程度上是非自然、反自然的教育。

博物学在正规教育中彻底衰落了，这是事实。但我们同意查德伯恩对博物学功能的认知，他引用了美国景观设计师、园艺家、作家唐宁（Andrew Jackson Downing, 1815—1852）的一句话："个体品位以至于民族品位都将与其鉴赏自然美景的精微敏感度成正比。"中华古代文明是讲博物学的，《诗经》《楚辞》、老子庄子、唐诗宋词、《镜花缘》《红楼梦》都很讲究博物。可是现在的学生甚至教师有多少还能欣赏"蒹葭苍苍""杨柳依依""雨雪霏霏"？还有多少人关心并"多识"家乡、校园、城市周边的草木？对草木无情，对于滥砍盗伐、水土流失、过量施用化肥、重金属污染、气候变化会十分敏感吗？当重度雾霾挥之不去之时，人们才觉察到有点不对劲。殊不知，PM2.5数值的爆表是人们长期自然观、教育观、发展观、文明观的可视化体现。

此书没有特意讲博物学的具体内容，集中讨论了博物学与自然知识积累、品位、财富和信仰的关系，而这四个方面几乎涉及了教育的各个方面。如今的主流教育为工业文明服务，似乎只重视第一个方面和第三个方面，即教授最新的专门知识，同时瞄准挣大钱，成为人上人。品位和信仰偶有涉及，但不是因长期说谎而令人讨厌就是被聪明人系统忽略，几乎不产生正面作用。

无疑，《博物学四讲》全书洋溢着浓重的自然神学味道。在上一篇序言中，我为理解力稍差者建议了一种辅助理解手段：代换。这同样适用于《自然神学十二讲》。此书出版于 1860 年，前一年 1859 年达尔文出版了《物种起源》。科学意义上的演化论都出现了，自然神学还不退场吗？其实，自然神学在当时是主流文化，那个时候博物学本来就是与自然神学捆绑而存在和发展的，钱伯斯、伍德、达尔文的博物学都有自然神学的影子。从自然神学的观点看，上帝留下两部大书，一部是《圣经》，一部是大自然。基督徒和普通学生自然要仔细"阅读"并理解这两部圣书。

户外博物实践，会令实践者体认、发现大自然的无限精致、无尽美丽，深切感受时间的力量、演化的智慧。在大自然面前，人类个体和群体谦卑、感恩、敬畏一点，不会令大家损失什么，反而有利于人类自己和天人系统的可持续生存。相反，机械论、物理主义、"人定胜天"反而可能掏空大自然存在的意义、高估人的智力、泯灭人的伦理，最终导致一系列短视的见解和行动，严重破坏人类赖以生存的家园。在工业文明的烂摊子上，反思过往，憧憬美好明天，我们相信，古老的博物学或许可以复兴。曾经附着于博物学的自然神学并非一无是处，如果不喜欢也可以因地制宜用本地的相应思想取代。博物有助于成人。"成人"不是指成年人，而是指人成为人，成为有道德的物种、有道德的个体。其次，博物自在。博物可以帮助人们寻找、确认价值和意义，让日常生活更美好。

阅读一部老书，可以重温那个时代的文化。今日复兴博物学，重点也是从文化层面考虑的，具体知识的加减还在其次。博物学是什么？今日不断有人问起，针对不同人宜给出不同的回答。简单讲，它是一种文化传统、科学传统，非常古老，一直在发展着，今日衰落了却没有消亡。不过，博物学从来也没有成为科学的真子集，对博物学的定位也不宜过分依赖于科学。比较妥当的看法是，博物学是平行于自然科学的某种东西，涉及对大自然的感受、认知、描述、利用。博物学与自然科学有交叉的部分，但整体上不能讲博物学是潜科学、前科学、肤浅的科学。也就是说，博物学的价值、意义，不能仅从科学的维度来衡量。博物学有可能在正规教育和主流体制之外重新发展起来。

2008年8月一个偶然的机会，田松、孟潇母女和我在云南泸沽湖认识了该书译者邬娜。宏观地说，大家都是到那里"博物"。记得邬娜与一位台湾姑娘住在大洛水村小伙子多吉自己家的房子中，我和田松等住在多吉母亲家的大院中。我们还一起冒着小雨乘船登上洛克岛（媳娃俄岛）。作为大学英文教师的邬娜气质品位俱佳，喜欢野性的大自然，一有机会就会往山里跑。多年后大家相聚北京，也一起畅游过稍具野性的奥林匹克森林公园。可以说，邬娜天生与博物有缘。

非常感谢邬娜贡献了优美译文，为上海交通大学出版社的"博物学文化丛书"再添新丁。

2016年12月22日于北京大学，12月27日修订

（P. A. 查德伯恩. 博物学四讲：博物学与智慧、品位、财富和信仰. 邬娜，译. 上海：上海交通大学出版社，2017）

博物与自然博物馆

　　伦敦城西偏南一点，有一座优美建筑伦敦自然博物馆（Natural History Museum, London），虽为哥特式却并不夸张。它正好处在著名的海德公园之南。2010 年我到伦敦，住在帕丁顿地铁站附近。从住处南行一百米就是海德公园，在那里随便逛逛、看看鸟，再向南步行到这座自然博物馆看展览，然后换条路向北穿越海德公园返回，一整天下来也不会觉得累。

如何面对一个西方词 history？

　　自然博物馆的出现与演化及博物学（natural history）有直接联系。时下，经常有出版社和电视台将自然博物馆译成自然历史博物馆或自然史博物馆，其实是不正确的。可能是不了解西方博物学以及对自己的英文过分自信造成的。这件小事，我已经在不同场合说过许多次了。

　　在自然探索、博物领域，history（对应的拉丁词是 *historia*）经常不是"历史"的意思，而是描写、记录、展示、探究、研究的意思。于是，natural history museum 这一词组字面意思是"自然探究博物馆"，简称"自然博物馆"，此名称原来跟自然的"历史"压根没关系。年纪大一些的业内人士对此是非常清楚的，不信可以看北京自然博物馆和上海自然博物馆对应的英文名。也有人不服气，争辩说这类博物馆确实与大自然的演化有关系，即与自然的历史有关，居维叶和欧文的化石研究、赖尔的地层研究、达尔文

的演化论不是恰好讨论大自然的演化吗？博物学不是也密切联系着大自然
的演化吗？展出的鸟化石、鱼化石、矿物晶体不正好涉及自然物演化吗？
没错，它们确实与地球的演化、生命的演化有重要关系，即与历史有关。
但为什么不能译作历史，相应地不能把 natural history 译成自然史呢？西文
中 historia naturalis（对应于 natural history）是一个古老的词组，不是在布丰
那个年代才有，早于其 1700 多年的老普林尼时代就使用了，含义基本上没
变化。格斯纳、林奈、裕苏、德堪多、拉马克、达尔文、赫胥黎、梭罗、
法布尔、迈尔、利奥波德、古尔德等研究的领域都是 natural history，他们
都是 naturalists（博物学家）。英文 history 这个词有许多义项，在与博物相
关的许多情形中，它应当取探究、志、描述之义，而不是历史之义。这没
有任何难理解之处，就像英文词 coach 有许多义项一样，要在上下文中弄清
它取四轮大马车、公共汽车、私人教师、教练员等含义中的哪一个，不能
见了就喊"教练"。又如，见了 function 不能总叫"功能"，有时它也有"函
数"的意思。对于有上千年之久的古老词组 natural history，要尊重它的辞
源，即使这个词组的外延后来有拓展。用后来的扩增意思解释原有词组的
意思，是对历史不尊重的表现，也不合理，就像不能讲"先秦佛教"（田松
博士为了嘲讽一些人而故意编造出来的一个词组）一般，因为佛教是外来
文化，先秦时中土并无佛教。

也有人辩解，说曾请教了外教，外教说 natural history 就是"自然历史"
的意思。可以明确地指出，那样说是不对的。虽然英语是其母语，但那名
外教未必对自己母语的每一细节掌握得都很好。就像我们是中国人，未必
都知道古代汉语中许多字的含义一样。

布丰之前的西方博物学不大关注时间演化问题，而是关心记录、描
述，而且很早就形成了一个传统，一直传到现在，内涵也没大的变化。
这可以从亚里士多德的《动物志》、其大弟子的《植物探究》、老普林尼
的《博物志》，以及格斯纳的《动物志》直接看出来。读者可以翻翻看，他
们的这些伟大作品确实根本不讨论历史演化问题，时下许多出版社在一些
作品中将它们译成《动物史》《植物史》《自然史》等，十分荒唐。有的出

版社将美国自然博物馆出版的 *Natural Histoires* 一书译成《自然的历史》，显然是错误的。拜恩编的这本书根本没讲历史，讲的是美国自然博物馆的一些馆藏珍稀博物类图书及其对大自然的描写、绘画。稍动动脑子也能避免将此处复数的 histories 误译成历史。实际上原书名的意思是博物学家对大自然的艺术展示，其中 histories 取的仍然是古义：记录、描写、绘画、探究。

自然博物馆及其藏品

伦敦自然博物馆是世界上最好的自然博物馆之一，有巨量的成体系的收藏：7000 万件藏品、100 万本图书和 50 万件艺术品。我当时对贝壳正着迷，参观时希望多看些奇特的贝壳，结果却颇失望，只在不起眼的角落里找到几盒，数量不过几百种，大多见过。当然，馆藏绝对不是这个样子，恰好是因这馆藏太丰富，一时间不可能让各类藏品都抛头露面，所以每类只拿出一点点，而且未必是最好的。真想看库房存贮的更丰富的贝类标本，需要提前申请，业余爱好者的一般申请通常不容易被接受，因为这类馆藏通常是供专业博物学家、科学家研究使用的。其中有些是已经分类好的，也有一些根本来不及分类。鱼类、鸟类、蝴蝶等藏品也一样，绝大部分百姓没有机会一睹芳容。《纳博科夫的蝴蝶：文学天才的博物之旅》一书中有一部分就是讲述各国蝴蝶专家如何到伦敦自然博物馆看标本、做最有挑战性研究工作的。

伦敦自然博物馆展厅中最占空间、在我看来意义也不很大的是恐龙骨架，世界各地同类博物馆恐怕也差不多。这里有个矛盾，专业博物馆为了生存也不得不取悦于大众和某些委员会，一定意义上把博物馆变成了"游乐场"。近些年在国内各级各类自然博物馆（包括一些保护区的小型博物馆）也参观过一些，给我的突出印象是，它们非常在乎外在宣传、教育，许多设计一瞧就知道是专门做给有关或无关领导看的，比较忽视系统性收藏和对藏品的专业研究,当然也对观众不负责。声光电武装起来的宣传板占了展厅的绝大部分空间,涉及藏品实质内容的却不多。人们到这里来固然可以看 3D 或 4D 电影、读教科书式的大自然演化宣传板,但更重要的是看特色藏品本身。

《博物学家的传世珍宝:来自伦敦自然博物馆的自然藏品集》只有两百多页,介绍了伦敦自然博物馆的图书、植物、动物、古生物、矿物等各类藏品两百多件。这跟 7000 万件相比,简直是九牛一毛。不过,它们都是精选出来的,也有一定的代表性。即使亲自到伦敦自然博物馆,一次两次也未必都能遍历这上面列出的项目,因为它们不可能时时都在展出。也就是说,此书对于一般性了解伦敦自然博物馆,还是非常必要的。联系到国内,故宫博物院、北京自然博物馆、上海自然博物馆、中国地质博物馆、长春地质宫、吉林长白山自然博物馆、山东平邑天宇自然博物馆等,也应当出版介绍自然藏品的图书。参观博物馆之前和之后,读读这类书,能使参观更完整,收获更大。此外,国内自然博物馆还不太重视相关艺术品的收藏,在这一点上真应当向英国皇家植物园邱园、伦敦自然博物馆、美国自然博物馆学习。

伦敦自然博物馆的另一部很有趣的书《自然图像:中国艺术与里夫斯收藏》(*Images of Nature: Chinese Art and the Reeves Collection*),与该书性质相似,只是题材更聚焦。当年我的学生李猛从英国回来送我了一部,我也曾推荐译出此书。当一家出版社购买版权时得知,早已有国内的其他出版社先期购买了中译本版权。不过,多年过去了,未见译本的踪影。

自然艺术品

随着博物学在中华大地上一点一点复兴,各类户外观察、记录、旅行蓬勃开展,以图书的形式对历史上有趣的博物考察、博物馆自然藏品进行展示也变得时尚。比较典型的如早期的《发现之旅》,最近的《探险家的传奇植物标本簿》，它们都取得了不错的销售业绩。以前这是不可想象的，普通读者怎么会对这类东西感兴趣?

这类图书围绕大自然的精致与美展开，或者直接展示自然物，或者展示植物画、动物画等。它们在当下中国的面世确实代表着一部分国人对大自然的重新发现。原因包含许多方面，如工业化迅猛推进引发对大自然的疏远与破坏达到一定程度，从而令人们回想起美好的大自然，以及文化水平的提高带来的审美情趣提升和审美对象扩展。这些因素并非独立存在，而是相互交叉的。其实，欣赏自然物、收藏自然物，在中国可是有传统的，久远得很也普遍得很，虽然与西方的做法不大一样。对自然物的绘画、雕刻、拍摄等可以成就艺术品，此外自然物直接就可以是艺术品。前者是人造艺术品，后者是天成艺术品，即上帝的作品。但长期以来，特别是在西方，突出的是人的创作，人们不讨论自然物作为艺术品的问题，隐喻地讨论不算。但是，最近十几年以自然美为核心问题的环境美学兴起，特别是卡尔松提出了"自然全美"的有趣命题，导致审美和艺术理论发生了质的变化。这一现象背后更大的背景是，人类重新确认自己从属于大自然，以及某种意义上的非人类中心论浮出水面。当然，石头、动植物标本并未与莫奈的《草地上的午餐》、萨符拉索夫的《白嘴鸦飞来了》、高更的《万福玛丽亚》等作品性质一模一样，市场价格更无法对比。

自然物可以作为艺术品。一旦跨出这一步，就不好再用传统的以人工"作品"为中心的观念来评论一切。更准确地说，艺术品的价格主要由审美过程来判定。作品"本身"已经隐去或者只作为审美的一个环节、一个部分出现。推到极致，根本就没有作品"本身"这回事，不被欣赏的作品根本上就不是作品，审美决定了作品及其价格。这种视角也有一个好处，人们借此可以看清艺术品领域谁更在乎艺术，谁更在乎交易或潜在交易的价格。

自然之美无处不在，但严格讲并非什么都能当作艺术品，更不是什么都能搬到建筑物内展示。多数要在原地展示，新的博物馆、博物学理念也都鼓励原地展示;展品也不宜频繁租借给别人，满世界转悠。将艺术品与原产地的地理、文化背景剥离（比如罗马的石雕、中国的佛头），异地单独存放和展出，是西方殖民者发明的一套把戏，虽然早已扩展到了世界各地，但终究难逃指责。

保护大自然的杰作，最好在地保护。欣赏大自然，最好到当地欣赏。

2017 年 9 月 15 日于北京大学人文学苑

（伦敦自然博物馆，编. 博物学家的传世珍宝：

来自伦敦自然博物馆的自然藏品集. 常筱，等，译.

北京：化学工业出版社，2017）

博物招牌与科学招牌

　　摆在读者面前的这本《博物学家的传世名作：来自伦敦自然博物馆的博物志典藏》是伦敦自然博物馆图书馆负责艺术收藏的马吉（Judith Magee）女士编辑的一部图文并茂的文集，它概述了 31 部很特别的图书。马吉近十多年出版了多部艺术、博物、科学相结合的作品，如《大自然的艺术：全球 300 年博物艺术》《威廉·巴特拉姆的艺术与科学》《印度艺术》《中国艺术与里夫斯收藏》。

　　首先，《博物学家的传世名作》是一种什么性质的图书？据我所知，近些年跟它比较相似的是巴约内（Tom Baione）编辑的 *Natural Histories: Extraordinary Rare Book Selections from the American Museum of Natural History Library*。副题虽然长，意思倒也清楚，大意是"来自美国自然博物馆图书馆的珍稀图书"。正题则相对麻烦，中国某出版社有一个中译本译作"自然的历史"。不够准确，因为其中的 histories 不是历史的意思（这涉及对一个古老词语的理解，我在其他场合已经讲过。也可以读 David Gilligan 刊于 *Journal of Natural History Education* 和 Barry Lopez 刊于 *Orion Magzine* 的文章），全书也不讨论"大自然的历史演化"。实际上巴约内的书通过 40 篇短文选择性地介绍了美国一家博物馆的博物类图书藏品，类似于我们讲的珍本甚至孤本。正标题取的是一阶博物成果中对"自然物的描述、绘画"这一层意思，可大致译作"自然描摹"或者"博物志"。"阶"是表示探究层级的相对概念，本身并没有高低贵贱之分。其中一阶博物指直接对大自然进行探究，二阶博物指对一阶人物、一阶工作结果的再探究。

　　上述马吉的书与巴约内的书体例、风格相似之处颇多：（1）由多篇短文对相关博物类图书进行简明介绍。有多位撰稿人，最终由一人主编。（2）内容是关于馆藏博物类图书的，相关图书都比较珍贵，一般不外借，读者难得一见。（3）借用了所介绍图书中比较有特色的博物艺术插画，整部图书赏心悦目。近些年来，这类优美博物画被频繁复制，到处装潢，粉饰铜臭。其实，漂亮的插图并非优秀博物书的必要条件。历史上许多博物学作品并无动植物图片。（4）所论及的图书出版时间范围差不多，跨度大约400年。（5）所涉及相关图书从一开始就不是针对普通读者而制作的。工艺复杂，成本高印数少，价格不菲，甚至有钱也未必购得到。某种意义上，它们是宫廷、贵族和极少数学者享用的"奢侈品"、艺术品，现在基本成了文物。但是这类图书在西方的直接和间接影响较大，几百年来相当程度上影响了西方博物学的博雅呈现方式，给人的感觉是博物书都必须雅致（其实未必）。（6）中国读者对相关图书比较陌生，长期以来基本没有译本，也缺乏收藏和研究。中国人解决温饱后，关注一下这类书、这类事，绝对是好事情。

　　2018年华东师范大学出版社推出"西方博物学大系"大型西文影印文献丛书。拟收西方博物学著作超过百种，时间跨度也差不多是400年。这期间是印刷术形塑人类知识载体的时代，当然也是西方博物学飞速发展并最终达成其现代形态的时代。

　　第二个问题涉及"科学招牌"和"博物招牌"。马吉的书所论及的31部书内容都是科学吗？或者从科学的角度审视这些作品是最佳视角吗？

　　人们有个习惯，想当然地以今日世界的"缺省配置"理解遥远的和不太遥远的过去。今日我们生活在科学技术主导的现代世界。凡是涉及认知、智力的事物和领域，人们都愿意从科学、科学史的眼光打量一番，测量一下它们与今日教科书表述或者最新进展的距离。距离越小，越显得优秀。而距离大或者距离没法准确测定的，被认为价值较低。"本书讨论了这些图书的创作过程以及图书与科学及其发展的相关性。书中的文章揭示了插图是如何成为不可或缺的组成部分的，从而使人们对自然科学的理解更加全面。在对自然世界的研究中，博物学插图与文字说明同等重要，希望本书能够对还原博物学插图这一正确地位有所帮助。"（见该书引言，中译本第 iv 页）全书经常提到博物学和自然科学，它们之间究竟是什么关系？这是个棘手的问题，一旦意识到它是一个问题，就表明当事人在观念上已经变得反正统。在现代性的整体洪流中，博物学偶尔会光鲜一下，但基本观念并没有变化：多数人瞧不上博物学。多数人仍然认为支撑现代性的近代科技，特别是数理科技、还原论科技，才是真知识，博物不过是花边装饰、饭后闲谈，可有可无。在绝大部分人（包括学者）看来，博物在认知上是分级的，好坏由它们与科技的距离来衡量：瞧瞧从博物杂货中能榨出多少干货，即有多少属于或者可转化为科技。

在这样的一种观念下，杂多的博物并无"自性"，并无独立价值。也就是说，博物从属于科学，它是某种前科学、潜科学、毛坯科学，有的甚至是伪科学。此书内容的叙述当然不至于那么绝对，但从字里行间仍然能不时地感受到"从当今科学的角度看"的尺子。

那么，有没有另外一种叙述框架呢？有。不但存在，而且现在必须认真对待。这就涉及我个人提出的"平行论"观念。

"科学"是人为建构出的一个大招牌，由掌握话语权的当代知识分子、权力阶层圈定哪些东西可以放到筐里或者随时剔除。在史学领域，用此观念整理近期（比如近 150 年）的事情得心应手，但是处理较远、较异质的事情时，就存在许多问题。现代意义上的科学在近代科学革命之后甚至到了 19 世纪才开始成熟起来，到了 20 世纪才融入普通百姓的日常生活。而在人类历史的大部分时间段中，所谓的"科学"是事后挑选、编撰出来的，中世纪科学、古希腊科学、中国古代科学，都是从文化母体中选择性摘取的、不能称为完整锦衣的金丝、银线、麻纤维。

换一种思维（有相当的难度），博物作为一种古老的认知传统和生活手段，它不可能特别适合"科学招牌"，用"科学"来规范、度量"博物"，不是不可以，而是太不充分，让人们远离过去的实际生活。毕竟，古人更多地靠博物而非靠科学来谋生。有人说了，博物与科学有交叉，必须强调这一点。我不否认这种交叉，也不反对此类强调。但是，宏观上看仍然可以有一种不同的大尺度图景：博物平行于科学（主要指自然科学）存在、演化着；过去、现在、将来都如此。这一论断是大胆的，远未得到清晰的证明，但是不可否认它是一种有趣、有启发性的想法。科学史可以向过去一直追溯，博物学史也可以这样追溯，不但可以而且更自然。越是远离今日，人们生活中的博物内容就越多，而能分离出现代科学的成分就越少。过去史学界的习惯做法是"好的归科学"，现在似乎可以更顺当地"好的归博物"。但是，几年前我们就反身性地思考过这样的问题，提醒自己不要走老套路。比如我们编的文集《好的归博物》首先是提醒自己的，带有自嘲性质。对于人类大部分历史时期，科学之外有东西、有真理，同样博物之外有东西、有真理。

对"博物招牌"也要反省，自我批判，虽然现在一切才刚刚开始。目前，这个又古老又新颖的招牌还能激发人们的想象力、制作出不错的文化产品。

老普林尼的《博物志》、格斯纳的《动物志》、卜弥格的《中国植物志》、梅里安的《苏里南昆虫变态图谱》等有多少是科学？通过科学、科学史的视角当然能够解读相关的作品，得到有趣的信息。我们现在强调的是，从博物、生活史的视角，也能或更能解读出有趣的东西。与此相关的一个问题是中西博物的差异性有多大。有些学者认为差别非常大，大到根本不同。而我觉得虽有差异但同属于一样的"认知类型"，并且都直接系附于乡土、日常生活。中西博物的差别好似中国东北的博物与中国西南纳西人的博物之间的差异，性质上无根本不同。否则，就没必要共同冠以博物之名。

另外，重要的一点是，博物学或者博物学文化不是"过去时"。此时博物虽然式微，但在社会的非主流生活中仍然有发展空间。它不可能再变成主流，但无疑可用来平衡主流、反省工业文明。出版界近期引进了一些历史上的博物学，很有必要，一方面补补课，另一方面是着眼于未来，要重续那个古老的传统。

"博物招牌"下的博物也是建构的、变化的。这显而易见，但要交代清楚，避免朴素实在论式的理解。

2018 年 8 月 4 日
（马吉.博物学家的传世名作：来自伦敦自然博物馆的博物志典藏.吴宝俊，舒庆艳，译.北京：化学工业出版社，2018）

用心发现美呈现美

我多么希望《热带雨林》是中国人撰写的一部关于世界各地雨林生命的著作啊！中国有自己的雨林，但并不多。中国人应当走向世界，通过文字、影像向国人展现更多的域外雨林世界风光、物种和生命演化的复杂性。出国学习、做生意、购物、旅行的中国人日渐增多，但是出国考察、观赏域外野生动植物、地质和生态系统者，仍然非常少。深入雨林、细心观察、准确记录，以精美图片、优美文字展现大自然的美丽与精致者，更是难觅身影。而西方强国，早在17、18、19世纪就开始涉足全球的各个角落，或采集标本或撰写专著。结果是，他们的标本馆、博物馆拥有全世界的宝贝，而我们呢？以北京香山植物园中的中国科学院植物标本馆为例，它是亚洲最大的植物标本馆，标本数量倒不算少，但是基本上是中国植物的标本（许多中国特有种模式标本也不在这里），中国之外的标本少得可怜。

时代变了，今日的中国不再拥有当年帝国扩张的机会。疯狂掠夺东南亚、非洲、南美洲珍稀物种标本、资源，已经不符合当下的国际秩序和伦理规范，我们不能也不愿再像西方列强当年那样去做了。但是，中国科学家、博物学家、普通人到国外走一走、瞧一瞧，开阔一下眼界，总是没错的。若能学到经验、汲取教训，保护好我们自己的荒野或自然生态，或者参与全球生物多样性保护，岂不更好？

这部精美的博物画册，通过摄影师马伦特（Thomas Marent）的眼睛和镜头展示了雨林中奇妙的动物、植物、菌类物种和复杂的生态系统。如作者所言："每块雨林虽各不相同，却都拥有某种魔力，以十足的强度和原始的美丽撼动着你的感官。"（Every rainforest is different, yet all have the power to overwhelm your senses with life's sheer intensity and raw beauty.）地球上全部雨林面积加起来不算大，占地球表面不到十分之一，但那里蕴藏着极大的生物多样性，分布着许多特有的物种，甚至相当多还没有被命名。读博物学家威尔逊（E.O. Wilson）的《生命的未来》（*The Future of Life*）和《生命的多样性》（*The Diversity of Life*），可以较全面理解生物多样性对于我们意味着什么，对于地球有机体盖娅意味着什么。自工业革命以来，由于人的贪婪，生物多样性正在快速降低，我们"有幸"（对于生态系统是极大的"不幸"）目击正在上演的第六次大灭绝，科尔伯特（E. Kolbert）的《大灭绝时代》（*The Sixth Extinction*）讲述了相关故事。前五次大灭绝均是地质时空尺度的自然事件，而这第六次大灭绝主要由人类的活动导致，所以称"人类世"大灭绝。可以用我的"乌鸦嘴"预言一下，也许用不了多少年，这本书中展示的迷人生命体，也会消失若干！也许不会。这取决于我们是旁观、助纣为虐，还是行动起来对抗现在的流行趋势。

雨林是险恶的，也是美的，全凭你怎样看、想做什么！有些动物是美的，有些花是美的，而有些不够美甚至很丑陋。这是实话。但是有一颗善于发现美的心灵，加上卡尔松（Allen Carlson）的"自然全美"思想，我们就能实现自我超越，在大自然的各个层面都能找到无穷无尽的美。传统上，人们讲美是客观的，它就在那里，等着人去发现、去欣赏。其实，那是不准确的传统美学观念，只在极简化的意义上讲得通。美，在于主客体的互动。在人与自然关系紧张之际，重要的是，我们要通过不断学习，提高对大自然的感受力，不断发现自然之精致、自然之壮美。说"自然全美"，并非认定自然中没有丑恶的东西，而是指大自然层次足够丰富、过程足够复杂、结构足够精致，只要我们倾注真情，就一定能够收获超值的审美体验。基于此，爱自然、想拍出好片子，其实未必一定要到远方，未必一定要去雨林。在城市周边，在我们每个人的家乡，也能发现自然之美。此书的精彩不应当只令我们惊叹、盲目渴望遥远的他乡，也应当会启示我们更好地发掘本土美、家乡美。

这本书呈现的精彩图片吸引眼球的一个重要特点是非寻常视角。虽然被摄对象已足够特别，在地球上其他地区几乎难以找见，但故意回避人眼观察对象时的标准取景（相当于用大约50毫米的镜头观察），是获得惊人画面的重要手段。摄影师马伦特说他主要用17—35毫米的广角镜头，另外喜欢200毫米的微距镜头（在此书广告页，第358页），正好印证了这一点。简单说，前者可以让图片尽可能全面"实"，后者可以让图片关键部位"实"而其他地方适当"虚"。当然，这只是无数技巧中一个容易掌握的技巧。拍出好照片，最主要的恐怕不是设备有多先进和技巧有多花哨，而是摄影师的心灵状态。用"心"拍摄，才可能有好片子。

2016年1月17日于北京

（马伦特.热带雨林：失落的野生动植物乐园.

郝晓静，译.广州：新世纪出版社，2016）

领略环环相扣的生命演化过程

福提（Richard Fortey）是英国的一位古生物学家、博物学家、电视节目主持人，他与 BBC、伦敦自然博物馆合作推出了许多科学传播影片。福提是类似艾登堡（David Attenborough）一样的人物，但比后者更加专业。福提获得过伦敦地质学会的赖尔奖章、林奈学会的动物学奖章、国际沉积地质学会的摩尔奖章等。

福提的这部书 *Life: A Natural History of the First Four Billion Years of Life on Earth*，可译作《生命外传》，讲的是"地球生命最初 40 亿年的博物志"，中信出版集团的简体中文版将书名译作《生命简史》，也是很合适的。它讨论的确实是地球上生命数十亿年的历史，时间跨度非常大，通常历史书涉及几千年就了不得了，即使是地质学、古生物学作品也不会一下子涵盖这么长的时间段。读史可以开拓视野，减少人的自负和狭隘。我本想将"减少"一词改为"避免"，但想一想，"避免"根本不现实，能做到"减少"就万幸了。

"生命虽然是地球的房客，但是决定了地球的面貌"（见第二章）这一文学描述，是作者通篇要传达的一个思想：生命在地球四分之三的历史中，都扮演了重要角色。生命形塑了地球的宏观模样，进程并非不久前才启动，而是从几十亿年前就开始了。我们，作为生命的一种，也注定是过客；我们形塑着地球的样子（特别是在最近 300 年中），但后来的生命一定会大大改造我们的"遗产"。

设想一下，如果有可能——此可能性是很成问题的——让地球重新演化一遍，即让历史重新走过，会怎样？还会出现细胞、人吗？这是一个太大太复杂的问题，但答案可能是否定性的。或许生命还可以重新起源一次或者几次，但再次出现 *Homo sapiens*（智人）的可能性几乎为零，即人在宇宙中是不可几的。人弥足珍贵，但也不能太把自己当回事。如果大胆设想浩瀚宇宙中还有其他智慧生命，他们长成我们这种模样，如此在乎碳元素、四种碱基以及如此爱财好斗，几乎是不可能的。影视作品中展示的外星人如此像人，只能说明创作者的想象力有限。作家莱姆（Stanisław Lem）也许是个例外。

"赋比兴"绝不只是适用于《诗经》一类文学作品的表现手法，它也适用于刻画大自然。好的通俗类科学作品，也会自觉或不自觉用到赋比兴。福提在书中大量使用比喻，几乎隔几行就能见到非常有趣、不完全陌生、琢磨起来又给人启发的比喻。例如，"细菌开始合作搭建席子——生命史的部分时间是在这些席子里消耗的"；"最后，席子造出了人"。在生命早期演化的相当长的时间里，由海洋含硫热泉煮出的第一锅汤中出现了蓝藻细菌（Cyanobacteria），它构成了我们这个星球上生命演化的第一道门槛。"席子"上的细菌吹响了光合作用的前奏，然后是细胞的出现。蓝藻细菌为大气充氧！20 世纪 80 年代初，我在本科阶段学习《普通地质学》时第一次听说早期的生命都是厌氧型的，当时非常震惊。氧气对于我们这样的生命如此重要，怎么可能曾是毒药呢？然而确实是。正是因为当初"席子"上的细菌启动了光合作用，二氧化碳（CO_2）才被生命切割为碳和氧气（C 和 O_2），前者进入机体为自己提供养分，后者作为"废料"进入大气，却成了后来大多数生命必需的营养。似乎固碳是永恒的生命使命，但其实没什么是永恒的，一切都依演化而来。不过，不能因为从大尺度上看地球终究是要变化的，而忽视了"局部"稳定的重要性。如今地球大气中氧气的浓度相当稳定，多一点少一点都不会有我们。这也能说明，为何人到月球、火星上无法生存。当然，人这种动物只适合生于地球，理由太多了，如人要周期性地睡觉、要喝水、骨骼系统只适合于现有的重力加速度值等。

这部普及性作品，讲述了自然科学事实的积累和观念变更，但也经常散发人文的馨香。玛丽·雪莱、柯尔律治、斯威夫特、布莱克、叶芝、蒲柏、卡罗尔、吉卜林时常会冒出来，乔姆斯基、德里达、列维－斯特劳斯也会登场助威。我特意检查了上下文，想瞧瞧作者此举是否属于矫饰，结论是作者用得还算自然，总体上为我们拉近了与科学的距离，更好地用读者熟悉的东西来解释不熟悉的概念。这与比喻手法是一致的，文学刻画虽然不够准确，却比早期科学哲学讲的"科学说明"更符合人性和现实。

科学作品能否使用文学比喻？好像是个问题。被某些人建构、美化的科学，具有不食人间烟火的客观性、坚固性，仿佛只有专业术语才能陈述客观的事实，讲清深刻的科学道理。其实不然，宇宙学专家津津乐道的"黑洞"一词有着世俗甚至色情的起源。达尔文使用的"生命树"比喻就相当简明且深刻：向过去追溯，我们所知道的一切生命都联系在一起，都汇聚到同一棵"树"的树干。我们都见过树，见过树的分枝过程，而生命的演化真的就像树一样（严格讲也不准确，树也有多种。现在学界也非常重视横向基因交流）。达尔文在笔记本上画出的十分粗糙的草图竟然是对的，而且具有相当的概括力，新事实也不断印证他的猜想。从细菌、病毒、蚊子、蛇、百合、猪到我们，地球上的生命千奇百怪，具有极大的多样性，但是正如树的比喻所暗示的，它们同源，有共同的祖先！这是一个太莽撞、过分大胆的想法，但它竟然是对的！

现实中的科学是什么样的？科学家们如何工作以推进科学进步？过去面向大众的读物给出了大量虚假陈述，删除了大量"少儿不宜"的内容。福提作为科学家中的一员，他却这样说："人们普遍认为科学会议是交流知识的论坛，一些志同道合的人出于对真理无私的热爱，慷慨地互换信息。激情促使他们追求更先进的知识，乐观鼓励他们尝试新的观点——我真想知道是谁编造出了这幅不切实际的美景"；"哲学家费耶阿本德曾经说过，残酷、野心、竞争和真正的智斗才是科学进步的推动力。争强好胜和打败对手的欲望以及贵人相助的恩惠都有助于推进知识的发展"（见第十章）。读者看到了，福提搬出了科学哲学家费耶阿本德，在别处他还不经意地提到另一名科学哲学家波普尔。科学圈里的人不会看不见日常科学如何运作，不会不知道科学之水如何混浊，那么为何拿到台面上、面向公众就会有"少儿不宜"的问题？其实，只要放下唯科学主义的包袱，事实好解释：对于文明羽冠下的人，许多事能做不能说，可以圈内说不可圈外说，能跟A说但不能跟B说。公众，通常被认为是不合格的听者。距离产生美，科普或者科学传播通常不是要缩小其间的知识"势差"，反而是要"反差扩展"，以此树立科学的高大上、伟光正形象。此形象对科学事业是有利的，但这样撰写出的普及读物，是为智力"欠缺"者、科学事实缺乏者等量身定做的，并不面向职业科学共同体，后者只看期刊上的最新论文就可以了，为了共同的利益他们可以暂时结成统一战线，任谎言流传。当然，科普书不全如此，观念也在变化。

阅读此书，给我留下深刻印象的方面还有很多，在此列出几点。

第一，此书采用第一人称写作，写自己经历的科学研究和旅行，写自己对人物、事实、理论的理解。这个非常值得中国人学习。长期以来科学作品不鼓励用第一人称，可能怕给读者留下主观的印象，于是习惯于用显得更客观的第三人称写作！如某某实验被做了，某现象被观察到了，某本书被读了，意在暗示结果不依赖于具体的人甚至所有人，理论上谁操作结果都一样。这显然是有条件的，而且隐藏了许多东西。如果相信公众的理解力，还是用第一人称写作为好。在国内，《中国国家地理》杂志执行主编单之蔷先生倡导用第一人称写作，我非常赞成，也学着实践。推广一下，所有科研论文，不论文科还是理工农医科，不管正文还是摘要，都应当用第一人称写作！这是一种期盼，不过实施起来很难。

第二，书中提供了"理论影响事实判断"的一个好例子。英国伦敦自然博物馆收藏的始祖鸟化石曾经被斥为假化石，英国各大报章纷纷刊出"化石变鸟"的打假文章。这样的一种事实判断依据的是霍伊尔（Fred Hoyle）爵士"宇宙稳态"的一种数理天文学理论。事后看，比较荒唐，但在当时，却好像十分合理。造假一说后来被否定，因为人们见到了更多的类似化石。"科学向来只看重优胜者"，造假一说被人遗忘，鸟类演化节外生枝的一页已翻过去，在科学文献中很难再寻踪影。

第三，书中反复提及和大量介绍马古利斯的"连续内共生理论"。我个人非常看重马古利斯工作的理论意义甚至政治哲学含义。共生与竞争同样重要，甚至可能更为重要、更是常态，但是长期以来人们不这样看问题。在资本主义上升的大背景下，"现代性"逻辑大行其道，在大众版的进化论意识形态中，竞争常有理、斗争长才干，1848年与1859年的著名作品都被后人做了有利于恶性竞争的解读：阶级斗争和更普遍的生存斗争在人这个物种内部成了最有影响力的政治哲学甚至天启。这种曲解的危害是巨大的，如地质学前辈、沉积学家许靖华和国学大师钱穆所言，这类打着"科学"招牌的思想使人们失去了耐心相处的能力。根据马古利斯的理论，细胞就是共生的绝好范例，生态系统也是。此时，科学家终于相信，用共生才能圆满地解释细胞器的起源。共生、共同体，是博物学、生态学、演化论以及细胞学反复印证的重要概念。但是，相比斗争范式，这种共生范式远未建立起来更不用说流行起来，马古利斯的学说写进教科书只有很短的历史，如今世界政治精英、主流学者、百姓隐约相信的仍然是社会达尔文主义的教义。

历史不会直接命令人怎么做，却会给人许多暗示。校史、科学革命史、基督教会史、国家发展史不断被重写，这容易理解。大自然的历史、一般生命的历史也要不断重写。现在写出的生命简史，与半个世纪前写就的，已经有很大的不同。我们有理由相信，新的版本更符合实际，虽然我们压根不知道"实际"是怎样的。"早期的文字差不多都是记载帝王伟业的人物传记。生命的真相取决于对生命事件的选择，文明也是如此。这种非自然的选择为谎言和欺骗制造了机会；虽然大自然里充满了掩饰，但是我们是第一个欺骗自己的动物。"这是作者快要结束全书时写下的一段话。地球生命史有什么用呢？没什么用。如果说写出来的生命史总要暗示点什么，那么作者的用意不是贬低人类自己，只是告诫人们："回顾生命史应当心怀敬畏。""辉格式"的历史叙述符合大众的口味，却一代又一代地误导人们。学者也不能幸免，唯一的希望是虚心、多学科借鉴，方法是摆事实、讲道理，最终看人们愿意相信什么。所谓历史，就是人们所相信的过去曾经发生过的事情。能够书写出来的历史，不但与过去（数据）有关，也与当下（关切）和未来（企盼）有关。这是建构论的想法，我认为相比其他史学观念，它更坦率、诚实。而通过演绎逻辑推理，用"必然得出"端出历史大餐，人们恐怕永远也做不到。

我读地质学本科的时候，如果能看到这样的书就好了。福提 14 岁时起就对三叶虫化石感兴趣，希望中国孩子能够更多地接触大自然，对地球多姿多彩的生命感兴趣。

不过，一本好书也不可能全是好。此书也不是没有缺点。其中的一个缺点可能就是信息过载！生命的历史时空跨度非常大，作者想清晰阐述的事情太多，而又没有足够的篇幅可用于表达。这可能令一般读者一时消化不了。或许，多读几遍会好一些。另外，此书原版没有插图，中文版补了一些，这也算一大特色，图象如作者驾轻就熟的比喻一样，十分有助于阐明难懂的科学概念，为什么不用呢？我琢磨，如果这本书增加 15 幅手绘的示意图，将大大提高可读性。

2018 年 3 月 5 日

（理查德·福提 . 生命简史：地球生命 40 亿年的演化传奇 . 高环宇，译 . 北京：中信出版集团，2018）

走近分类学，习惯规范性描述

《英国皇家园艺学会植物分类指南》是英国皇家园艺学会（Royal Horticulture Society，简称RHS）为园丁、园艺师、植物爱好者准备的一部入门性同时兼具系统升级功能的手册，非常实用，在行业内一定程度上起规范作用。

入门，是指内容并不高深，书中主要讲述75个常见"科"的形态和分类基础知识，它是入门者的好教材；升级，是相对于老读者而言的，他们已经熟悉书中的基础知识，但是对于原来使用惯了的分类系统可能要更新（update）一下。系统升级比较有讲究，不能太迟亦不能太频。太迟则落后于时代，显得不自然；太频则会不稳定，造成混乱。从头学习新系统，白板一块，反而好办。但是对于大批业内人士，升级有时是折磨人的过程。克服惯性或惰性，需要做功，频繁升级会浪费精力。

那么，能不能把分子生物学的新成果彻底应用于园艺学，立即淘汰所有不那么准确、不那么科学的术语和理论呢？不能。一是做不到，二是那样做还有相当的危害，比如可能割裂了文化传统，让后来者看不懂历史文献，也让这门学问远离直观和"生活世界"。分类学是非常讲究历史和文献引证的学问，在这一点上它有点像文科。举个例子，如果新来者只记住了马先蒿属植物分在了列当科，虽然时尚、合理、科学，却是不够的，还要知道它原来分在玄参科，这样才能很好地利用人类辛苦积累起来的知识。对于柚木属、紫珠属、大青属也一样，既要知道它们现在分在唇形科，还要知道它们原来分在马鞭草科。人类对自然物的描述和分类，是不断演化的。对待分类系统，可以多一些人类学视角的宽容，不宜"五十步笑百步"。植物分类学是不断"自然化"的过程，从古至今，任何一个分类系统都是自然与人为两种因素组合的结果，即使那些打着"自然分类系统"旗号者也不例外。整体上看，APG 系统相对于恩格勒系统和哈钦松系统要更自然，恩格勒系统和哈钦松系统相对于德勘多系统和林奈系统更自然。林奈系统公认是"人为系统"（其实这是一种简单化的判断），但不等于其中不包含自然的因素，其实它不是纯粹的人为系统，即使中世纪的、古代的及日常的分类方案也包含自然的因素。

园艺学（horticulture）属于古老的应用植物学，与同样古老的药用植物学、食用植物学等类似（但与 20 世纪以后发展起来的一批新的应用植物学不同），这样的学科非常讲究可操作性，对学理、还原论方法并不是特别讲究。通俗点说，辨识清楚、种好花、置好景最为重要，搞清楚背后的机理不是第一位的。道理讲出一大堆，认不出物种、花园很难看、植物半死不活，那肯定不成。也就是说，在相当长的时间内，从业者不需要学习很多科学，只要掌握足够的技术、技巧（不限于植物方面，还涉及土壤、气候等），辅之以一定的艺术，就可以做好园艺。但是，事情也在变化之中。在现代社会中，技术与科学分形地（fractally）交织在一起，技术进步直接与科学进展联系在一起。基础科学落后，园艺也不可能做到先进。现代的园艺学高度综合，从基础研究到应用研究全部包括，虽然以后者为主；在园艺实践中，科学、技术、艺术、宗教、美学、文化传统等，一个也少不了，基础扎实才有底气、后劲。

英国皇家园艺学会是世界著名的学术组织，学会成立于 1804 年，相对于其他学术组织成立时间不算很早，但对于与生命相关的学科来说，已经算早的了。英国皇家园艺学会网站列出此组织所从事工作的"四 I 指导原则"：Inspire, Involve, Inform, Improve。非常好记，翻译成汉语大致是：激励、参与、通报、改进。眼前的这部书主要涉及第二和第四两条原则，也可以说与第三条有关。

此书以"科"（family）为主要单位来叙述植物系统树或者谱系，讲述各种植物知识。不过，"科"的概念在植物学发展史中，很晚才出现。林奈时代非常重视"属"和"种"，但无"科"的概念。德勘多、林德利之后，才有了现代意义上"科"的分类层级，而且显得越来越重要。对于初学者而言，"科"比"属"和"种"更为重要，宜优先学习。对于栽培植物，初学者不宜一下子就"深入"到"种"或者"种"以下的分类层级，因为园艺植物杂交厉害、来源复杂，分类非常困难，勉强为之可能徒增烦恼。"属"的数量相对于"科"的数量，多出许多，不利于初学者宏观"建筐"（打造出抽屉或文件夹）把握所面对的新植物。因此，这本书也是以"科"为主要层级进行示范的。

这是一部比较特殊的图书，翻译水平相当程度上将决定这部书中文版的价值大小。水平不高的翻译或马马虎虎来翻译，对于这样的图书，还不如不翻译。这本小书，就内容本身而言，阅读并无难度，但是翻译成汉语也并非易事，想做到完美更是困难。一是专业术语和植物名字太多，名词翻译在科学上做到合规、精准比较难。合规就颇难把握，有许多不同的规则，究竟以哪个为准？翻译中要选择规则，尽可能符合规则，还要打破过时的陈规。二是中国自己的园艺文化非常丰富，加之中国的植物种类众多，这给外来植物图书的中译增加了文化衔接的困难。此困难甚至大于前者。假如中国园艺不发达，假如中国植物种类本身就很少，翻译外来植物图书反而相对容易，不需要考虑那么多。由刘夙翻译此书真的极为合适，一是他有较好的植物学基础，二是他熟悉命名法规，对植物分类和植物中文名字有特别的钻研，三是他做事非常认真，四是他有较丰富的图书翻译经验。刘夙与刘冰等人长期致力于植物科属规范译名和APG、PPG的普及传播工作，维护着"多识植物百科"网站，做了许多基础性的"积德的"工作。

我相信，在中国此书会受到欢迎。如前所述，它非常适合两类读者使用，一类是背景并不深厚的植物学爱好者，一类是相对专业的植物学工作者或园艺工作者。如果吃透此书的内容，真的可以把植物学知识和对植物的精确描述升级到一个新的平台。由这个平台再出发，情况将会很不同。

最后说点并非完全无关的闲话。学习园艺，必然想着亲手尝试。但是，个体不宜亲自到山上采挖野生植物，一是法律、法规可能不允许，二是挖了也通常栽不活，白白糟蹋植物。中国与英国的气候非常不同，即使是中国原产的许多植物（特别是高山植物），在中国的平原地区、城市中也是非常难以成活的，却反而在遥远的英国等异域国家相对容易成活！比如杜鹃花科、报春花科、罂粟科、兰科的许多植物都如此。这没办法，很难改变。耗资建立特别的温室可以部分解决问题，但很难持久，通常得不偿失。栽了死，死了栽，进入恶性循环；人人都想试一试，对野生植物的破坏力度可想而知。"迁地保护"也不大靠谱，虽然这类课题在申请项目时比较容易立项。比较好的习惯是，喜欢某类植物，到野外在原地观赏。家庭要做园艺，宜多选用比较皮实的种类，尽可能使用本土种，不要过分迷恋外来种。对于自己不再需要的园艺植物，在抛弃前先要主动灭活，避免物种流入野外，造成可能的生态风险。

> 2019 年 9 月 8 日于北京西三旗
>
> （罗斯·贝顿，西蒙·莫恩. 英国皇家园艺学会
> 植物分类指南:75 科常见植物的鉴赏与栽培. 刘夙,
> 译. 北京：外语教学与研究出版社，2020）

博物学家古尔德的坚持

1973 年秋季的一天，古尔德（Stephen J. Gould, 1941—2002）接到美国《博物学》（*Natural History*）杂志主编特恩斯（Alan Ternes）的邀请，由此开启了长达近三十年的漫长写作计划。当时他就说，杂志上的专栏随笔从 1974 年 1 月启动，计划写到 2001 年。专栏名称"这种生命观"（The View of Life）看似平常，却是有典的，特指达尔文意义上的演化生命观，语出达尔文《物种起源》末尾"There is grandeur in this view of life"（这种生命观优美壮阔）的叙述。在纯学术上，古尔德的贡献主要是 1972 年与埃尔德里奇（Niles Eldredge,1943— ）一同提出间断平衡（punctuated equilibrium）演化理论，其核心论点当然不是彻底否定达尔文的理论，而是在细节上丰富、修正达尔文的思想。古尔德撰写此专栏也是在向前辈博物学家达尔文致敬。顺便一提，宾厄姆顿大学演化生物学与人类学教授威尔逊（David Sloan Wilson）有一部书《达尔文的生命观：有待完成的革命》（*This View of Life: Completing the Darwinian Revolution*），正标题也借用了达尔文的这一修辞。

在近三十年的时间中，古尔德的专栏文章每月一篇，从未耽搁。从 1977 年第一部结集《自达尔文以来》开始，以平均三年一部的节奏出版的"博物沉思录"（也可以称"自然启示录"，但不应是"自然史沉思录"）丛书一部接一部面世，好评不断。到 2000 年出到第九部《马拉喀什的谎石》，事后看它应当是倒数第二本，但是当时的副标题就是 *Penultimate Reflections in Natural History*（倒数第二部博物沉思录），也就是说，古尔德心里有数，他很清楚自己持续甚久的写作计划还剩下一部就将彻底收工。"2001 年 1 月庆祝千禧年的时候写完了不多不少 300 篇专栏文章";古尔德编好 *I Have Landed* 这部文集（第十部也是最后一部，2002 年出版），整个专栏写作计划全部完成，自己也撒手人寰。Landed，到岸、着陆、完事，意思相关。回想几十年前他的话，或许一语成谶。

是什么力量推动一个人把一个专栏写了近三十年，每月一篇，风雨无阻？别说那么久，坚持三年都比较困难。注意，这期间古尔德并非只做这一件事，他要教书、做研究还要写其他各种图书。真的很难回答。先不论内容和文笔，单凭时间和数量这一项，古尔德就名垂青史，恐后无来者。这十部文集，几乎本本畅销，屡屡获奖，它们分别是：

1.《自达尔文以来》(*Ever since Darwin: Reflections in Natural History*)，1977（首版时间，下同）。

2.《熊猫的拇指》(*The Panda's Thumb: More Reflections in Natural History*)，1980。

3.《鸡牙和马蹄》(*Hen's Teeth and Horse's Toes: Futher Reflections in Natural History*)，1983。

4.《火烈鸟的微笑》(*The Flamingo's Smile: Reflections in Natural History*)，1985。

5.《为雷龙喝彩》(*Bully for Brontosaurus: Reflections in Natural History*)，1991。

6.《八只小猪》(*Eight Little Piggies: Reflections in Natural History*)，1993。

7.《干草堆中的恐龙》(*Dinosaur in a Haystack: Reflections in Natural History*)，1996。

8.《莱昂纳多的蛤山与沃尔姆斯大会》(*Leonardo's Mountain of Clams and the Diet of Worms*)，1998。Diet 指宗教大会，Worms 是德国一地名。

9.《马拉喀什的谎石》(*The Lying Stones of Marrakech：Penultimate Reflections in Natural History*)，2000。

10.《我到岸了》(*I Have Landed: Splashed and Reflections in Natural History*，"外研社"本意译为《彼岸》)，2002。

据我所知，三联书店、江苏科学技术出版社、商务印书馆翻译出版了几部。到目前为止，上述作品仍然有若干部没有中译本。中国科学界、科学文化界、科普界、科学传播界、出版界对古尔德的大名并不陌生，为何不把这十部出齐了？

古尔德的作品绝非只有这些，除此之外，还有许多专业论文和专著，如《演化论的结构》《人类的误测：智商歧视的科学史》《间断平衡》《奇妙的生命：布尔吉斯页岩中的生命故事》《刺猬、狐狸和法师痘：缝合科学与人文之裂隙》《时间之矢和时间循环》《追问千禧年：世纪末的理性探索》《生命的壮阔：从柏拉图到达尔文》等。

古尔德与利奥波德（Aldo Leopold, 1887—1948）、赫胥黎（Julian Huxley, 1887—1975）、劳伦茨（Konrad Z. Lorenz, 1903—1989）、迈尔（Ernst Mayr, 1904—2005）、威尔逊（Edward O. Wilson, 1929—2021）一样，都是最近一百年间最杰出的博物学家。不过，在现代社会中这些学者不会只有一个身份，他们还有古生物学家、林学家、遗传学家、动物行为学家、进化生物学家、昆虫学家等可以登上大雅之科学殿堂的专业名号，这些名号会大大掩盖博物学家的身份。好在至少上述诸位大师，他们敢于理直气壮地承认自己就是博物学家，威尔逊甚至把自传的书名定为 Naturalist。不过，上述一连串学科都属于自然科学之中并不光鲜的博物类学科，在热衷强力、速度与征服的大背景下，它们也只好处于科学圣殿中不太重要的位置，跟数理、控制实验及数值模拟传统相比，这类研究工作被认为相对肤浅。

博物学家写随笔，是早有传统的，但是到了现在，这个传统的延续遇到了困难。一是各类学术不断专门化，泛泛而论确实有点儿不痛不痒，深入一些又无法吸引普通读者。二是学者写多了这类东西会受到同行的排斥，被认为是不务正业。有时是出于嫉妒（"凭什么你那么风光，受大众欢迎？"），就像当年纳博科夫的画像上了《时代》周刊封面让许多昆虫学家不爽一般。古尔德也不例外，但他出于某种责任或使命坚持下来了，为人们留下一笔宝贵的散文遗产。如何给这种写作定位，是个难题。不仅仅在中国会遇到这个问题，在美国、在英国也一样。首先，这类随笔字里行间可能包含重要的原创学术思想，不仅仅是文学渲染和知识转述。历史上也的确有学者把一些重要思想不经意地写于通俗文本中，甚至写在脚注中。达尔文、古尔德、马古利斯、道金斯、威尔逊的散文中确实包含重要的学术思想，其重要性不亚于一本正经的期刊学术论文。其次，这些文字的读者对象是受过教育的普通公众，也包括多个领域的专业学者，这种写作体现了文理融通，展现的是有趣的科学文化、博物学文化。这已经超出了在不同科学学科之间架桥的努力，用古尔德自己的话说就是："这些年来，如这些散文所展示的，我设法拓展我对科学的人文主义'描绘'（my humanistic 'take' upon science），把从一种单纯的实用装置变成一种真正的乳化器，使得文学随笔与大众科学写作融合成某种独特的东西，有可能超越狭隘的学科领域并使双方获益。"（*The Lying Stones of Marrakech*，2000：Preface 2）国人习惯于把它们视为"科普"，可是国内又极难找到对应物，于是又称之为"高级科普"或"科学与人文"。后者的表述还凑合，前者则不很恰当。国内相似作品颇少是有缘由的，一是当下科学家群体人文修养有待提高，二是不愿写、不敢写，怕受到同行的鄙视。

看到眼前这个中译本，我立即想起田洺（1958—2016），心绪难平。如果田洺先生还在世，根本轮不到我来为此译本作序。我相信，绝大多数中国人是通过田洺而知道古尔德的。田洺活到58岁，古尔德也只活到61岁，真是太令人惋惜了。田洺治生物学史、演化生物学史、科学文化研究，当过教师也当过官员，是什么机缘触动了他最早开始翻译古尔德的作品？田洺说是王佐良先生。翻译家、英国文学研究专家王先生对古尔德的散文评价很高（自达尔文以来 . 北京：生活·读书·新知三联书店，1997：中译本序3）。而我是通过刘兵而认识田洺的，后来在科学传播工作中多有往来。无疑，田洺对于译介和传播迈尔、古尔德、威尔逊的作品与思想贡献巨大。虽有个别翻译不甚准确（谁又敢说自己的翻译都是对的），但是如果没有田洺的文化传播工作，国人对古尔德等人的接触还不知道要推迟多久呢。古尔德的散文极为高雅，有人说他是散文写作的斯坦·穆西埃尔（Stan Musial，美国著名职业棒球运动员）。我不懂棒球，但确实知道古尔德随笔的几个特点：有思想、纵横交错、语句复杂。有些人站着说话不腰痛，喜欢说风凉话，以偏概全，全面否定前人的文化传播工作，宣称田洺的翻译"几乎每一句都有不同程度的翻译错误"，真的如此吗？仅仅从逻辑上想一想，就知道事实并非如此。把每一句话都翻错，那也挺难的吧？这种判断是对译者、出版社编辑和读者的多重侮辱。

我想对此书的译者表示特别的敬意。译书难，译古尔德的书更难。听说译者用了三年时间才整理出这个译本。想一想，将获得的稿费能够养活自己吗？又如何养活家人呢？我没有责怪出版社稿费低的意思，出版社能出版这类翻译作品已经很不容易了。书价在中国相对便宜（跟吃一碗面、买一件衣服相比），出版社作为企业自己生存也不容易，但书生和学子还在抱怨图书太贵了；单纯靠涨书价来提高译者的稿费，恐怕不现实。面对手机、信息网络时代的浅阅读泛滥，单纯涨书价可能会令许多年轻人远离高雅文化，比如他们更加不容易接触到古尔德。有关部门能不能研究一下，想个办法，让国家和民间基金会对于优秀的文化翻译给予适当支持？在这方面日本做得比较好，我们应当学习。

2019 年 12 月 2 日于北京西三旗

2020 年 5 月 24 日修订

（斯蒂芬·杰·古尔德.彼岸：博物学家古尔德

生命观念文集的末卷.顾漩，译.北京：外语教学与

研究出版社，2021）

杂草衬托着我们的文明

英国自然作家、博物学家梅比（Richard Mabey）这本关于杂草的书《杂草的故事》，可与美国作家波伦（Michael Pollen）的《欲望植物学》（中译本译为《植物的欲望》）相媲美。此书英文标题是 *Weeds：In Defense of Nature's Most Unloved Plants*，如果直译的话，大约为《杂草：为大自然中不受待见之植物说点好话》，作者的用意似乎已经有所流露。

杂草，这样的词听起来就边缘化。什么是杂草？长错地方的植物、没用的植物、令人讨厌的植物，即"不受待见之植物"。杂草位卑身贱，汉语中草包（喻外强中干无能之人）、草案、草率、草娘（妓女）、草靡（形容溃败）、草台班（民间戏曲班社）、草菅人命、草茅之臣、如弃草芥、寸草不生、秋草人情、浮皮潦草、落草为寇、拔草寻蛇、闲花野草、草莽英雄、闾巷草野、拈花惹草、剪草除根等，都透露出杂草的地位和身份。当然，也有取褒义的，也不乏辩证的，如草书。在中国，如我一般"年过半百"的老人，提起杂草，还容易想起"文革"期间的批"毒草"运动。那时候，不符合主流革命价值观的电影、音乐、歌曲、书籍、报告等，都可能被划为"毒草"而遭到禁止，比如《白夜》《柳堡的故事》《美丽的西双版纳》《孔雀公主》《海瑞上疏》《菊花》《带翅膀的媒人》《泥石流》《神笔》《济公斗蟋蟀》《第四十一》《红叶》《红与黑》《王子复仇记》《雾都孤儿》《裸岛》等都属于"毒草"或"大毒草"。在那个年代，天然的、人造的万事万物皆是"征象"（sign），跟文艺复兴时期欧洲的"象征博物学"（emblematic natural history）有几分相似，只不过前者以革命领袖的名义，后者以基督教上帝的名义。梅比若在中国生活过，可能会对中国"政治博物学"中的杂草修辞别有一番感受。

梅比是经验丰富的自然作家，颇懂传播技巧，他能把平凡的事情写得非常生动。我读他的书不多，只有两种：除了这本《杂草的故事》，另一种是写英国著名博物学家怀特（Gilbert White）的《怀特传》。另外看过有他出场的几个文化短片。不过，通过这些已经足够判断他是一位写作高手，他有学者气质和丰富的一阶博物实践经验。

英国农民诗人克莱尔（John Clare，1793—1864）曾说："杂草，正合我心意。"梅比和我都欣赏克莱尔。由此可部分猜测到此书的反常识见解。杂草是文明的一部分，它托举着、映衬着、装点着文明，这既具有隐喻正确性也有字面正确性。人类对杂草的态度是矛盾的。梅比并不想为野草完全翻案，并非想置恶性杂草的基本危害于不顾而拼命讲它的好处，那是"愤青"的做法。入侵杂草真的非常危险，需要提防，我们不能把黑的唱成白的。微甘菊已在广东沿海一带肆虐，紫茎泽兰早就侵入云南和贵州山地，加拿大一枝黄花生满上海崇明岛，也长到上海虹桥高铁站、齿裂大戟、豚草、三裂叶豚草、印加孔雀草、少花蒺藜草、刺果瓜、黄花刺茄已经大摇大摆挤进首都北京，鸡矢藤、木防己、香丝草、钻叶紫菀、黄顶菊最近还悄悄溜进了清华、北大校园。如果对这些不友善的举动无动于衷的话，简直就是无原则、鼓励"放纵"。与此同时，本土杂草的生存频频受到威胁，比如北京野地里生长的美丽草本植物睡菜、款冬在最近几年濒临灭绝，校园草地上的点地梅、葶苈、荔枝草、地黄不断被园林工人费劲地清除。

梅比的书有12章，差不多每一章都以一种植物命名，如贯叶泽兰、侧金盏花、宽叶车前、三色堇、牛蒡、柳兰等。每一章所述内容并非完全围绕标题，结构相对松散。就这一点而论它似乎不够简洁，但内容更丰富。梅比几乎在每一章中，都通过大量的举例，在反复传达一个观点：嘉禾／杂草、良木／恶树等划分是相对的、暂时的，与我们一时的看法、认定有关。学者讨论问题既要瞧细节也要看整体。对于较长的因果链条，要看到局部两段或多段间的因果勾连。一方面要高度重视眼下进入视野的现象，要追究每一个阶段的原因，也要探寻两段甚至三段的原因。杂草的入侵之所以复杂，相当程度在于它涉及文明进程特别是现代化进程中因果链的多个环节。一个无法根除的历史事实是，我们今天所珍视的一切主粮植物和美味蔬菜植物，都曾经是杂草！比如水稻、高粱、玉米、马铃薯、粟、山药、香蕉、甘蔗、柠檬草（香茅）、甘蓝、菠菜、苤菜、韭菜、薄荷、藜、荠、水芹，它们中一些来自野草，一些至今仍然野性十足。而一些恶性杂草在全球泛滥，恰好与我们所谓的文明推进同步。文明所至，杂草始生。

带有贬义的杂草，竟然是文明的伴生物？"天地不仁，以万物为刍狗。"本来各种植物在价值上没有分别，人以人的眼光而且是"近视的眼光"来审视它们，才有了分别。一些被判定为有用，甚至价值连城，比如海南黄花梨（降香黄檀）；一些被判定为无用，对人有危害或者影响庄稼生长，需要铲除或者抑制。于是，哪里有文明哪里就有杂草；有什么样的文明就有什么样的杂草。"有害"杂草是无法消灭的，骂、割、砍、烧、挖等招法尽管使用，除草剂尽管喷洒，到头来杂草依旧，甚至越来越昌盛！其实，是我们所追求的东西培育了杂草：导致其引入、变异、进化、传播。人类发动的战争，也会打破大自然的局部平衡，从而影响到杂草的枯荣、进退。文明与杂草协同演变，人类对杂草似乎永远是爱恨交加。其实，退一万步，杂草如病毒，不需要消灭（也灭不干净），只需要和平共处。

野草为何有时那么猖獗？"是因为人们把其他野生植物全部铲除，使这种植物失去了可以互相制约、保持平衡的物种。"（中译本第17页）为了一时的经济利益或其他方面的某种好处，人类经常过分简化事物，低估大自然生态系统的复杂性，不顾及缓慢适应性法则。刻意选定优良植物，人为抑制不符合要求的其他植物，这被视为天经地义。第一回合较量中也通常取得了效果。但是，大自然之平衡和稳定性被打破、生物多样性被快速改变，风险同时在增加，当事物演化到第二、第三阶段时，人工选择的结果可能令特定杂草反而强壮起来。谁来承受风险呢？往往不再是当初获利的"当事人"，而是依附于土地的弱势阶层。当年的获利者或许转移到另一块土地上，已开始上马新的项目了！好比牛市阶段各板块轮动上涨，少数忽悠者获利"跑路"，再炒作另一板块，几个回合过后，只剩下没经验的股民在接盘。

当然，许多情况下，私利表现得并不明显。有时当事人仅仅出于好奇或者为了科学研究，或者为了公共利益，在操作过程中不经意地释放了可怕的杂草。一些杂草常以植物园、大学和研究院所为跳板最终扩散开去，事后大家都是一副很无辜的样子。比如邱园草（牛膝菊）、牛津千里光、牛津草（蔓柳穿鱼）、杜鹃花（对于英国）、葛（对于美国）、臭椿（对于美国）、火炬树（对于中国）、互花米草（对于中国）、鸡矢藤（对于中国北京），当初引进时动机与短期效果都无可厚非，但结局却出人意料。实际上，恶果不是不可以避免。古老的格言早就说了：人算不如天算。智慧出有大伪。可总有一部分自以为聪明的人，未经慎重考察与测试就不负责任地引进外来物种。以高科技的名义释放 GMO（转基因生物）也一样，甚至可能更加危险。

为何葛与臭椿在中国一点没事，到了美国就疯长起来了？水土异也，环境变了！它们在中国久了，物种相互制衡，彼此适应，不会有大起大落。到了美国就不适应。不适应不意味着衰亡，另一种可能是飞黄腾达、无拘无束地繁衍，即"过分适应"。那么好了，在美国待久一点不就适应了吗？完全正确。问题是，当地人能够忍受这一过程吗？人们谈论适应，必须有时间限制，即在多长时间内达成适应，抛开时间限制来讨论适应则没有意义。植物的人为迁徙也确实提醒人们，要防患于未然；若事情已经发生了，就要心平气和地接受现实，想出稳妥的应对办法。

杂草入侵后怎么办？在西方有各种"杂草法案"，问题意识一向很强的科学家更不会闲着，消灭、控制杂草的措施层出不穷。科学、科学家从来不怕事，就怕没事。但有多少措施是管用的？一定要区分短期管用和长期管用，还要看有多大的副作用。

谁有先见之明？严格说谁都没有或者都有一点。常识以为，科学家在预测上比较在行，其实在杂草问题上，并非总是这样。梅比引证大量材料，反而显示文学家、诗人比科学家更有先见之明，能提前"看到"大尺度事物演化的可能结局。这并非因为前者智商更高，只是由于后者更专业而自坠井底。

如果仅仅根据科技杂志上的最新成果来写一部关于杂草的科普著作，我想不会吸引太多读者。梅比没有那样做，他似乎更喜欢引用文学作品和绘画，他在乎莎士比亚、克莱尔、华兹华斯、杰弗里斯（Richard Jefferies）、温德姆（John Wyndham）、塞尔夫（Will Self）、丢勒。即使对于他不喜欢的拉斯金，他也大段引用，并找出对他的"反科学"观点有利的一点最新科技进展！

人类与杂草周旋颇久，时间跟人类的历史一样长。但不得不说只是在所谓的"地理大发现"以后、西方文明横扫世界之后，杂草危害才变得突出。世界的西化告一段落后，新技术革命特别是转基因技术再次启动了杂草风险警报，兜售转基因植物的孟山都公司即以出售特制的除草剂而闻名。

20世纪60年代，美国人向越南喷洒了大量橙剂，一种高效的化学落叶剂，为的是让游击队无处藏身。橙剂给越南国土带来了深重的灾难，40多年过去了，相当多被喷洒的森林仍然没有恢复过来。那些地方特别适合丝茅等杂草生长，人工干预没什么效果，火烧反而加速了其疯长。人们尝试栽种柚木、菠萝和竹子，但都失败了。不过，最近丝茅又从亚洲潜入美国，让美国南方各州头痛不已，"不得不说这种复仇有些诗意"。（第17页）

别忘了，孟山都就是当年橙剂的生产者、获利者。我在越南还参观过一座博物馆，那里展示了大量受害者的照片，真是惨不忍睹。这个"猛散毒"的"孟山都"摇身一变成了现代农业甚至生态农业的化身，真是够讽刺的！归纳推理不保"真值"，归纳法不完全靠谱，但我们不能由此认为"世人活该被同一骗子重复欺骗"。

《杂草的故事》提醒人们以更宏大的时空视野、非人类中心论的视角看待植物。此过程即便不能提升我们的境界，也能弱化我们过分干预的冲动。"道法自然"，顺自然者长生。

最后，期待着梅比的《怀特传》也在中国翻译出版（补注：该书已由我的学生佘梦婷译毕，即将由商务印书馆出版）。中国多数人没听说过这个怀特，知道英国而不知道怀特，肯定是个很大的遗憾。

2020 年 02 月 02 日（故意把 0 写出来，新冠病毒肆虐华夏大地之际。今天的日期很对称，"反正都一样"，即正着读和反着读都一样）

（理查德·梅比．杂草的故事·典藏版．陈曦，译．南京：译林出版社，2020）

缓慢体会怀特的价值

吉尔伯特·怀特（Gilbert White,1720—1793）开始为中国人所理解，从周建人（1888—1984）、叶灵凤（1905—1975）时算起，时间也不算短了，却从来没有红火过，因为怀特的所作所为与那段时间中国社会发展的主流价值观不合拍。不过，近期无疑越来越引起生态学史、环境史、博物学文化学人的注意了。到目前为止其代表作《塞耳彭博物志》（*The Natural History of Selborne*）已经有三个不错的译本，虽然中译名都不是很准确。中国媒体和学术期刊也多次提及怀特。这与当下人们对环境、生态问题的关注、对现代性的反思有直接关系。

1. 博物学也有多种类型

环境史家沃斯特（Donald Worster）在其《自然经济：生态思想史》（*Nature's Economy: A History of Ecological Ideas*，商务印书馆的中译本名为《自然的经济体系：生态思想史》）中，电视制片人、作家莫斯（Stephen Moss）在其《丛中鸟：观鸟的社会史》（*A Bird in the Bush: A Social History of Birdwatching*，北京大学出版社有中译本）中，自然文学研究者程虹在其《宁静无价》中，均将怀特的博物学置于重要地位加以介绍。国内也有博士生以怀特为研究对象撰写学位论文。

怀特的博物学，只是众多博物学中的一类。博物学在中国有复苏的迹象，但能够欣赏这类博物学的仍然稀少，人们更关注的是与自然科学比较接近的、与帝国扩张及远方探险相关联的博物学。也许，随着时间的推移，关注的重点会变化。这或许有赖于从"平行论"的视角看待博物与科学的关系。若从"狭义认识论"视角看，博物学不过是前科学、潜科学、肤浅的科学、不成熟的科学或者科普；博物学再有趣、再好，也只起辅助、帮闲的作用，一切要看博物当中有多少东西能够转化为当下的正规科学。若有博物学家 A、B、C 三人，其博物工作分别有 2%、10%、23% 最终能解释为正规科学的内容，那么人们通常认为，三人的成就排序分别是 A 小于 B、B 小于 C。可是，如果按"平行论"，价值判断就未必如此，甚至可能相反。

怀特式博物与诗人克莱尔的博物相近。农民诗人克莱尔大谈"品味"（也称"趣味"），虽然其自然知识不够深刻，却对专业化的植物学不满，瞧不上林奈等人的博物学。其勇气何在？他说"田野即我们的教堂"（the fields was our church），他有非人类中心的思想，既聚焦地方性，也尝试从更大的自然整体来考虑问题，他倡导有品味的博物学（tasteful natural history）。"如同大自然画卷中树叶和花朵之色彩，心灵的品味在整体中分层呈现。但是，不能太在意人之本能情绪的宣告。飞鸟、野花和昆虫也是大自然的继承者。品味是万物喜乐的遗产，每个物种都以一种特别的方式对欢悦做出选择。"（节译自 John Clare 的诗 "Shadows of Taste"，评论见 Sarah Weiger. Shadows of Taste: John Clare's Tasteful Natural History. *John Clare Society Journal*，2008，27：59-71.）克莱尔认为学人与乡巴佬有相似之处。乡巴佬对草木视而不见或仅当作无价值的东西，而学人也不过如此，只是把它视为植物的一种特别模式（type）而已。而有品味的诗人，能在不同的环境、历史、文学语境中欣赏植物。因为诗人能够建立广泛的"链接"，在整体文化语境中把握某对象。克莱尔对自然物的把握按现在的科学标准没什么了不起的，却展现了一种特别的关联能力（associative ability）。培养这种能力，需要时间、耐心和智慧。在生活中，一方面要储备大量可供链接的素材、场景，另一方面要有想象力，能够瞬间检索到可关联的事物。

所有博物活动，相对而言都显得"肤浅"。不过，正因为如此，它在人类历史上确实古已有之。英文中，博物、博物学家的称谓也比科学、科学家的称谓早得多。对于博物和科学，都能写出不错的历史，均可以适当向前追溯。但平心而论，博物之学的历史远长于自然科学的历史。

有复数的多样性的博物，也有复数的多样性的科学，单数大写的情形也可以构想。若论起单数抽象的大写博物和单数抽象的大写科学（SCIENCE），它们在演化中无法保证具有不变的本质，后者的历史远比人们想象的短。两者相差多久？恐怕有1000年！不过，从思想史的"血统论"进路出发，本着"沾边就算"的编史原则，两者都可以放心大胆地向前追溯，那样的话，两者便有了共同的起点。在当今世界，科学"掠夺"历史资源名正言顺，得到了广泛许可，并无明显反对声音。但是，坦率地讲，此种无节制追溯，若面对可能的批评时，谁更应当承担举证责任呢？显然是科学而不是博物。

因为"好的归科学"（田松构造的一个讽刺性短语），百姓了解的科学史，已经大大失真，比如达尔文是什么家？人们会脱口而出：科学家。具体一点，生物学家；再具体点，演化生物学家。能说出他是"博物学家"的人极少。可是，"博物学家"是当时人们对他的标准称谓，其1859年出版的《物种起源》第1版中，naturalist（博物学家）共出现97次，science（科学）共出现2次，scientist（科学家）一词根本没有出现。开篇中，达尔文便说，作为naturalist（博物学家）自己如何登上了"贝格尔"号。公平而论，从现在的眼光看，达尔文既是博物学家也是科学家。那么，A.洪堡、D.梭罗、J.缪尔、R.卡森呢？人们就可能犹豫，对科学家、博物学家的头衔就不大敢随便使用。至于怀特，恐怕就不会有人按"好的归科学"的思路，称其为科学家了。拿放大镜看，怀特当然也做了许多与现代科学有关的事情，比如对蚯蚓、对鸟、对生态的探究之类，甚至还做过人口调查之类工作，但称他为科学家似乎就过分了，他只能算个作家，充其量是生态学先驱。这回在科学家和博物学家中，便没有人抢着安放科学家头衔了，怀特踏踏实实是一名博物学家。在认知导向的认定中，科学家是高于博物学家的。但我并不这样认为，就像不会简单地比较巴尔扎克与巴斯德、普希金与门捷列夫、毕加索与庞加莱谁更伟大一样。

2. 梅比这部怀特传的特点

"怀特就是以他生活的村庄为舞台，向世人展现出，通过近距离观察自然世界，不仅能理解自然，更尊重自然，洞察万物的相关性。怀特留给后世之人的最伟大的遗产，是调和了对自然的科学认知和情感体验，由此产生深远影响，促进了生态学的兴起和发展，并让人们意识到，人类也是大千世界的一部分。《塞耳彭博物志》作为对地方深情描写的先驱，还促使这种写作成为英国主流文学的一部分。"（第5页）这是英国有着历史学背景的作家、博物学家梅比在这本怀特传中对怀特的基本描述。

我接触过的梅比作品不多，仅两部，除了这本传记便是《杂草：为大自然中不受待见之植物说点好话》（不同英文版本的副标题也不一样。译林出版社中译本名为《杂草的故事》）。对于后者，我先写过书评，后又为新版写了中译本序言。2010年1月末2月初我拜访怀特家乡塞耳彭时，身边就带着梅比的这本传记。住在主街边的塞耳彭皇后客栈（The Queens Selborne Inn），晚上还观看了BBC的一张光盘，其中有梅比出场讲述怀特的多个场面。

在我看来，梅比的这本传记有两点特别值得指出，第一是对资料的收集，第二是编史观念。

怀特的名声是一点点变大的，历史上留下的关于怀特的资料非常稀少，这给传记写作带来巨大困难。怀特只出版了一部书《塞耳彭博物志》，刚出版时影响也不大。就这本书的内容来挖掘的话，传记也写不出更多内容，而且可能变了味，成了某种作品解读。梅比下了许多功夫，到各种可能留有蛛丝马迹之处寻找关于怀特的信息，再把它们小心地编织在一起，尽可能向读者展示怀特的生活细节。书很薄，下的功夫非常多。从中也能看出，英国各种机构对史料保存非常重视，对外服务也很好。国内就有许多不同，一是学者愿不愿意花力气追索，二是相关机构是否愿意"协助"。

作品好坏也与编史观念有关，涉及所做历史是否足够专业的问题。梅比不是标准的学院历史学家，却有着良好的史学训练。面对今日声名鹊起的怀特，此传记并没有接着"造神"。怀特的人生，有些特点，但仍然普通、可理解。他与其他人一样喝咖啡、喝红酒、收租金、旅行、谈女朋友，对金钱也并没有表现出厌恶。在梅比笔下，没有迹象表明，怀特的道德素养与别人相比有何特别之处。对于做什么事情能够令事业成功，怀特与普通年轻人差不多，起初也是迷惘，慢慢才摸索出适合自己的方向。

那么，梅比这种写作会不会削弱怀特的完美形象？对于肤浅的读者，确实有这种可能性。但是，好书是写给好读者的，不必为此而担心。怀特对乡村的细致描述有着永恒的魅力，对当下中国人重新思考人与自然的关系、处理好自己的生态环境问题有着明显的启示。怀特式生存，对于个体选择适合自己的生活方式，也有参考意义。长远看，伟大思想和模范行动无须借助"神话"来延续。

3. 有机会要到塞耳彭亲自看一看

欲了解怀特，读其名著《塞耳彭博物志》，包括艾伦（Charles Grant Blairfindie Allen, 1848—1899）为其中一个版本撰写的导言，是十分必要的，却不充分。梅比很坦率，他说《塞耳彭博物志》并不好读，它不是今日大家喜闻乐见的优美散文。读了也未必有感觉。类似地，梭罗的《瓦尔登湖》也一样。看这些书，读者需要有好心情，缓慢阅读。我甚至猜测，世上可能有 100 万人听说过怀特，其中十分之一人亲自翻看过《塞耳彭博物志》，这部分中又有十分之一人耐心读完全书，读完者中又有二十分之一人读出了感觉，深入理解了怀特。

许多人，包括艾伦、梅比和我，都强烈建议读者亲自去一趟英格兰汉普郡的塞耳彭，一个很小的村庄。想一想达尔文、洛威尔（James Russell Lowell）曾亲自前往塞耳彭"朝圣"，你凑个热闹既不过分也不冤枉。

从伦敦到塞耳彭很方便。从伦敦的滑铁卢（Waterloo）站上地铁（火车），向西南方向行进，大约 70 分钟后在奥尔顿（Alton）下车，乘 38 路公共汽车或打车向南再走 6 千米左右就到了。2011 年我从牛津转了两趟火车才来到奥尔顿。记得乘火车时还经过怀特上大学前读书的地方贝辛斯托克（Basingstoke），车厢喇叭报站时把第一个音节读得很夸张，又重又长；返回时则由奥尔顿到滑铁卢。

"到了塞耳彭，虽有着急切的渴望，我仍然克制自己，'没敢'贸然直接访问怀特的宅子威克斯，而是在附近住下，然后到附近野地里观察、散步。第二天，洗漱完毕，正了正衣襟，我才到离住处不到 150 米远的怀特家（威克斯），由东向西穿过宅子，进入怀特的大花园。眼前是大草地，远处横着'垂林'，园内怀特描述过的橡树还健在。苹果树、梨树上挂满了'鸟窝'，近距离瞧，才确认那只是与鸟有关的寄生植物：白果槲寄生。怀特书中描写最多的就是鸟，怀特家乡到处都是鸟，而槲寄生的繁殖离不开鸟的帮助。"[刘华杰. 博物学漫步：寻访怀特故乡塞耳彭. 明日风尚，2011，(4)：154-156)]

为何怀特写出了名著，成为生态思想史上的重要人物？历史研究无法给出充要条件的刻画，其他研究也如此。回答这类问题很难，充分条件或必要条件谁都不容易给出，我常讲的"双非原则"依然适用。读梅比的这部传记，大约可以猜到有几点可能很关键：一是衣食无忧，二是接受了良好的教育，三是有一个不错的朋友圈。但它们是充分的吗？不是。是必要的吗，也未必。因此只能说"或许很重要"。至于哪些显得重要，读者可以自己判断。

时代无法重演，人生不能复制。重要的是通过阅读得到某种启发，开动自己的脑筋，书写我们自己有意义的人生。

最后，也感谢余梦婷翻译了这部书。梦婷曾是我名下的硕士生（从2021 年秋季又开始跟我读博士），她能做这样的辛苦工作，很不容易。

2020 年 7 月 12 日于北京肖家河

（理查德·梅比. 吉尔伯特·怀特传：《塞耳彭博物志》背后的故事. 余梦婷，译. 北京：商务印书馆，2021）

为理解利奥波德增添新素材

除了"保护生物学"和一般的自然科学，奥尔多·利奥波德（Aldo Leopold，1887—1948）在环境伦理学和自然美学两个当下十分热门的人文学科中占有重要位置。对于前者，他提出了历久弥香的土地伦理想法；对于后者，他强调个体与大自然相处之时应注入审美因素。这两门学科对于应对当下的环境危机、自然缺乏症、现代性狂奔等，都能提供必要的启示。

据我所知，长期以来中国只翻译过利奥波德的一部书，即他最重要的《沙乡年鉴》（*A Sand County Almanac*），但有多个版本。

摆在读者面前的这本书算是第二部。它是一部文集，原书名为 *Round River*，"循环流淌之河"的意思，可直译为《环河》。英文版 1953 年由牛津大学出版社首次出版。中译本据 1993 年重印版译出。《环河》中的部分文章曾经收入扩增版的《沙乡年鉴》，于是此前人们也曾间接知道该书的一些内容。不过，此次据《环河》原书将全部内容译出，还是有独立意义的。

另外在 1999 年（此时利奥波德已过世半个世纪），还出版了利奥波德的两部文集：（1）《为了土地的健康：未发表的短文及其他文本》（Leopold, A. *For the Health of the Land: Previously Unpublished Essays and Other Writings*, 1999），包括 53 篇短文，其中有 12 篇以前未发表过。（2）《利奥波德典藏：引语与评注》（Meine, C. D. and Knight, R, L. Eds. *The Essential Aldo Leopold: Quotations and Commentaries*, 1999）。这两本目前均无中译。

与《沙乡年鉴》《为了土地的健康》一样，此书也有一分为三的结构。这似乎是利氏文集的通例。三明治的主体是一些相当于日记的简明记述。

两侧则包有优美、睿智的哲学、美学散论。

不额外注入能量，环河是不可能的。如埃舍尔的版画《瀑布》作品一般，水在自然条件下是不可能自动流回来的。显然，环流说的是威斯康星的一则寓言。传说伐木英雄班扬（Paul Bunyan）找到了这样一条河，传奇般用水流运送砍下的木材。利奥波德用这则寓言说明，威斯康星的大地本身就是一条循环不已的大河，在一个动态的生态系统或作者强调的共同体（community）中，各个组成部分彼此依存，无休止地演化着。生态学在与达尔文演化论所描述的现象相垂直的另一个平面上考察事物的变化。岩石风化成土壤，土壤中长出了橡树，橡树结出了橡实，橡食喂养了松鼠，松鼠成为印第安人的食物，人去世后化作泥土，于是物质循环又开始了。此链条在细节上可以变化，但不能变得太快，否则因不适应会出现许多问题。在利奥波德看来，生态学虽然早就提出来了，但生态思想在全社会流行那是漫长的事情。"生态学到将来才可能真正畅行无阻。生态学注定要成为关于环河的学问，它姗姗来迟，要把我们关于生命物质的集体知识转变成关于生命航行的集体智慧。说到底，就是保护。"（Leopold, A. *Round River*, New York: Oxford University Press, 1993：159）

利奥波德在生态学或环境伦理学领域提出了一个颇具想象力的思想：人们应当认同并融入不断扩大的共同体。这一思想通过《土地伦理》一文以非论证的论证形式，却令人信服地告诉人们，把自己放入更大的共同体是可能的。我说"非论证"是指他用的是讲故事、比兴的手法，而非演绎逻辑的"必然得出"。的确我们无法用数理逻辑严格推导出利奥波德的结论，但历史进程、无数事例以及人作为人的修养，使得我们可以并且几乎必然地同情他的结论。

《环河》刚出版，就有多家杂志刊出评论，如《野生动物管理杂志》《牧场管理杂志》。

户外活动家决不会失望，书中的许多片段或许能引起强烈共鸣，让人们回忆起激动人心的场景；那些喜欢类似《沙乡年鉴》中哲学洞见的读者也不会失望；那些想找寻野生动物保护思想的，也能有收获。"对此书，不同人会欣赏不同的侧面。"[Reynolds, H. G. *Journal of Range Management*，1954，7（2）：91] 书评中评论人也喜欢摘录一组名言警句加以品评。在利奥波德的作品中找警句，绝对值得而且相对容易，因为富含哲理并且基本押韵的精彩论述俯拾皆是。

结合此书，关于利奥波德可以讨论许多方面，想了一下，我只涉及狩猎和博物学家身份两个问题。

1. 关于狩猎悖论

利奥波德是一位出色的猎手。此书有大量篇幅不厌其烦地介绍他与他的家人及同伴打死这个又打死了那个，甚至描写了血腥的猎杀场面。这令读过《沙乡年鉴》的人非常震惊，这是一个人吗？他不是提倡环境保护、动物保护吗，他怎么能够那样随心所欲地枪杀、诱捕动物？

没错，是一个利奥波德。

"那么，这里不是存在明显的矛盾吗？你不觉得他虚伪吗？"虚伪是攻击环保人士、动物保护主义者的利剑、常用手法。可惜这对利奥波德不管用。

在回答可不可以狩猎之前，让我们先看一下另一位著名博物学家普里什文对打猎的看法。注意他的称号也不少，如"伟大的牧神""世界生态文学的先驱"。普里什文称，真正的猎人才能充分把握对大自然的复杂情感。"道地纯正的猎人其实是人形鹞鹰种群。""鹞鹰不啄食自家花园的鸟。这也是事实，在我们的花园里，我们这些猎人，也不会杀戮和捕猎。剩下的便是要揭示出，我们的森林意味着什么，身为嗜好打猎者，我们要在那里培育动物，使得我们的森林、田野、河川日渐富足。"（米·普里什文.大地的眼睛.潘安荣，杨怀玉，译.武汉：长江文艺出版社，2005：370）为此普里什文还举出若干狂热猎手，在科学界有米克卢霍－马克莱、普热瓦尔斯基，文人中有屠格涅夫、涅克拉索夫、列夫·托尔斯泰。普里什文自豪地说："出色的猎人使自己喜好的猎事成为认识和颂扬自己故乡的一种方式。"
（同上：371）在《猎人》一文，普里什文提及一位结伴而行的老上校。上
校发现打猎很费钱，不得不放弃这一嗜好而喜欢上了摄影。"有时候，我觉
得，上校每次按动一下照相机的快门，就会体验一次扣动猎枪扳机的那种快
感。"（普里什文. 鸟儿不惊的地方. 吴嘉佑，等，译. 武汉：长江文艺出版社，
2005：73）在英文中 shot 这个词本来就可用于扣扳机和按快门，其实两者
的行为人可以有相似的心理感受。顺便一提，利奥波德也讲过，"相机是
为数不多的寄生于野性大自然的无害产业之一"（Leopold, A. *A Sand County
Almanac*. New York and Oxford: Oxford University Press, 1987：171）。

有人可能认为，这有狡辩的嫌疑。俗话说，"流氓不可怕，就怕流氓
有文化"。质疑者会问：博物学家到底能不能打猎，奥杜邦这样的人猎杀
了那么多鸟还能算优秀的博物学家或者自然保护主义者吗？回答是：有时
可打，有时不可打。别人可打，你可能不可打。道理讲起来复杂些，但也
不是讲不明白。比如，奥杜邦、普里什文或利奥波德自由自在打猎时，野
生动物足够多，狩猎并非了不得的事情。到了现在，能不能打，也要具体
问题具体分析，并非一律不可。比如因纽特人可以猎鲸，而日本人却不可
以，即使以科研的名义捕鲸也受到绝大多数人的抗议。另一方面，即使在
今天的日本东京附近，猎鹿也是可以的，而且应当受到鼓励，因为野外鹿
群过分繁殖，大范围啃咬树皮，已经对生态造成破坏。

有些情况也是可以适当解释的。第一，利奥波德的本行是"猎物管
理"，他写过这方面的专著。他在《像山那样思考》一文中已经讲了物种
平衡的重要性。狩猎"在一定范围内是正确的"。第二，理论上《沙乡年
鉴》应当是《环河》的续篇，而实际上顺序正好倒了过来。有人认为利奥
波德有一个思想转变、成长过程。此书中欣赏猎杀猞猁、郊狼、山猫、
狐、反嘴鹬，场面甚至有些血腥、暴力 [McCabe, R. A. *Journal of Wildlife
Management*. 1954,18（2）：276-277]，而成熟期的利奥波德有些收敛。第
三，利奥波德主要从生态学的角度考虑问题，这与另外一些人侧重从动物
权利角度考虑问题，是有区别的。在环境伦理学的背景下，整体主义与个

体主义的观念有相当的张力，利奥波德的土地伦理大致属于前者的范畴，而动物权利派则属于后者，它们之间有矛盾是可以理解的。第四，利奥波德生前并没有发表这些短文、札记，也许他根本不想把它们公之于世。不过，我并不完全认同这些让步性的解释。我觉得利奥波德的想法并无本质变化，他的思想也是逻辑自洽的。

利奥波德的叙述中，不时流露出对原始人类作为动物之生存本能、人对大自然的感知、审美愉悦的赞美，他也明显指出户外休闲是一种返祖现象，体现着一种对比价值。狩猎具有文化价值，从色诺芬到老罗斯福都肯定了这一价值（利奥波德.沙乡年鉴.侯文蕙，译.长春：吉林人民出版社，1997：172）。猎人也有猎人的道德，"猎人的道德，就是一种自愿的对使用这些武器的限制"（同上：168）。

我倒是认为，利奥波德的《沙乡年鉴》和《环河》应并读，通过表面的矛盾和张力可以检验读者的理解力。只有读者自己解决了理解上的困境，才有希望真正理解利奥波德的非凡思想，才有能力具体分析现实中的问题。如果他的思想那么好理解，为何之前没有人提出，之后又很难超越呢！

理解利奥波德及其思想，需要想象力；解决现实中的生态问题、环境问题，需要创造力。

2. 利奥波德作为博物学家

利奥波德成名后，头衔不断增加。比如林学家、生态学家、保护主义者、科学家、环境伦理学家、思想家等，还有强调其土地经济学家和保护生物学家的身份。利奥波德与韦尔温（George S. Wehrwein）等土地经济学家有密切交往，关于土地的使用给了重要洞见，他们还就康恩谷（Coon Valley）流域保护合作过。利奥波德不鼓励纯粹的市场行为，除了强调政府的持续管控，还求助于个体土地伦理，强调一种个体责任，即生态良知

(ecological conscience)。除了荒野区之外，这种土地伦理与经济学家谈论的明智的多元土地管理（wise multiple-use land management）思想非常接近 [Vaughn, G. F. *Land Economics*. 1999, 75（1）:156-159]。"保护教育必须做到的是，为土地经济学提供一副伦理支柱，为理解土地机制提供一种普遍好奇心。"(Ibid. 158) 在利奥波德眼里，土地（land）不同于地块（terrain），要比后者含义多得多。土地包括本地的植物和动物，维持它们的土壤和水分，以及依靠这些共同体过富裕而健康生活的百姓 [Dombeck, M. *The Wisconsin Magazine of History*. 2001, 85（1）：59-60]。1998年，《沙乡年鉴》出版50周年之际，《野生动物学会会刊》出版纪念专号，其中一篇文章的标题是"利奥波德是一名保护生物学家"[Noss, R. Aldo Leopold was a conservation biologist，*Wildlife Society Bulletin*. 1998，26（4）：713-718]。

其实在我看来利奥波德最主要的身份是博物学家（naturalist），梭罗、缪尔和卡森也一样。安德森的博物学史著作《彰显奥义：博物学史》第15章的标题就是"从缪尔和亚历山大到利奥波德和卡森"。"对利奥波德而言，在扩展和亲密的意义上直接接触野外，不仅对于狩猎是一项关键要素，而且对于个体成长和发育也是重要的。"(Anderson, J. G. T. *Deep Things out of Darkness: A History of Natural History*. Berkeley, CA: University of California Press, 2013: 226-248) 博物学家相对于实验室操作更热衷于户外观察、记录、分类。

3. 科学类杂志怎么看？

美国《科学》杂志在一则简短的消息中称利奥波德为博物学家和野生动物专家 [*Science*. 1954,120（3120）：593]。《生物学季评》1989年一篇文章标题就是"博物学家利奥波德的人生与著作"[Hedgpeth, J. W. The Life and Works of Aldo Leopold, Naturalist.*The Quarterly Review of Biology*. 1989, 64（2）:169-173]。动物学家赫尔曼教授在一篇题为"野生动物生物学与博物学再融合正当时"的文章中说得直截了当:"利奥波德是野生动物管理的圣徒。他是博物学家和自然传记家(a naturalist and a natural historian),也就是说他在博物学领域既做研究也从事创作。他追随达尔文及一系列伟大人物。时至今日,E. O. 威尔逊或许是最杰出的博物学家;达尔文使生物学和整个世界观发生了革命,奠定了所有相关领域的基础;利奥波德则定义了我们专业的本性并深深地影响了其发展。达尔文是全世界都知道的最有成就的博物学家,他以一名博物学家而成名。而另一方面,利奥波德未能分享这个标签,因为到了 20 世纪早期,博物学家这个术语已经不再流行。"[Herman, S. G .Wildlife Biology and Natural History: Time for a Reunion. *The Journal of Wildlife Management*. 2002, 66(4):933-946] 赫尔曼教授在论文摘要中讲:"我发现,足够充分的证据表明,野生动物管理这门学科已经远离其根基,并显示出营养不良的迹象。它已现出一些病症,包括技术上瘾、贪恋统计、自恃专业,以及将研究与管理等同的妄想。野生动物管理这门学科始于应用博物学,其多数大佬级实践者都是学识渊博的博物学家,非常熟悉他们所负责的自然景观和生物。有多种理由相信,特别是考虑到此专业在新世纪中的角色转换,野生动物专业应当重返其博物学之根,并因此嫁接而获得新生。"(Ibid. 933)

为什么强调缪尔、利奥波德、卡森等人的博物学家身份?我认为,一个重要因素是他们在各自时期与主流观点不同,提出有想象力的、事后许久才被广泛认可的重要思想。

博物学家视野更宽广(也不是全部),更容易(不是必然)看到大尺度上的演化趋势。

博物学的认知就"单点深度"而言,远比不上当代的还原论工作者,但是他们花费大量时间与大自然密切接触,他们对世界有宏观的、整体的把握。或者说得更直白些,博物学家通常拥有"好感觉",这也是 19 世纪末关于地球年龄大争论中博物派最终取胜的似乎唯一可信的解释。好感觉的获得需要在具体环境下日积月累。如利奥波德所言:"感知是既不可能用学位,也不可能用美金去取得的。"(利奥波德.沙乡年鉴:164)

希望此书的出版，会引起中国学界关于生态保护的更多讨论。更希望利奥波德的思想能够走出学界，直接影响轰轰烈烈的大开发实践和多少有点不知所措的生态文明建设。

我接触利奥波德的文字，受到我的同事苏贤贵博士的多种帮助，我们多次聊过利奥波德。我手边的英文版《沙乡年鉴》就是从贤贵那里复印的，利奥波德的文字美极了。上面的介绍文字写成后也专门请贤贵帮助减少错误。贤贵对梭罗、利奥波德、卡森等博物学家都有深刻的理解。借此向贤贵老师致谢！

2015 年 12 月 18 日于河北崇礼

20 日改于北京西三旗

（利奥波德. 环河. 王海纳，译. 北京：外语教学与研究出版社，2017）

日本江户时期繁荣的博物学文化

东方出版社新近推出的这部由日本美术史专家狩野博幸教授编著的《江户时期的动植物图谱》，印制极其精美，读来令人眼前一亮。

首先，这部书界面很友好，让人瞬间感受到日本江户博物学的魅力。说起近代博物学之繁荣，经常会提到两个国家的两个时间段：英国维多利亚时代和日本江户时期。维多利亚时代从 1837 年到 1901 年，达尔文、华莱士、赫胥黎等都在这一阶段活动；而江户时期指 1603 年到 1868 年（跟清朝持续的时间 1636 年至 1912 年差不多），其中的"江户"指江户城，现在日本东京的前身，1868 年明治军进驻江户城，改名东京。这两个时间段交叠只有 32 年。江户时期跨越了 265 年之久，年头大约是前者维多利亚时代的四倍，但我们对其间博物大家的工作却基本不了解。严格来说，我们对这两个时间段博物学的发展均不够熟悉，相对而言对维多利亚时代的了解还多一点。但是，中国博物与日本博物更加接近，渊源更深。就字面而论，中国古代有"博物"，"博物学"是日本人学习中国古代博物学特别是本草学之后，面对西方的 natural history 而创译的一个新词。日本人当时很谦虚，善于学习，既学李时珍（1518—1593）的《本草纲目》，也请画师沈铨（1682—约 1760）到日本传艺，更通过兰学、西学而广泛学习西方的自然探究方式方法。此时我们想在中国复兴博物学，就有必要更多地了解我们的邻居日本曾经走过的道路，吸收人家的成果，学习人家面对多元文化的态度和精神。目前出版界引进日本博物学史和当代博物学的作品极少，希望此书能起到一个带头作用。也希望邢鑫将来能把上野益三的《博物学史散步》《博物学的时代》《日本动物学史》等译成中文。

其次，《江户时期的动植物图谱》能让我们确认一个基本事实：日本人在学习中国博物学、考证动植物名称、实施诸国产物调查时，加强了"写实风格"。幕府御用画师综合借鉴了中国与西方博物理念和绘画技巧，不断推陈出新，把中国这个先前的老师远远甩在了身后。日本学者和画师的描写、绘画无不讲究精细、精密，当写实与气韵、境界相冲突时，毫无疑问以前者为优先，此举大大推进了对自然世界的认知。清代吴其濬的《植物名实图考》算是水平较高的作品了，但比较一下，其中的记录与绘画还是差了一些。清代"四王"和"四僧"的绘画虽然很有特点，据说境界更是高不见顶，但在写实方面仍欠功力，而这反映了中国人对于自然世界的态度和认知风格。

当下"视觉文化"成为诸多学科关注的一个重要主题，艺术史、科学传播学、博物学史、科学史、文化史都很重视相关内容，此书无疑为当代中国学人进入这个领域提供了帮助。《江户时期的动植物图谱》原书以图为主，文字甚少。如译者所言，这可能与编者的知识背景和兴趣有关。即使如此，这部小书介绍的42种图谱，也足以吊起思维敏锐之读者的胃口，或许能吸引一批年轻学子关注博物绘画、博物学史，或拿起笔来直接面对身边丰富多彩的大自然。

刊于《文汇读书周报》，2019 年 7 月 15 日
（狩野博幸 . 江户时期的动植物图谱 . 邢鑫，
译 . 上海：东方出版社，2019）

天地之大德曰生：也说卡森的身份

世人受制于惯性，对于累积的变化，哪怕是对自己有伤害的持续性变化，并不敏感。温水（毒水）煮青蛙，青蛙起初并不知觉，等到发现事情不对头，游戏已快结束。在现代社会中，即使意识到了风险、危害，当事者也往往劝说自己忍受、顺从，甚至同流合污、助纣为虐。关于污染、战争，更不用说每日的工作，人们都习以为常，对于其中体系化的浮士德式交易——以长远悲剧的代价换取眼前利益——听之任之。

借助于地质学语言，我们正在经历的时代被正式称为"人类世"，大意是说人这个物种对大自然的影响非常大。这个时代也是"杀生"的时代，人类内部虽然纷争不断但总体上看大屠杀现象比以前在减少，可是人的过分举止给人以外的生命世界造成了巨大伤害，且有增无减。古人讲"天地之大德曰生"，于是反过来讲，人这个物种很不地道，很不道德。最终，由于人类的贪婪，周围自然世界的破坏也将反作用于人类自身，即人在加速毁灭自己。

不过，谁是人类？谁代表人类？人类是个大杂烩。人类中有不同的人，身份、地位不同，想着不同的事，做着不同的事。

卡森是我们时代的先知，少有的杰出思想家。思想家颇讨嫌，因为惊了世人的梦，坏了大家的好事。卡森并不像现在一部分人想象的那样始终受欢迎，实际上，她与许多思想家一样，遭人嫉恨。特别是因为她动了人家的奶酪，反对滥用杀虫剂，让许多化工厂的老板甚至科学家不高兴。

2019年暑期在黑龙江大庆，当译者熊姣邀请我为卡森的经典著作新译本写篇序言时，我满口答应了。可是，事后一想，我能写出什么新东西，增加什么信息量？我想说的许多话，卡森在《寂静的春天》中提前近60年都说清楚了。这部经典的具体内容无须我再来介绍和分析；写一则导言或者序言，我还能比得过先前的大佬沙克尔顿（Edward Shackleton）、赫胥黎（Julian Huxley）、戈尔（Al Gore）、梁从诫？他们都大力推荐过卡森的这部书，在不同年代为它写过序言。

关于卡森的生平，较好的中文资料可以参见台湾出版的卡森辞世50周年纪念文集《瑞秋·卡森：以笔开创环保新天地的斗士》（金恒镳、苏正隆主编，台北书林出版有限公司2015年出版）及朱瑞旻的文章《卡森的博物人生》（见刘华杰主编的《西方博物学文化》第18章，第390—410页，北京大学出版社2019年出版），有兴趣的读者可以自己去查。在此我想就卡森的身份说几点。

第一，卡森是当代杰出思想家、哲学家，对可持续生存有深入的研究、体会。在女性当中，她在思想史上的地位估计与提出"内共生理论"的马古利斯（Lynn Margulis）相当。治哲学者，可分三类：治生者，治死者，治混者。生者，维生、护生、永恒；死者，终结、杀生、流逝；混者，混混，苟且活着，随波逐流。前两者一正一反，互相交织、帮衬、难解难分，都算正经为学。后者则常趋炎附势，浪费自家青春，误导黎民百姓。卡森属于前者，发现问题但不悲观。她赞美自然造化，为万千生灵呐喊，一生致力于生态系统的健康、可持续生存。

《寂静的春天》呼唤的是一个有声的、充满生机的世界。卡森已经成为一个世界级的大人物，并且主要因为眼前的这部书。但是当今主流世界并不认为她就是了不起的思想家，即使承认她思想超前，算个思想家，也还是坚持她算不上哲学家。因为从常识来看，哲学作品并不是这样写作的，哲学家看重理性、思辨，而不是感性、情感、数据。不过，在此，我想坚持一个判断：她是哲学家。哲学的一个重要功能是批判、反省主流话语，她做到了。哲学家关注本性、正义，她做到了。她的作品生动地、令人信服地展示了何谓自然、本性，以及我们应当如何与周围的世界相处。谁规定哲学作品只能以当代学院派哲学工作者认可的八股文呈现？老子、庄子、柏拉图、卢梭、歌德不是也用非标准的方式做哲学吗？

几天前，恰好读到康慨的文章《六十岁法国哲学家攻击十六岁瑞典气候少女》（中华读书报，2019-8-7），说的是法国著名哲学家翁弗雷（Michel Onfray）以傲慢姿态无理地抨击瑞典女孩通贝里（Greta Thunberg）的事件。查了一下 2019 年 7 月 27 日《瑞典日报》（*Daily Sweden*），他是这样嘲讽的："This girl has a cyborg face that ignores emotion — no smile, no laugh, no astonishment, no amazement, no pain, no joy."（这女孩长着一副无表情的机器人面孔，既不微笑也不大笑，既不惊讶也不诧异，既不痛苦也不欢乐。）这实际上是很不合适的，有事说事，别拿人家的脸蛋开涮。翁弗雷是大红大紫的哲学家（还算有趣，比一般的哲学家要好许多），著作等身，如《哲学家的肚子》《宇宙》《论无神论》《享乐的艺术：论享乐唯物主义》《享乐主义宣言》。通贝里是小小的气候活动家（climate activist），也算环保分子吧。坦率讲，我也不喜欢她。她从儿童的视角讨论了气候变化，她的作品《没有一个人因为太小而不能带来变化》刚刚上市。但是，从前者不择手段地攻击后者（比如挖苦人家的长相、表情，说人家没大没小）、蔑视普通人参与生态保护等极端言论看，他离爱智慧的哲学反而越来越远，而小姑娘多少显得稚嫩的言行（有时装着老成），反而充满了反思，预示着民众的觉醒。她不是更像一位哲人吗？通贝里和卡森一样也是女性。由今日通贝里受攻击，也可以猜想卡森享受的"待遇"。当年一些人攻击卡森"不科学""歇斯底里""维护自然平衡的疯子""极端主义者""无儿无女的老处女"。当然，普罗大众还是喜欢卡森及其作品的，好比今日的民众也喜欢通贝里一般。翁弗雷缺乏的不是智力、文笔，也不是环保观念，他甚至直言"人类失去了美感体验""我们的文明在崩溃"；他缺乏的是宽容和进一步的反思能力。他允许自己整日在媒体上批判、"向左"，甚至胡扯，却看不得一个小姑娘稍微风光一下。其实，这还是表象，翁弗雷偶然的发飙，却可能暗示他先前理性地表述的大道理并不可信。翁弗雷在《弗洛伊德的谎言：偶像的黄昏》中质疑过精神分析。可是，老叟怒怼少女，用套路化的精神分析倒是讲得通：在孤儿院生活 4 年的他恰在潜意识里想释放压力，弥补自己童年受压抑、不受待见之缺憾。

第二，卡森是一名优秀的博物学家。这个好论证，她的作品、她的行为都反复证明她是西方博物学文化的传人，她所做的与怀特、缪尔、利奥波德属于一个路子。卡森的作品《海风之下》（*Under the Sea Wind*）的副标题就是 *A Naturalist's Picture of Ocean Life*，即"一位博物学家对海洋生命的描写"。卡森"像鲭鱼那样思考"与利奥波德的"像山那样思考"有类似之处。鲭鱼和大山处于大自然的存在链条、生态之网中，从它们的视角考虑问题就要有相当的超越性，超出人类或其子系统自己的小天地、小算盘，同时权衡各个时空尺度，并且要始终考虑到万物的流变。

思想从哪里来？毛泽东讲三大实践。当然，现实中我们也经常走捷径，从书本、从教师、从媒体那里获取知识、思想。但是要超越平庸与狭隘、避免过分的线性外推导致荒谬，还得借助三大实践本身。哲学思想的创新也不例外。哲学工作者不关注现实、死读书、穷辩论，只能进入解释学死循环。粉饰太平、事后诸葛、自娱自乐还可以，成为时代精神、引领未来，恐怕不着边际。对照来看，卡森的思想与其博物学、自然科学、自然写作实践密切相关。没有这些"低级的"情感培育、数据收集、知性积累，就不会有超前的眼光和远大智慧。当然，这些条件并不充分，只是有利条件。

第三，卡森接受过严格的写作训练和自然科学训练，她也熟悉政府—科学家—企业—公众四者之间的协同与博弈。

如果说前两条主要体现境界和胸怀，此条则涉及技巧和艺术。她在学校里主修了英语写作、普通生物学、海洋生物学和生态学，她自己通过实践参与了生态学、环境保护的变革，而且是保护生物学的奠基人之一。卡森的优美写作不是一天两天练成的，她不但写过《寂静的春天》，还写过多部关于海洋生物和海洋生态系统的畅销作品。在此，也要提及她起草过大量与生态保护相关的政府公文和宣传手册。她的主要作品现在均已有中译本，但是她在政府部门工作时编写的职务性小册子也值得直接译出。

现在已经是 21 世纪，很遗憾，中国的发展并没有很好地汲取美国等西方国家的教训。如今，我们要建设生态文明，现实却是，光鲜表面的背后是农药和化肥的过量使用，严重破坏了生态、污染了水体，置子孙后代的生存于不利地位。不久前我去过福建一个山区，专家告诉我，仅仅因为栽种柚子这一种水果，一个流域就被快速污染了，山坡下的水体中农药与化肥含量严重超标。可怕的是，发现问题后仍然没有好的解决办法。能让果农停下来吗？当大城市的人们每天吃着新鲜蔬菜和水果时，可知道它们来自哪里？为了生产它们，大地、天空、河流忍耐了多久？我摘录一点公开发表的数据，以说明形势之严峻。

2018 年中国各类农药数量占比大致是：除草剂 37.2%，杀虫剂 31.3%，杀菌剂 26.5%，剩下的是植物生长调节剂、杀鼠剂及其他种类。目前我国有效登记的农药产品数达 4 万多种，数量还在快速增加，平均每年增加 6.9%。我国每年农药用量约 180 万吨（是世界平均使用量的 2.5 倍），有效利用率不足 30%，多种农药造成了土壤污染、害虫免疫力增强、生态破坏。中国每年有 9.7 万吨抗生素用于畜牧养殖业，占年总产量的 46.1%。养殖业滥用抗生素是世界现象，但在我国更为严重。我国粮食产量占世界的 16%，化肥用量却占 31%，每公顷用量是世界平均用量的 4 倍，且用量还在增加。过量施用化肥导致土壤板结、盐碱化、地下水污染、农产品品质下降、土地长远效益低下、危害消费者健康。比如，我国农业生产中土壤的贡献率大约在 50% 至 60%，比 40 年前下降 10%，比西方国家至少要低 10 至 20 个百分点。我国土壤污染严重，中度和重度污染土壤约占 2.6%，轻微污染约占 11%，耕地中度和重度污染占 2.9%，而且污染速度在加快。中国农科院在北方 5 个省 20 个县集约化蔬菜种植区的调查显示，在 800 多个调查点中，50% 的地下水硝酸盐含量因过量用氮而超标。[白小宁，袁善奎，王宁，等. 2018 年及近年我国农药登记情况及特点分析. 农药，2019，58（4）：235—238；244.]

谁来唤醒国民、管理者、企业？

卡森不仅仅属于美国，她属于全世界；也不仅仅属于人类，她是生态共同体的好"公民"。在中国，迄今还没有出现卡森级别的人物，但是受她影响，已有许多学者、普通公众，正在用他们的文字和行动参与维系生态家园的伟大事业。

"我们听任化学的死亡之雨洒落，就好像别无选择。而事实上还有很多选择。只要给我们机会，我们的聪明才智很快就会发现更多的替代方案。"要像卡森、通贝里那样行动起来。这样，人类，作为成员，在所居住的星球上，才有可能生生不息。

2019 年 8 月 12 日于西三旗

2020 年 9 月 23 日修订

（卡森.寂静的春天.熊姣，译.北京：商务印书馆，2020）

遗传既贡献了你不齿的也贡献了你赞美的

人这个物种在现实社会中展现出极其多样的行为，一直引起文学家、哲学家、博物学家、人类学家、社会学家的好奇，后来心理学家、遗传学家、分子生物学家加入了讨论队伍，并自我感觉比前辈深刻。

受二分法的毒害，传统上大部分学者喜欢用先天／后天、善／恶、自私／利他、自然／文化等成对的概念来讨论人的行为和所谓的"人性"。能够想象得到，仅这几对概念就能组合出许多互相争论、谁也说服不了谁的阵营，再精致的论证和再多的经验证据似乎都难以化解各方的立场分歧。

20 世纪早期，哲学、神学、社会学、人类学领域的许多学者，倾向于把基因与行为分割开，认为文化是后来的，不能归因于遗传。他们不愿意把人还原为普通动物，在其学说中想着法提升"文化"所占的比重。差一点就说，遗传是不重要的，人不过是文化的产物；文化能令人崇高、能令社会变得完美。"猪狗不如""人面兽心""狼心狗肺"等俗语便是以文化的名义声讨一些人一些行为的不当。其实这类"唱高调"的学术倾向，只是看起来很美，人类的历史已经证明，以文化或者文化改造的名义，人类干过无数蠢事和恶行。某种意义上可以倒过来，宁可不要那伪善的文化，而取自然性、动物性、兽性，动物再坏还坏得过人吗？可以猜测到，三十年河东三十年河西，这一风格迟早会转化的。

随着分子生物学、分子遗传学、演化心理学（也译作进化心理学）的发展，情形真的倒置过来了：原来是向宏观文化、利他方向使劲，现在则向微观基因、自私方向用功。原来拒绝还原，现在则想着法还原。于是"自私的基因""广义适合度"之类概念大行其道。我甚至不想单独提相关人物道金斯和汉密尔顿，因为有这类想法的岂止两人，如果对号入座，有人可能找出某个细节而加以狡辩，比如说他们不是那个意思。在这一论证风格看来，自私自利是第一位的概念，而利他、合作之类是导出概念，因而是第二位的。读他们的著作，绝对是一种智力训练。他们真的非常聪明，却把才智用错了地方。再好的论证也掩盖不了平庸的思想。凭其三寸不烂之舌，他们可以把你跳进冰冷的河水营救陌生人解释成自私行为，因为你想得到表扬；还可以把母亲对孩子的奉献也解释成自私行为，因为他们是直系亲属，想更好地传递基因！捧臭脚者在一旁说，这才是真学术，给出了从微观到宏观一以贯之、完全一致的解释。科学啊！他们和其他人一样，不得不承认天下有自私和利他两类不同的现象，但是他们就是拒绝赋予它们对称的地位。

但是，三十年后还有新的三十年。二分法也有被怀疑的时候，上述两套思路都够撕裂的，迫切需要新的学术思想。

耶鲁大学希腊裔研究行为遗传学的社会科学家、生理学家克里斯塔基斯（Nicholas A. Christakis）的作品《蓝图：好社会的演化起源》（*Blueprint: The Evolutionary Origins of a Good Society*），与另一本书名字类似的作品、伦敦国王学院的行为遗传学家普罗敏（Robert Plomin）的《蓝图：DNA 如何形塑我们》（*Blueprint: How DNA Makes Us Who We Are*），都没有采取老一套"二者取一"的策略。这是我个人赞同的思路，因而也愿意在此推荐一下。

读完克里斯塔基斯的《蓝图》，我也想知道其他读者有什么反应。在亚马逊网站看到这样的评语："A well-supported optimistic perspective on who we truly are.""Natural Humanism, why we are basically good." 大意是"关于我们到底啥德性的一种证据充分的、乐观的看法"；"自然人文主义的思路，我们基本上还是善良的"。评论得很简洁，也很精确。

我个人的判断是，克里斯塔基斯真的打破了二分法及性状简单对应的神话。人类表现出的善与恶、合作与竞争，都既有基因的基础也有文化的贡献，不能简单地说自然的、基因的，就只对应于二分法中的一个侧面。倒过来说，善良和美德的原因，可以从遗传因素中寻找，也可以从文化培养中寻找，"好社会"的诸多特征不都是文化贡献的，我们的自然人性中就包含着善。

克里斯塔基斯归纳了成全好社会的8大特征：（1）拥有和识别个人身份的能力；（2）爱伴侣和子孙后代；（3）友谊；（4）社会网络；（5）合作；（6）对自己所属群体的偏好（内群体偏好）；（7）温和的等级制（相对平等主义）；（8）社会学习和教育。他说，所有这些特征都来自个体内部，但它们刻画了群体。它们共同发挥作用，就能创造出一个可以顺利运转的、可持续的社会，一个美好的社会。个人身份为爱、友谊和合作提供了基础。是不是一定就这8条，未必，多一条少一条恐怕也是可以的，这个不重要。是不是只有人类才有这8条？我看根本不是，其他许多动物也拥有这8条的全部或相当一部分。作者进一步认为这8个特征都有明确的遗传基础，可以从人类遗传的"蓝图"中寻找到根据。

别的不论，就还原这个过程而言，这与之前人们为宏观"正面"特征寻找微观"负面"根据的思路大相径庭。作者没有试图把利他作为一种有待还原的"副现象"。克里斯塔基斯认为，"自然的"社会状态也可以是好的，甚至是道德的（不是必然），做善事也可以源于人的天性，甚至是不可抑制的。这根本不同于一般的演化心理学的说明进路。"在我看来，很长一段时间以来，科学界过分关注人类遗传的黑暗面，比如人性中的暴力、自私和残忍。而光明的一面则一直未能得到应有的重视。"克里斯塔基斯对科学界的这番指责我是同意的，只是不敢说得太明确，我怕再被扣上反科学（家）的帽子。

其实，在我们人类的蓝图中就写好了合作、爱他人的密码！当然蓝图中还写了别的，甚至相反的东西。为什么写两方面（其实未必是两方面，而是多方面，对于基因也不宜用我们宏观的伦理概念来形容）的东西？也许不应该提出这样的目的性、目的论的问题，但我觉得无须回避。每一个物种都要生存、长远生存，那么这个物种就必须演化出适合生存的基因组，基因组要高瞻远瞩，考虑到多种可能性，准备在将来应对各种时局时减少风险。如果基因组仅仅是二分法的一个侧面，你不觉得基因组很傻吗？人的蓝图在自然选择的过程中一定变得相当精致，能够把握平衡。只有在微观层面就做到了足够平衡、多样，才能应对宏观层面的扰动、变化。即使准备不足，基因组也会突变出所需的特征（准确讲是中性突变加定向选择）。

　　基因的影响不仅于个体，还包括社会结构和功能。上述 8 项特征，对于人类在一个不确定的世界中生存非常有用，有助于抵御不确定性。它们能提高人类的达尔文适合度，既增进个体利益也有助于集体利益，形成双赢。这一过程可以形成正反馈。人类的社会环境塑造了人类，就像人类塑造了社会环境一样。

　　克里斯塔基斯这部书内容相当丰富，特别是提供了大量"自然实验"案例，包括战争和沉船时人的行为、接吻不具有普遍性、一夫一妻婚姻无必然性、皮特凯恩岛社会建设失败等方面的生动例子，也讨论了康德、休谟、弗洛姆、梭罗等哲人的高论，他的倾向也可明显看出来。作者意识到自己的观点可能被批评者认为是实证主义的、还原主义的、本质主义或决定论的，但他并不在意。在某些情况下，这些只是无伤大雅的"绰号"而已。

　　作者的观点也可以这样把握：既不要迷信基因，也不要迷信文化。作者高度肯定了地球上所有人都有共同起源（达尔文的思想），我们有"共同的演化遗产"，所有人类 99% 的 DNA 是完全相同的，我们属于一个物种。"事实上，对人类自身的科学理解能够通过识别我们共同人性的深层根源，促进正义的实现。我们现在开始逐步理解的支撑着社会的根基也就是作为我们蓝图的社会套件，与我们的基因相似性有关，而与我们的差异无关。"（中译本第 420 页）人是高度社会化的动物，这一点写在我们的基因蓝图中。合作，群体才能生活得更好，群体昌盛之下个体也就舒服自在，首先是获得足够的安全性。

　　作者总结说："我们被错误的二分法所误已经太久了！许多人都认为，对人类行为的遗传解释是不合时宜的，只有社会解释才是进步的。但是，在讨论人类进化问题时，这种认识其实只是掩耳盗铃，它还会导致一个进一步的问题，就是矫枉过正。对人类行为选择文化解释而非遗传解释，其实根本算不上一种'更宽容'的做法。毕竟众所周知，文化因素在奴隶制、大屠杀和宗教审判中都发挥了巨大的作用。这些人凭什么认定，对于人类事务，社会决定因素在道德上或科学上一定比遗传决定因素更好呢？事实上，在我看来，人们对人类社会可变性的信念对人们的影响，要比对基因突变的信念更加严重。例如，关于人们对同性恋的看法。"（中译本第419页）

有了共同大家庭的集体认同，人类的许多事情都好办。种内恶斗，最终斗不出什么名堂。那么种间斗争、与环境斗争呢？

如果能同时阅读卡罗尔（Sean B. Carroll）的《塞伦盖蒂法则》（*The Serengeti Rules*，中译本为《生命的法则》）就更好了，"种内的情况"和"物种与环境的情况"就齐全了。《塞伦盖蒂法则》主要讲生态原则。此法则并不神秘，其实就是大自然的一种调节机制。学过工程控制论的，容易搞明白，它相当于一种负反馈。大自然中为何有那么多负反馈？因为复杂、互相约束，所以线性增长模型不成立。生命系统从微观、中观到宏观各个层面，不同尺度，均有此法则，没有则不行！新冠病毒为何厉害？它符合生态法则，其传染性强而致死率低，这是其聪明、成功之处。

现实系统中有正反馈也有负反馈。正反馈相当于马太效应，如钱多生钱快，穷人翻身难。正反馈整体而论并不常见。《道德经》说："天之道，损有余而补不足。人之道则不然，损不足以奉有余。"现代社会强调正反馈，人们经常希望正反馈，但大自然也在抗衡：（1）富不过三代；（2）谁是成功者？发达国家人口生育率很低，而欠发达地区生育率很高。这是天道平衡、自然公平，好事不能让一伙人都占了。

卡罗尔为何选了非洲的一个地名塞伦盖蒂（Serengeti）来命名生命的法则？生态法则存在于生命系统的各个层面，但在宏观层面才具有肉眼可视性。我们亲自到东部非洲走一趟就明白了，那里仍然保留有大量野生动物，多极了，它们达成了动态平衡，各占各的生态位。身临其境，更适合思索。非洲不够发达，但它是自然的、道德的、文明的！我们外界高度发达、文明（其实相当野蛮），却不够自然，从另一方面看也不够文明！理解这个矛盾，才能理解卡罗尔说的生命的法则。

赫胥黎（Thomas Henry Huxley）曾说："如果有一天，我们的生存和命运，需要一盘象棋来决定，我只是说如果。那么，这盘象棋中所有的棋子，以及它们移动的规则，是否应该作为我们首要的技能来学习呢？其实，这是一个再简单不过的事情。然而，确实存在一种游戏，它与我们每一个人的生存、命运和快乐密切相关。它的复杂与困难程度，都远远地超过了整个象棋游戏。千百万年来，这种游戏一直以一种不为人知的形式延续着……这种游戏就是我们所称的'自然的法则'。"对于生物物种而言，是否"有意识地"知道这些法则其实不重要，把握这些法则靠先天遗传也靠后天学习。除人以外的其他生命，估计也不知道，至少不会像人一样清晰地表达出来，但是它们在做！它们在践行那些法则，人类社会大部分时间也如此，只是现在有些膨胀。人不体认那些法则，也不想遵守那些法则。后果是什么？人类受害，其他物种和环境也遭殃。人类目前遭遇的许多重大（自然）灾害都可以一定程度上做此生态学解释。自然两字可以去掉，现在少有纯粹的"自然灾害"，特别是大灾难，很多是人自己找的、自己酿成的灾难。

我们的天性（蓝图），可能不比我们的文化更坏，反之也成立。好的文化因子，长时间后有可能写进蓝图。

2020 年 4 月 21 日于北京西三旗

（尼古拉斯·克里斯塔基斯.蓝图.贾拥民，

译.成都：四川人民出版社，2020）

第 2 编

同声相应——

◎

野外手册对于复兴博物学极为重要

《东非野生动物手册》是一部展示非洲动物之优美，提供最基础知识的简洁读物。正如书名所示，它是一本野外手册（不一定只在野外看）。

我非常赞同此书"弁言"中的一段话："'野外手册'（Field Guide）这类图书是最重要的博物学读物和最基本的工具书，一直以来属于博物学类图书的畅销出版单元。欧美大型书店，这类书都设有专架销售，即使一般书店也可找寻到这类书籍。"

有些人存有偏见，以为图鉴、手册不是创新性科研成果，因而不重要。其实它们真的非常重要，要复兴博物学，必须先解决这个认识上的问题。

中国与日本、美国、英国、法国等社会文化发展水平上的差距，相当程度上就表现于这样的细节上，在那些国家中，实用博物学极为发达，博物图书又多又便宜（印数大）。发达国家中，每个省、州、郡、县等都有自己的地方性蘑菇手册、鸟类手册、鱼类手册、野花手册、昆虫手册，某个公民若明天打算启动自己的某项自然爱好，可以方便地找到相关实用手册，立即使用。地方性手册的一个好处是，收录物种不至于太多，便于初学者使用。中国知识分子经常抱怨百姓不大关心生物多样性、觉悟不高，是否想过自己为百姓做点实事，在用洋文于外国发表高影响因子的 SCI、EI论文之余，也为纳税的普通百姓写点通俗读物？如果百姓根本分不清周围的基本草木，怎么知道该保护哪个该小心哪个？

因此，我非常看重这部书。借助中国人编写的这部手册，我们能够亲切地感受非洲大地。非洲在哪，东非动物在哪里？在地球上。没错，我想说的不是这个。

非洲在媒介中！东北裂谷我只在当年的地质学课程中碰到过。

非洲在遥远的地方，可是多数人不可能如该书作者张劲硕 18 次到非洲、吴海峰 12 次到非洲。大多数人像我一样，少有机会涉足非洲大地（2019 年我到肯尼亚观赏动植物，感受颇深），只通过媒体了解一点非洲，比如中央电视台的《动物世界》节目、电影《走出非洲》《上帝也疯狂》、阿尔贝特·史怀哲的《敬畏生命》、海明威的《非洲的青山》、毕淑敏的《非洲三万里》、哈金森的《一名博物学家在南非》。

"媒介即世界"虽然片面，却也是事实。中国人在非洲做了什么？已到过非洲的中国人，为暂时无法出国的中国人了解非洲做了什么？不细想想，还真不清楚。外交官李肇星撰写过一部很好的小书《彩色的土地：肯尼亚游记》（1990 年）。中国作家、科学家关于非洲向中国百姓描述过什么？在媒介如此发达的今天，从电视、图书、互联网上能够看到许多鲜活的非洲画面，大部分是外国人做的。坦率说我并不十分计较哪里的哪位媒介人士做了什么，但不能不在乎国人对地球各个角落自然物、景观、生态、生活方式的了解。

这几天我在准备武汉"黄鹤大讲堂"的讲座《洪堡的自然世界与知识帝国》，再次想到国人对世界的认知这个老问题。某些部门总觉得别人不了解我们中国，也十分下本钱地在世界上推介我们的"文化"。但是反问一句，我们了解别人吗？了解的程度跟中国作为世界第二大经济体的地位相称吗？我们对非洲、对"一带一路"倡议所涉及的沿线国家了解吗？对与我们接壤的国家了解吗？有人说许多中国人在那里啊。在那里做什么？我在意的不是开饭馆、单纯旅行和购物，而是对那片土地、山河、生活世界认识真真的考察、研究。立即会等来一句："我们自己的还没搞清楚呢！"没错，我们对我们自己的家底研究得也很不够，需要扎扎实实做。在远和在近，不一定必然矛盾，两者可以相辅相成，中国人这么多，学者这么多，也可以适当分分工。对家园认识得较清楚，有了基础，到了远方做新工作也容易展开；反过来，更多地了解世界各地的情况，才可以做出有效的对比，也才可以深刻地理解、评估自身。大地构造与成矿、植物地理、栽培植物的起源、人类的迁徙、人类语言的多样性等研究，都需要全球视野。安德烈娅·武尔夫的传记《创造自然》（*The Invention of Nature*）述说的是 18 世纪 80 年代到 19 世纪 80 年代的事情，两百多年前西方国家博物学家、探险家做的事情，今日中国要不要做？中国的几大标本馆中有多少来自境外的标本？中国至今没有国家自然博物馆（National Museum of Natural History），要不要建一个？提醒注意的是，传记作者武尔夫的书名没有用常识意义上的"发现"（discovery），她用的是"发明"（invention），其间的差异需要细心品味。听到不同于看到，看到不同于理解，理解不同于关联，关联不同于影响。由发现到发明的谱系，反映的是人与世界的认知、互动。

关于科学史、文明、博物学、博物馆，劲硕和我其实早就交流过意见，谈得不多，但我们的观点惊人地相似。中国人必须亲自走出去，也应当收集和展示全球的实物，不能仅仅借助他人的媒介间接了解世界，自然博物馆的展品也不能主要靠洋人捐献（如贝林向中国一批博物馆的捐献）。要像重视极地考察一样重视对各大洲各地区的考察，要像收集革命历史文物一般收集整个地球的自然物。第二大经济体没有国家自然博物馆简直不可思议。相信国家层面已有人做了通盘考虑，此时我主要关心的是如何推动民间踏勘世界，以及国内中小型标本馆如何通过藏品交换而缓慢积累馆藏。现在缺的不是金钱和信息，而是视野、品位和舆论导向。

这部书看起来简单，然而积累材料、鉴定物种、精心设计等却并非容易。下决心做这件事就不容易。

就科研量化考核而论，这类手册很难算硬成果，不能与期刊论文相比。但是它是为丰富人民群体的文化生活所做的实事，也是推进科学研究必经的阶段，这类手册对于多领域的学者也同样有参考价值。比如商务印书馆 2018 年推出的《中国常见植物野外识别手册》（北京册）质量上乘，必将实质性地推动北京与华北地区野生植物的辨识，也将起到示范作用。

劲硕是新成长起来的有全球视野并具有非人类中心论倾向的科学传播家的杰出代表。劲硕精力旺盛，动物学专业基础扎实，平时大量阅读科学与人文书刊，足迹遍布全球，频繁出露于电视台、科技馆、博物馆、大学的讲坛，并参与制作一些有趣的自然类节目。受到劲硕启发、鼓励、影响的人不计其数。

在百忙中，劲硕也承担了许多科普图书的翻译、审订工作，比如最近他主持翻译的《DK博物大百科：自然界的视觉盛宴》就非常有价值，现在这部书又是一种新的探索形式。它虽然形式相对简单，但是能够满足当下中国人的需要。此书界面友好，字数不多，信息却比较齐全。比如对于每个物种，有标准化的中文名，还配了汉语拼音（这个很有必要，动物界喜欢造和用一些生僻字，普通人可能读不准）、拉丁学名和英文名。从此汉语读者多了一种"媒介"，透过它人们能够更好地了解远方的动物、遥远的世界。感谢两位作者做出的重要贡献，也希望更多人向他们学习，写写世界其他地方的动植物，丰富人们的日常生活，也让人们增长见识。

动植物名字是钥匙，在网络时代尤其重要。学名（scientific name），即科学上的名字，全世界通用。对于某一物种，理论上只有一个学名，即符合命名法规的拉丁名。博物学界、科学界关于分类、命名的研究，经历了漫长的演化，现在动物界与植物界已经分道扬镳。前者有《国际动物命名法规》后者有《国际藻类、菌物和植物命名法规》，但是关于双名制的基本思想还是相通的。就某一种、亚种或变种，学名写出来，形式上也差不多。动物学界，做了简化，去掉了subsp.和var.之类表示亚种和变种的小词。

关于双名制命名法（简称双名法），也顺便讲一下我个人对一些中文出版物相关表述的意见。种名、物种名、与种相关的名、种加词、种本名（相当于植物学名的种加词）等等，要分得清晰一点，不能乱叫。

在现代意义上，物种名（the name of a species）即"种名"，指一个组合，而不是其某一个部分。在林奈时代并不是这样，那时种名是用一堆词来描述的，林奈对双名制命名法虽然做出了决定性的贡献，但他的作品中并没有展示现在人们经常看到的双名书写形式。1753 年出版的《植物种志》中，排版处于页面外侧位置（相当于商务印书馆翻译图书中记录原书相应页码的边码位置）的"种小词"与属名合在一起组成的二元集合，才是后来的"种名"。林奈的种名一般由多个（通常不是两个）拉丁词构成，并且不包含属名在内。在今日，就不能再以林奈时代的语言来叙述双名制命名法了。现在双名制命名法强调的是"两个词"，而不是"两个名字"。

《国际动物命名法规》（International Code of Zoological Nomenclature）第 5.1 款中有这样一句："The scientific name of a species, and not of a taxon of any other rank, is a combination of two names（a binomen），the first being the generic name and the second being the specific name." 这句话字面意思似乎是：种并且只在种这个分类层级上，学名要求是一种双名组合，前者为属名，后者为种名。熟悉一点科学史的人，读起来觉得很别扭，在这里"种名"的说法很随意，这番叙述并不符合双名制命名法的基本精神。"种"在西方文化中有特别含义，在分类层级中也处于非常特殊的地位，达尔文 1859 年的名著《种的起源》（中文常叫作《物种起源》）之书名对于当时的西方人是非常刺激的：种还有起源？双名制命名法的要义是用一个组合、整体上来指称"种"的名字，"界、门、纲、目、科、属、种"中只有"种"享受这个非同寻常的待遇；双名制命名法要确保种名理论上唯一。此唯一性针对的是组合整体，不是其部分。如果此种组合中的一个部分可以妄称种名，那不乱套了？非常可惜的是，在当下的汉语世界和英语世界中，这种胡乱称谓随处可见。

把责任都推到英译汉过程，似乎也不公平，毕竟英文表达 specific name 就很含糊。但因为英文版的《国际动物命名法规》白纸黑字摆在那里，也找不出很好的反驳理由。此法规第 87 款规定英文版与法文版法规具有同等效力，但现实操作中出现歧义一般以法文版为准，若还不能解决问题可以通过国际动物命名委员会（International Commission on Zoological Nomenclature）给出最终解释。那么法文版与英文版表述上有出入吗？还真有！法文的描述更精致。法文版对双名制命名法中组合的两部分称谓是非常讲究的、合理的。第一部分叫"le nom générique"（属名）。第二部分叫"l'épithète spécifique"，字面意思是"与种相关的修饰词"，译成汉语的意思是"种加词"或"种本词""种本名"。但不能译成"种名"，因为那样的话容易造成混淆。法文版法规中这一用法不是偶尔为之而是一贯的。在第 5 款和第 6 款接下来的几句中，又出现 épithète spécifique 字样，并多次出现 épithète subspécifique（亚种加词）字样。查看英文版，都没有相应地准确展示出来。

小结一下便是，在双名制命名法中，第一部分是属名，第二部分是种加词（或叫种本名）。对于亚种，还有第三部分，第三部分叫亚种加词。

一篇序言可能没必要扯这些。不过，序者，虚也。最近经常给朋友的博物书写序，这也是我愿意效力的，但写多了就有问题，总不能车轱辘话来回转吧。

序不重要，是一种装饰或者歪曲，图书的内容才重要。感谢劲硕的信任！

祝此书的读者非洲博物快乐！

2018 年 11 月 20 日

（吴海峰，张劲硕 . 东非野生动物手册 . 北京：
中国大百科全书出版社，2021）

不同于"钓鱼频道"的垂钓

"青箬笠，绿蓑衣，斜风细雨不须归。"这是唐代烟波钓徒张志和描写的钓鱼场景。更有气势的，比如"两岸烟林，半溪山影，此处无荣辱"。哲学家王阳明说："最羡渔翁闲事业，一竿明月一蓑烟。"

根据文献推断，历史上舜帝、周穆王、勾践、屈原、韩信、李白、杜甫、柳宗元、王安石、苏东坡、陆游、邵雍、郑板桥、乾隆都钓过鱼。

为了糊口，钓鱼活动由来已久，到现在依然有生命力，不过主流已由填饱肚子变成了改善伙食、消遣或者体育竞赛。我不懂专业分类，直观感觉至少钓鱼包括政治钓（人生钓）、娱乐钓、博物钓、体育文化钓等。我家的电视能收到专门的钓鱼频道！有旅游频道、钓鱼频道，为何没有观野花频道、观鸟频道？或许因为垂钓在现代社会已经演化出一个不小的产业，而在野地里看花看鸟，在中国至少目前还不容易赚钱。

我也钓过鱼！想起来总是美美的。

那是很久以前，细数是三十多年前了。钓具极为简单：木棍、浮漂、鱼线和鱼钩。只有鱼线和鱼钩是购买的，其他的则就地取材、自己制作。但完全不耽误渔获，大鱼小鱼都钓得上。大者竟达 3 市斤（1.5 千克）。种类也多样：鲫瓜子、柳根子、宽鳍鱲、高体鰟鲏（我家乡称其雄性者为红绫子）、花泥鳅、船钉子、麦穗子、沙姑鲈子（棒花鱼）、七星子。除鱼外也钓蝲蛄（东北黑螯虾）。1984 年我到北京读大学后，再也没有钓过鱼，倒是看过别人钓，更在《钓客清话》一类博物书中看过相关描写。当然，在换台的过程中也偶尔瞧几眼钓鱼频道。冬季，我们小区北门口时常有骑摩托的钓客摆地摊卖巨大的草鱼、鲤鱼、花鲢，声称是自己钓上的，我多少有些怀疑。在夏威夷的毕晓普博物馆参观过从前的各种鱼钩。我接触的垂钓事情，大概就这么一点。对了，还有两次替一美国亲戚在淘宝网购买过数十枚用于海钓的 200 克大铅坠。

坦率说，也许因为无知的缘故，我对现在高度技术化的钓鱼事业不大感冒。特别是对鱼池边上坐在阳伞下垂钓，感觉有点虚张声势、浪费钱财和精力，总之认为它与现代性的其他许多行当没什么两样，完全没有我小时候垂钓的那种自然味。

直到有一天，该书作者王铮跟我说起路亚钓，我才转变了观念，让我重新尊重起钓鱼来。当然这还不是全部。

王铮先生的介绍一下子就吸引了我。博物是我们的交集，我们都经常游走于北京周边，被大自然牢牢吸引着。王先生兴趣广泛，对鱼以外的动物（河蚌、丽斑麻蜥、鸟等）、水文、气象、植物、地质、地貌也很在行，该书的写作以鱼为主，兼及其他。王铮还较早地玩起了无人机，给我看拍摄的照片、视频，让我羡慕不已。一时间，我竟然也想自己购买一台。在六环外一个安全地带王先生专门向我演示了操控无人机，我也亲手试了试。

接触王铮之前，我完全不知道什么叫路亚（lure）。原来是用假饵，这样一说，我一下子就明白了。我小的时候在东北吉林通化罗圈沟河钓鱼时就用过一种"毛钩"，它应当算作比较原始的假饵了。这种毛钩简单到只有一个弯钩，倒刺很短或者全无，而所谓饵就是绑在钩上的小毛毛，通常用彩线或者塑料做成。一般是站在河中的流水环境中使用毛钩，不断甩竿儿，让鱼误以为钩是一种活动的小虫子。倒刺故意做得短是为了把钓上的鱼快速收到胸前的鱼篓中。此过程是不用手摘鱼的。鱼线不长，咬钩后，竿立起来，鱼到眼前，对准鱼篓，直接落篓。所钓的鱼通常不大，但高手一会儿就能钓它半篓子。

我偶然了解到，王铮钓上鱼来最后又放生，不吃自己钓上来的鱼，令我肃然起敬。记得帆船航海家翟墨说过，在海上不吃鱼，他说："因为我感觉鱼和我差不多，都是在海上，基本算同伴了。"时常接触鱼却不吃，感动了我。我理解他们对鱼的情意。我自己根本做不到这一点啊。

王铮带了一部分稿子,讲了写作计划,我觉得选题不错。接下来,就是讨论如何把书稿尽快完成,我甚至忘记了我提过什么建议。近些年,有人打听博物学,我毫无保留,想到哪就说到哪,经常出一些"馊主意"。听不听、听多少我完全不在意。现在呈现的这部书,比我当初预想的还要好,感谢作者为首都北京贡献了一部有特色的博物志。

作者在书中写道:"路亚不同于大家常见的钓鱼方式,要在一个地方等待鱼上钩。而是需要钓手不断地根据他对鱼的习性的了解,主动出击寻找。"(第13页)"你我不用跟随达尔文乘坐'贝格尔'号,不用穿越大洲大洋,需去登陆加拉帕格斯群岛,在北京就能领略自然的进化神奇。"(第230页)"随着对鱼深入的了解,我不再关注所钓鱼的大小、多少,更关注的是自然和鱼的进化,更关注的是鱼的生活故事。"(第230—231页)

关注环境、关注鱼的生活,这是很高的境界。博物而有非人类中心论的思想、实践,这正是我们这个时代需要的。

这不正是怀特、梭罗、利奥波德等博物学家做的事情吗?那些只抽象地讨论他们的思想而不顾及其基础性实践的学者不是应当反省一下吗?《北京路亚记》不正是对自己乡土的一种个人化的探究吗?作为首都的北京,比起其他发达国家的城市,不是严重缺少这类有特色的作品吗?当下,对科技的高额投入并未产出合适的产品以有效满足本地居民对周围世界的了解。20世纪50年代中国引进出版过一部《研究自己的乡土》,现在我们正应当在此标题下出版系列作品。谁来撰写呢?职业科学家当然是重要人选,但是今日的职业科学家都很忙,通常也瞧不上这类"肤浅"的工作,他们最在乎的是用百姓看不懂的洋文在外国发表有显示度的论文。此时,普通博物者可以出场。实际上他们一直"在场",只是缺少官方认可与媒介展示。

公众如何真正爱自己的家乡,怎样参与环境保护和环境监测?首先得超出口号和书本,走到户外、野地,做长期的实际体验、考察,此书为公众博物、乡村旅游、自然教育、环境保护提供了重要的基础性资料。更重要的是，它是有趣的、可感的，呈现的不是枯燥的数据。希望它能吸引更多的人博物起来。博物学有不足之处，但也有优势。博物有许多路径，必有一款适合具体的读者。

博物学是平行于自然科学的一种探究活动，过去一直是，现在、将来也是。

2016 年 10 月 14 日于北京西三旗

10 月 15 日修订

（王铮，王松．北京路亚记：一个钓鱼人的自然档案．上海：上海交通大学出版社，2016）

附记：此书系"博物学文化丛书"之一，获得第二届大鹏自然好书奖。

治污需要检讨我们的价值观

从前冰城美呀四季清呀爽呀

今天十米开外看不清哪是哪呀

听说那方圆千里都白茫茫茫霾呀

耳轮里有汽笛声声在大雾里开呀

我看见妹子在街上拼命捂着嘴

捂着嘴的心情有种窒息的滋味

——节选自网络改编歌曲《万雾生》

污染是工业化现代社会初级大发展阶段的通病，不污染自己就污染别人。中国本来具有后发优势，在现代化的过程中本来可以从容前进、一定程度上减少污染，但事与愿违，仅仅几十年我们就已经错过了清洁发展的良机。

中国经济最发达的地区，也是各种污染最厉害的地区，大致对应于地理学中"胡焕庸线"的东南侧。发达地区产生污染并消化了自己的污染吗？事实上消化不了，还得向欠发达地区输出。从这个角度看，大城市动不动就埋怨周边地区输入了污染，平均起来讲，不够厚道。大城市之所以能繁荣、能一天一天地运行下去，是因为有周边的无数支撑：食物、水、能源等供给和大量废物收纳。发达国家的大城市环境好像非常不错啊。没错，但是不要忘记，一方面人家经过了几十年的艰苦治理，另一方面已把可能的污染转嫁给了发展中国家。用田松教授的话说，人家处于现代化的"上游"（对应于传销的"上家"），我们想成为上游却办不到，而找自己的"下游"（对应于"下家"）既不道德也不被容许。

重度雾霾笼罩京华大地，苍生同呼吸着有毒物质，一些人还因此莫名其妙地感受到了少有的平等。几乎人人抱怨空气质量不佳，似乎一切与己无关。事实上污染联系着每个人，有我们的放纵也有我们的失职。现有条件下，风小了，霾就会形成、聚集。这是基本事实，人们却不愿意承认。大风过后，京城迎来了所谓的"北京蓝"。好了伤疤忘了痛，治理污染早被抛到脑勺后，下次重霾生成（注意不是"来袭"）则再下决心。重霾不去，则紧急出台一些措施（比如交通限行），不切实际地期望措施立即奏效。民间流传：还不如盖几座风神庙！言外之意，当下有关部门也治不了北京的重霾，而大风一吹霾确实飘走了！环境如此恶劣，逆来顺受的中国百姓却也从容得很、幽默得很，网络上充斥着让人笑不出的环境段子和改编版《万物生》《乡愁》。

当下环境问题、生态问题是怎样的问题？是人类个体生活中能够感受到的一种外在压迫，是由人以外的自然界施加的一种限制。不过，这的确是最粗浅的感受。2014年李克强总理答记者问时说："我说要向雾霾等污染宣战，因为这是社会关注的焦点问题。许多人早晨一起来，就打开手机查看PM2.5的数值，这已经成为重大的民生问题。我们说要向雾霾等污染宣战，可不是说向老天爷宣战，而是要向我们自身粗放的生产和生活方式来宣战。"从演化论的角度看，污染问题不是"外在的"，而是内在于天人系统的一种病，是人与大自然之间的一种不适应现象。此种病无疑由作为普通物种的人这种动物引发，是由少数人发动、多数人参与造就的作孽行为。但产生此类问题的一系列行为并没有直接标着"作孽"，往往与"现代化""发展""提高人们的生活水平"之类的美好旗号如影随形，百姓对此完全没有警觉，相当程度上也成为作孽的帮凶。从收益（损失）角度分析，环境问题、生态问题产生和治理过程中，人类群体中并非每个人、每个群体都机会均等、利害均摊，相反，总是一小部分人牺牲多数人的利益而获利更多，环境问题的积累也必然产生政治效应，于是这些问题也必然是实实在在的民生问题、政治问题。

环境问题愈演愈烈，与政策导向直接相关。长期以来，发展或者超高速发展成了缓解社会矛盾的万能法宝。前些年北京市还在鼓励普通百姓购买小汽车，因为政府当时最在乎的是经济增长，而现在除了摇号还限行，一周限一天还不够，据说还要把单双号限行常态化。照此下去每家两辆车将成为标配，再进一步，一周允许开车出行的天数可能还要减！在"发展是硬道理"的口号下，不从源头动手，环境治理是一句空话。李总理在2014年就已说过："对包括雾霾在内的污染宣战，就要铁腕治污加铁规治污，对那些违法偷排、伤天害人的行为，政府决不手软，要坚决予以惩处。"希望这些在面对经济增长的压力时也能够落实。治污染跟反腐败一样，不动真格的，机构、文件再多，话说得再漂亮也没用。

辩证法在中国成了变戏法。既要经济又要环境，表面上滴水不漏。又如"加强农业转基因技术研发和监管，在确保安全的基础上慎重推广"，字面上看挑不出毛病，支持与反对转基因者都能读出自己想要的意思。但是各部门、各地方需要的是具体的操作指南。如何确保安全？谁来确保安全？什么叫慎重推广？有人故意违规如何处理？模糊的政策和法律在操作中变成了只要经济不要环境。如书中所言，一些人叫嚣："宁愿被毒死，也不愿意被饿死。"这样的口号只肥了少数人，排污企业的老板极少生活在当地，他们甚至可以不生活在中国。实际上，当地的百姓不会立即被毒死，也不会立即被饿死。癌症村的频繁出现，像审美疲劳一般令全社会感到麻木；媒体起初还有一点报道的兴致，但在更为令人触目惊心的新事件面前，它们已经算不上吸引眼球的新闻。"人咬狗"（如公然破坏生态和环境）一开始的确是新闻，但这类事情多了也就不成为新闻。污染导致的通常是慢性中毒，不发展或慢发展也许不至于饿死人。另一方面，一次死几个、几十个的生产灾难频发，比较之下，在讲大局、爱面子的国人看来什么污染"都不算个事儿"。

连续十多年接近两位数的经济增长，在人类历史上是绝无仅有的。经济增长不是凭空吹泡泡，根本上是离不开地下水、河流、土壤、矿山、空气、森林的，有识之士早就发觉这种高速增长过程隐藏着巨大的灾难，因为没有哪个自然生态系统能够经受得起如此大体量的巨大扰动。12%、10%、5%、3%、1%的发展速度，哪一个适合中国？过去我们发展得慢了，现在适当快点是可以理解的，但是年复一年的高速增长不是长久之计。不但大自然承受不了，个体的心理和整个民族的文化传统也无法适应。请注意一个基本事实：仅用一代人的时间，中国人就基本完成了从普遍吃不饱饭到需要花钱减肥的变换。当然，时至今日也还有极少数人吃不饱。吃不饱饭是大问题，但肥胖也绝对不是好事情。伴随自然生态环境的巨大破坏，传统文化、民风民俗的破坏更为严重。农村高中生考上大学虽是喜事，在某种层面上却相当于在本来就需要输血的人身上再抽一滴血，学生大学毕业返乡就业者极少，这导致文化的单向流动。城乡文化差别逐年扩大，现在的中国农村，除个别地区以外，人去村空，剩下老人和幼童驻守，那里几乎演变成了文化沙漠。农民工进城虽然赚到一些钱，但其子女数月见不到亲生父母，孩子由隔代老人照料或者自己独立生活，这种状况下成长的一代农村娃与城里人家的孩子在未来的社会中根本无法竞争。知识、能力是一个方面，而心理健康问题更为麻烦。

如何走出困局？讲究环境正义，讲究教育公平，走生态文明之路当然是对的。具体讲，减少污染和资源破坏，当然也是对的。但是，不破除盲目追求 GDP 高速增长的大前提，其他努力都是细枝末节。节制欲望、降低速度才是根本！为什么一定要高速增长？理论上没有人逼着中国必须高速增长，作为个体我们也并不愿意天天给自己加码，是资本增殖的冲动和部分利益集团为了自己的小算盘而把高速增长确定为全民信条。百姓要的，不是 GDP 增长多少，甚至也不是几间房产，而是足够的安全感，能过上平平常常的小康生活。农民要的，也不都是电视农经节目中以生动案例宣讲的几年内赚上百万元、千万元甚至上亿元。

环境被严重破坏，主管部门不知道吗，负责项目可行性论证和验收的专家不知道吗？当然清楚得很，但是土地、河流、空气是公共资源，不用白不用，"有权不用过期作废"。不改革，中国的环境问题难以真正解决。

即便如此，也总有人讲公道、讲真理吧？是的，大家立即想到了科学家，他们中的一部分正好就是上述的专家。专家讲客观性、讲事实、实事求是、不畏强权而坚持真理。但是别忘记，这是"应当"，是理想情况。实际情况则多种多样。三聚氰胺毒奶的确是专家反复检验通过的合格产品，奶农也是经过专家有意无意辅导才知道三聚氰胺能改变检测计读数的。也确实存在科学家明目张胆地鼓励转基因种子非法释放的现象。化学杀虫剂、除草剂对环境的危害、杜邦特氟龙涂层对身体健康的影响、"反应停"药物导致大量畸形儿等，都有科学家的特殊"功劳"：他们参与产品研发，以科学的名义为大公司产品的安全性作科学辩护，等等。人们没必要过分指责具体的当事人，但不能遗忘一些人一再扮演的社会角色。我国处在快速现代化的进程之中，全球也处于"现代性"一词描述的状态，而科学技术与现代性为伍、相互支持。忽视科学技术的作用将犯双重错误。在风险社会中，科学技术的风险具有特殊性，它最容易被忽视，也最难提防。

科学共同体是一个社会学概念，群体可大可小，大至包含几乎全体科学工作者，少至仅有几个人。科学共同体处理的事情有大有小，小到决定一篇投稿能否发表，大到判断一个产业能否上马。蒋高明先生是科学家，但按时下一些不怀好意者判断，蒋先生可能要算作一名"反科学"人士。因为蒋先生讲述对未来生态环境悲观的十大理由中就有五条涉及科学家，其中科学家都不同程度扮演了负面角色。蒋先生说："人类中分化出一帮叫科学家的群体，他们不断地发明危害地球生态的新式武器，他们不断探索未知的世界，寻找宇宙中存在的宝贝，然而这些探索也会最终危及生态环境。"我同意这一判断，也同意田松教授的"警惕科学"的倡议。这些观点显然与全社会科学观的"缺省配置"不大一样。我还要提醒另外一点：现代社会不是官僚独自就能运行的社会，官僚需要学术权威给自己的行为"背书"，而科学技术专家通常扮演权威的角色。可以准确无误地讲，每一项重大破坏生态和环境的行动都不能单独怪罪政客的决策失误，因为专家是重要参与者。虽然出了事后，专家会表现得格外谦虚，故意降低自己的影响力。生态环境问题得到解决，首先需要改变科学观、科学传播观，升级"缺省配置"。

科学传播需要改进，需要扩充概念。重要的不再是多背下来几条具体的知识。知识是海量的，永远也学不完。百姓要学的，重点是批判性的思维方式、合理的怀疑态度，特别是对一切以专家面目出现的言论和做法，要有一定的鉴别能力，要有能力参与公共政策对话。

中国是大国，大国有责任搞好自己的生态，否则在世界舞台上就处处被动。中国是文明古国，但现在"暴发户"的形象几乎盖过了令人敬重的原有形象。特别爱面子的一部分中国人对部分国民出国抢购境外奶粉、马桶盖、感冒药十分在乎，好像这些"无耻行为"颇让祖宗脸上无光。其实，能有这点选择权的在中国仍是少数。那些"爱国者"如果真爱面子，就应呼吁有关部门把该做的分内事情做好，几乎没有人真的愿意到境外购物。

爱面子并不全是坏事，不要脸才无可救药。摆正人生观、价值观，每个人控制好自己的欲望，在自己岗位上做好工作，面子自然有，环境、生态自然会向好。反过来，打肿脸充胖子，一面死要面子一面做尽逆潮流的事情，呼吸点坏空气喝点脏水还是小的，还会有更大的麻烦候着。

一切行动都依赖于之前的价值设定。现在一个大问题是好坏不分。污染环境、破坏生态在现实中经常不被视为丑恶行径，当事人不以为耻反以为荣，甚至被树立成某地的"财神爷""改革先锋"而被嘉奖、擢升。所以，先要检讨我们的价值观、人生观，学会判别什么是好的，要追问自己：究竟要过怎样的生活？

蒋高明先生是悲观论者，同时也是乐观派，因为他不愿意放弃努力。

蒋先生是理论家，也是坚定的行动者。这样，他个人的努力就具有了双倍的力量。蒋先生特别批评了一些专家通过"国标"（GB）改变林地的含义（见第四章），误导了领导和公众。"由于林的经典涵义被抽筋换骨，致使大面积的草原植被和荒漠植被得以'越龙门'，擢升为森林植被。"这就不难理解森林覆盖率为何快速上升了，因为原来统计在灌木或草地名下的面积现在算成了森林面积。

我不认为蒋先生的每个具体论点和每个具体的行动方案都无懈可击，

但要反驳蒋先生，需要从理论上和实践上拿出根据才行。

一年又一年，太多的忍耐、退让与帮衬，令排污和破坏生态的行径得寸进尺。捍卫我们共同的家园没有错，这是我们的责任，否则子孙后代会骂我们！

2016 年 1 月 31 日于西三旗

2016 年 2 月 1 日修订

（蒋高明 . 中国生态六讲 . 北京：中国科学技术出版社，2016）

北京人认得出家乡的野花吗？

我只见过年高一两面，却很愿意推荐她的这部书《四季啊，慢慢走：北京自然笔记》。

这部美丽、轻松的作品，主要描写北京植物，少量描写北京鸟类。它适合有趣味的人阅读。这部书让我想起诗人李元胜《我想和你虚度时光》中的句子："满目的花草，生活应该像它们一样美好。"

公民博物反映文化软实力

年高的这部书还让我想起这样一个问题：北京与伦敦都是一国的首都，相比若何？

伦敦有伦敦自然博物馆，北京有北京自然博物馆。性质相仿，但差别巨大。伦敦有皇家邱园（1759年建）和切尔西药用植物园（1673年建），北京有北京植物园（1956年建）和中国医学科学院药用植物园（1983年建）。伦敦人大多叫得出自己家乡植物的名称，我身边的很多朋友却不行。伦敦作家笔下的英国植物通常具体并且实指，而北京作家很少具体描写植物。

两座大城市比什么不好，为何偏偏比这些？因为我喜欢用非主流视角看问题。我去英国时很在意伦敦人早晨吃什么，伦敦市场中有哪些蔬菜，伦敦人业余时间都在干什么。不限于伦敦了，在云南、西藏、吉林、北京、檀香山、河内也一样。关注这些，涉及古老的博物学文化，涉及普通人与周围自然世界的关系，以及普通人愿意过什么样的日常生活。

英国诗歌、小说中描述的植物很具体，其实中国古代文学作品描写植物也挺具体的。两国都有非常古老的博物学文化传统。英国的博物学在近代不但没有中断反而加速发展了。经过维多利亚时代的辉煌或者浪漫（Philip H. Gosse 在 19 世纪撰写过 *The Romance of Natural History*，一百多年后 Lynn L. Merrill 撰写了 *The Romance of Victorian Natural History*；这两部书到 2021 年都有了中译本），英国成了全球博物学最为发达的国度。最近我主持的"博物学文化丛书"中翻译出版了一本《不列颠博物学家：一部社会史》（上海交通大学出版社，2017），这部书从社会史的角度详细阐述了英国人为何钟情于博物。而我国的这一传统在近现代衰落了，博物之学在近现代中国显得无用且无聊，作为科普之一都受到科学家的鄙视（其实，将博物视为科普，博物已经屈尊了。博物的用意非科普所能触及）。到了 20 世纪下半叶，英、法、美、日、德、俄等国学校的课表上虽然都不单独列出某某博物课，不会专门传授"肤浅而无用"的博物知识，但是这些国家的博物氛围依然很浓，原来的传统不但没有衰落反而得以加强。可以笼统地讲，所有发达国家的社会上，博物学文化均很发达，博物学出版物琳琅满目，博物 NGO 在环境监测和生态保护方面扮演重要角色，我们与发达国家的差距之一就表现在百姓博物的程度上！

怎么能这样比较呢？国与国的比较不是比军事和经济实力吗？的确。那是摆在台面上的显式硬指标，而博物文化的传习程度是一种隐式软指标，体现的是文化软实力。哪类指标重要呢？都重要，但隐式指标更应引起有识之士关注，因为普通人很少关注和统计这类内容。中国无疑已是世界大国，第二大经济体，但不宜太自满，要头脑清晰，知道"穷人乍富"的弱点在哪。年高的这部书并不直接讨论时政节目涉及的这类宏观主题，我仔细翻过初稿，真的没有提到国与国、城与城的实力对比。但是，并不能说两者没有关联。

年高不是科学家，具体讲不是植物学家或鸟类学家，她也不在科普、科学传播部门就职，她压根不吃科学这碗饭。植物、鸟、山野等只是她的业余所爱。年高这样的年轻人在中国在北京有多少？不多，近些年稍多起来。年高在书中讲，她看了自然笔记小组里"空错"（据我所知其职业是编辑）拍摄的一组关于菊科植物款冬的照片，就迷恋上了北京（作者的第二故乡）的野花。在东北、在河南看到款冬不算什么，在北京能目睹款冬则相当不容易（昌平白羊沟的几近灭绝、延庆啤酒溪的也面临危险）。她一发不可收，看植物、画植物、分享植物样样做得很棒，如今她已是京城小有名气的自然爱好者，她对北京的山川、动植物有扎实的田野观察和不同程度的认知。值得一提的是，整个过程融入了深情，目的"虚而不实"，并非为了养家糊口或发大财，这与某些职能部门和专家做相关事情有重要区别。

在北京，年高这样的人为何还不够多？原因不少，我猜想其中的一条是当下的主流教育令人生目标单一化，许多人不会欣赏大自然的美丽。北京的户外活动者也不算很少，但多数人在外面并不观察大自然，也不欣赏大自然。比如各式"暴走徒"只在乎行走、锻炼，并不睁眼看岩石、草木和生态。不是说这些人天性上不爱大自然、根本就不能鉴赏大自然，说到底主要还是引导的问题。假如大量北京市民了解自己祖先的日常生活方式，知道古老的博物学文化传统，有了一定的经济基础和博物理念，在步入小康社会之时，他们是有可能成为年高这样有情趣的人物的。年高能认出几百种、上千种植物，普通人学习一下也可以认识几十种。重要的是转变观念，同时科学家要为百姓了解自己的乡土提供必要的帮助，比如编写大量界面友好的自然手册。北京以及全国各地的"热心群众"既可以当业余神探，也可以"研究自己的乡土"。

不过，有一个方面恐怕要靠天赋，正如读者翻开此书的瞬间就能感受到的，年高很会画博物画。绘画人人可以练习，但画好就不容易了。我很早就发现，年高的画有伊迪丝·霍尔登（Edith Holden）《一九〇六：英伦乡野手记》博物画的范儿。年高画过极普通的荞、桑、山桃、鸭跖草、凤仙花、紫薇、桔梗、翠雀、玉簪、早开堇菜、紫花地丁、裂叶堇菜、美人梅、黄刺玫、美蔷薇、兔儿伞、紫藤、二月兰、野西瓜苗、华北蓝盆花、马蔺、榆树、白头翁、蒲公英、点地梅、地黄、中华花葱，也画过北京比较有特色的小药八旦子、有斑百合、山丹、款冬、箭报春、双花堇菜、甘肃山楂、辽吉侧金盏花、槭叶铁线莲、长瓣铁线莲、东北茶藨子等。年高观察仔细，绘画中植物特征得以准确反映。根据她的画，就能鉴定植物的属甚至种。如今是数码时代，不管什么人，拿手机随便点击也可以碰巧拍出不错的植物照片，但是想画出不错的植物画来可不简单，那需要许多技巧和大量时间。照片确实有自己的优势，但仍然不能取代绘画。今年深圳的第 19 届国际植物学大会上，一场别开生面的植物艺术画展依然吸引了与会学者和广大市民的关注。除了细节真实性、植物特征反映方面的差别，照片与绘画两者的"味道"很不同。照片真实却冷冰、缺乏余味，而绘画夸张却温暖、滋味十足。再过十年百年，植物画仍然有存在的必要。

《北京植物志》该升级了!

年高在书中写道："我第一次参加自然探索活动就是为了寻找小药八旦子，可惜我们那次所走的大觉寺后山并没有。小药八旦子属于罂粟科紫堇属植物，广布于华北地区，向西直到甘肃都能见到它的踪影。但是在北京，它曾经一度和槭叶铁线莲、款冬、侧金盏花一样，属于神级一样的植物。它的模式标本采自北京，因此也叫北京元胡，在北京植物志上曾被误当成全叶延胡索，所以很多人都找不到这种传说中的植物。直到人们发现西山分布着不少小药八旦子，它的神秘面纱才被揭掉。"（第 48 页）

很多年前我也经历过相似的困惑。在北京怀柔和延庆，早春时节我们多次见到一种紫堇属植物，花蓝色或者蓝紫色、白色，一片一片的，但翻《北京植物志》怎么也查不到，最接近的要算其中列出的全叶延胡索（*Corydalis repens*）了。其实北京常见的这种紫堇属植物应当是小药八旦子，其学名 *Corydalis caudata* 是佩尔松（Christiaan Hendrik Persoon, 1761—1836）1806 年订正 Lamarck 的命名而得到的新名，沿用至今。由于未能及时更新，相当多仅仅使用《北京植物志》的爱好者就会"受蒙蔽"。

另外《北京植物志》漏收了许多重要的本土植物，如华北驼绒藜、沙棘、睡菜、辽吉侧金盏花等。

《北京植物志》在中国范围内，说来成书较早（1963 年），1984 年和 1993 年分别出版了修订版，但错误依然很多。即使如此，现在想从图书馆找一份干净的 1993 年版来复印也十分困难，因为被反复使用，绝大部分已经破损。我曾在多种场合呼吁过尽早修订《北京植物志》，但没有效果。《中国植物志》和 *Flora of China* 改正了一些错误，但依然部分保留了原有的错误，也引入了新的错误。2010 年 1 月《北京林业大学学报》第 32 卷增刊发表张钢民、汪远、刘晓的文章《〈北京植物志〉学名订正》，列举了《北京植物志》中存在的大量命名错误、瑕疵。涉及命名法规的问题非常复杂，即使职业分类学家有时也会绕进去，普通植物爱好者更是难免犯错。

北京号称要建设成国际大都市，要建设"人文北京、科技北京、绿色北京"，及时修订《北京植物志》应当是落实相关口号的必要行动之一。可以想象得到，除教学科研外城市建设的许多部门都要用到本土植物志，如农业、城市规划、园林、环保等部门，又如建筑、农林企业等。只出版供专家阅读的标准植物志还不够，同时应推出界面友好的彩色图志。一般读者看彩图识植物相对容易，目前彩印成本也降得很快。以北京的科技、经济、文化实力，做这件事根本不成问题，但是偏偏做不成，原因何在呢？

我作为局外人大胆猜想一下，无非是修订《北京植物志》费时费力、在现在的评价体系中"创新度"不够高，专家们没有动力做这件事。直白点说，他们不愿意浪费自己的时间！

及时更新志书，是极为重要的事情，许多人也清楚地意识到了，但是现在仍然缺乏足够的推动力。公民博物实践所施加的"外在压力"是否能起点作用，逼迫有关部门立项呢？说到底国家、百姓为何要持续资助科学呢？科技是否一定要追求狭义的创新？纳税人的直接需求是否要适当加以考虑呢？

博物君子在乎长时段权衡

看花、观鸟，不比城市里建楼、战场上打仗、股市中圈钱，既无力量也不够实惠，总让有志之士觉得浪费大好时光，古人云"玩物丧志"。其实，这是一类相当片面、有危害的观念。现代社会的许多顽疾不是不作为造成的，而是一些人太有志、太有作为造成的，是片面追求控制力（操制他人改造大自然）造成的。

最近读到科学史家刘钝介绍乔·古尔迪和大卫·阿米蒂奇之《历史学宣言》的文章及关于大历史观的讨论，觉得非常值得注意。刘钝先生引述了《历史学宣言》中一段话："我们子孙后代能够称之为家园的地方何在？你找不到一个长期的公共机构来回答，根本没有人试图回应上述重大的时代变迁。相反，我们生活中每一层面的筹划、管理、评判以及支出，都是以几个月至多几年为时段操作的，而且基本没有什么机会摆脱这种短期基准的制度架构。没有人会提出长时段的问题，因为人们似乎觉得这样做毫无价值。"在西方民主制国家，"政客们筹划问题的时限只是下一次的参选"。

引述的这段话中观点稍负面了一点。实际情况是，不是"根本没有人"关心大尺度问题，而是关注的人太少、影响有限。在现代社会中，政治力与科技力在社会合力的合成中扮演最主要的角色。我相信，年高这样有博物趣味的人如果渗透到政界和科技界，情况也许就会有所不同。看花、观鸟表征着并影响着一个人的心态，最终也塑造一个人的自然观、世界观、人生观。博物君子多了，对世界和人心的折腾也许会少些、轻些，天人系统也就有可能保持演化论所讲的一定的适应性。梭罗、利奥波德等博物学家不是不能折腾，而是深思熟虑后他们认为穷折腾是不理性、不聪明的表现，于己不划算，于他人于大自然没好处。抱瓮老人曰："机心存于胸，则纯白不备。纯白不备，则神生不定。神生不定者，道之所不载也。吾非不知，羞而不为也。"

让一步讲，博物并没有那么大的价值，但因玩物而丧失斗志、减少不断战天斗地的冲动，从事博物活动对他人的折腾对大自然的破坏也就可能变得弱些！

北京周口店史前的"北京人"（*Homo erectus pekinensis*）是认识周围的植物的，因为他们的日常生活需要这一点。但他们还是灭绝了，现代的北京人与那时的"北京人"没有直接关系。"北京人"的灭绝不可能是因为他们不了解周围的大自然而导致的，但现在和未来北京人生存处于窘境，很可能与大家不关注周围的花草有关！

本来是在推介一部图文并茂、轻松的博物好书，我却扯上了不着边际的事情，该打。向年高学习，记录自己与大自然的对话。祝大家好心情，赏花快乐。

最后，我们一起读叶芝《柳园遐思》中的句子：

She bid me take love easy

As the leaves grow on the tree

……………

She bid me take life easy

As the grass grows on the weirs.

大意是：

她嘱我爱得自在，如叶片萌发枝头。

她嘱我活得轻松，如青草滋生堤岸。

2017 年 7 月 15 日于吉林通化

7 月 18 日于北京修订

（年高. 四季啊，慢慢走：北京自然笔记. 北

京：生活·读书·新知三联书店，2017）

附记：此书 2018 年获得首届中国自然好书奖。

赏虫开生面，逢子亦在野

弗里希（K. von Frisch）观察蜜蜂的舞姿、王世襄斗蛐蛐、朱赢椿制作虫子书、王芳养蝇蛆处理厨余垃圾，很好地体现了人虫互动的多样性。

而"现代性"的大局面是，人口人欲膨胀，过度开垦、大规模使用杀虫剂破坏了生态系统的正常运作。人的快速演化，既威胁到大虫（古人曾称老虎为大虫）也威胁到小虫的生存。

我看花草，不玩虫子，对虫界的人物和故事了解得很少。却也听说过个把玩虫子的人，远有法布尔、柳比歇夫（А. А. Любищев）、埃西格（E. O. Essig）、纳博科夫、威尔逊、约翰逊（M. W. Johnson），近有蔡邦华、周尧、赵善欢、钦俊德、朱耀沂、赵力，见过面的则有张巍巍、李元胜、严莹，以及此书作者半夏。其实我认识三个"半夏"，一个男半夏，一个女半夏，另一个是天南星科的半夏。男半夏曾送我《我的花鸟虫鱼》《果子市》《中药铺子》。《与虫在野》的作者是女半夏，优秀作家，在这里作为虫子爱好者出场。

昆虫在地球上拥有最多的物种数量，其"人口"（虫口）数也最大。但深受人类中心主义之害的高傲人类通常不尊重这些虫子，对其美丽、精致、演化智慧以及在整个生态系统中的地位缺乏足够的鉴赏力。没有虫子传粉，我们就无法得到许多食物，还有重要的丝绸；到野外被蚊虫叮咬，便生怨恨，好像虫子天生与人作对。我个人从小不怕虫子，不讨厌虫子，却也谈不上特别喜欢虫子。我的自然爱好聚焦于植物，朴素地认为植物不好动，观察、拍摄起来比较容易。另外基于植物在生态系统中的基础地位而对花草树木敬佩、崇拜有加。后来晓得，生态共同体中，每一成员都有自己的天职，缺了谁都不行。于是，曾想过把爱好扩展到贝类、鸟类和虫子，但都没有当真，还时刻提醒自己，不能太贪。因为一旦喜欢上植物以外的东西，有限的业余时间分配就是个大问题，弄不好反而可能损害了自己多年的植物爱好。博物的对象虽然十分广泛，但作为个体，确实不宜一时什么都喜欢。

但是，虫子确实有诱惑力。2018 年 8 月我到云南勐海看植物，住在海拔 1700 米的一个林业管理站中，夜间门口一盏大灯吸引来无数甲虫、蛾子，美不胜收。那场景令我十分震惊，我差点因此启动了植物之外的第二个爱好！其实，我不知道这些虫子的确切名字，一种雄虫长着五只角、太特别了，我才忍不住实际查了一下大约是犀金龟科五角大兜属的。更不知道它们对人有什么用处、在生态系统中扮演什么角色。可以肯定，吸引我的首先是它们的美。面向公众，为了便于记忆，我对博物的诠释第一项便涉及大自然之美（beauty）。四年前，吸引半夏走向观虫之路的是什么？我猜想，肯定包含美，或者首先是不可抗拒的美。果真，这本书里，半夏说四年前的某天她雨后散步，偶然间用手机拍到一只停歇在美人蕉叶上的丽蝇，它的美令她成为"虫拜者"，从此，节假日她都去野地里看虫子拍虫子。

博物爱好者或自然爱好者，都在乎自然之美。但不会只因为美、局限于美。诚如半夏在序言中所说："只唤起人们发现美是远远不够的，在现代生产方式下，人发生异化，需要在劳动工作中找到成就感之外完善自己的人生，人生不只是无聊和无意义，人与自然的关系里可以找寻到自我完美的关系，这是一种必要和高尚。"人与自然有四种可能的拓扑关系，其中最重要的一种是分形交织：你中有我、我中有你。从小就开始广泛地接触大自然，仰观星座月相，接受风吹雨淋，近察花开花落，亲听鸟鸣虫吟，既是个体做人的权利，也是自我实现的必要环节。大尺度上看，尊重自然、回归自然、融入自然，而非超拔、凌驾、征服自然，才有可能实现人类的可持续生存。

博物离不开科学，但当代科学已经远远地抛弃了百姓对自然事物的爱好、情感。比起科学的客观、严格、艰深、体系化、有力量，博物不算什么；如今科学家有足够的理由鄙视博物。称某位科学家是博物学家，不是在表扬而是在羞辱。E. O. 威尔逊把自传书名定为《博物学家》(*Naturalist*)，是极少有的自信。在相当长的时期内，博物与科学还有相当大的交集，但是千万别指望博物能通过"套科学的近乎"而获取足够的声望。真的不可能。退一万步，百姓的博物即使全都科学化了，它也只是科学大厦或科学帝国中的一小部分，肤浅的一部分。科学史研究当然可以多挖掘一点博物的材料、人物，以表明历史上博物对于科学是多么的重要，但是这样做是科学中心主义的，没什么大出息。博物还原为科学之路，走不通，一方面博物自身太杂、太平面化，另一方面人家瞧不上眼。很显然，博物也不等同于科普，虽然许多人这样以为。那么，博物不从属于科学，不是科学，不是科普，还能是什么？

是文学，是艺术。当然，只是打比方。博物可以是文学一样的东西，可以是艺术一样的东西。博物就是博物，是它自己。各个时期的文学、艺术自然借鉴同时代的科学技术，但是从来没有划归为后者。博物也一样。在西学语境中，博物归根到底是对大自然的一种宏观层面的探究，即古希腊人讲的"伊斯特丽亚"。我读过一点材料，反复琢磨，努力建构，博物与科学究竟是什么关系，应该是什么关系。结论是：平行关系。博物平行于科学存在、演化、发展。过去如此，现在如此，将来可能也差不多。很自然，平行于科学的东西很多，也都不可能跟人家较劲，比力气，比效率，比资助额，比风光程度。博物平行于科学，与科学应保持一定的距离，不远也不近。不远，是指要努力学习科学，借鉴科学的各种知识性进展；不近，是指不依附于科学，不寄人篱下，不追求发论文，不幻想控制和操纵这个世界。

《与虫在野》饱含深情，是不可多得的自然观察笔记、虫子书。我相信，它的出版会推动、丰富正在复兴的中国博物学文化。作者用"简陋的"工具——手机拍摄虫子，也特别值得赞赏。想一想，多数人的手机都浪费了！

我也很喜欢这个书名。与虫子在一起，不是在室、在朝，而是在野。非常有趣，有诗意，有画面感。

中国古人常描写"在野"，如"云为车兮风为马，玉在山兮兰在野"（傅玄诗）。杜甫、陆游、黄庭坚、王安石的诗歌中都喜用"在野"两字。杜甫写道："豺狼在邑龙在野"，"经过倦俗态，在野无所违"，"望中疑在野，幽处欲生云"。王安石甚至写过"仁义多在野"。

与虫在野，"逢子亦在野"（孟浩然诗），博物快乐！

2018 年 9 月 12 日

（半夏．与虫在野．桂林：广西师范大学出版社，2019）

附记：此书 2019 年获得第二届中国自然好书奖。

由志到史，书写具体的人与自然关系史

几年前我推荐过谭庆禄先生撰写的《东乡草木记》，此次其姊妹篇《东昌草木记》书稿已备齐，先生嘱我写一序。

作者生于鲁西的东乡（山东省临清市金郝庄乡孟东村），后来搬到了东昌（山东聊城东昌府区），在前者即第一故乡生活了二十余年，在后者即第二故乡已生活近四十年。东乡、东昌一字之差，本来也不远，一北一南相距几十公里。如今从行政区划上讲，后者管辖前者。我特意查了地图并仔细询问了作者，宏观上讲，作者的家乡在济南和邯郸的正中间，那是一个极为平凡、在地图上都很难找到的小地方，所以作者说："吾乡，真正的边鄙之地。"不过，东乡出了季羡林（与谭先生的家乡只隔三个村庄），东昌（聊城）出了傅斯年。有清一代这里也出过两个状元。但作者在此并不写这两位北大教授和老状元，而是瞄上了无足轻重的草木。

"吾乡的草木正如吾乡之人，多为平淡无奇的品类，属于默默无闻的群体。"熟悉中国植物地理的人会毫不犹豫地赞同这一点。那么，问题就来了，如此平凡之地的植物，有什么好写的？其科学意义何在？一个大男人整天谈论无甚特点的花草，是不是"咸吃萝卜淡操心"？

其实，在 21 世纪的今天，可以轻松回答这样的疑问。许多人受唯科学主义、功利主义毒害太深而丧失了思考能力，因而觉得这终究是一个真实的问题。从新种、特有种的角度看，此地的植物也许的确没什么稀罕的；从探究的深度看，这本书也绝对算不上前沿科学成果。但是，每地有每地的独特性，土地、植物、动物、人、大气组成一种利奥波德意义上的共同体，观察、记录此共同体的变迁是一种优良的博物活动，也是现代人的一种责任。从普通人的视角，描述"生活世界"中人与植物的关系（感受、欣赏和利用等），在中国古代是有传统的，但在浮躁、势利的现代社会中，这样的活动却被遗忘了。我和谭先生一样，本来学的不是植物学，但对植物都有些着迷，愿意花费时间观察、描写它们，愿意写植物与人的具体的关系，比如他写当年日复一日地吃"地瓜干"，对入侵植物钻叶紫菀的"担忧"，再比如除草剂的过量使用令无辜的草木陷于灭顶之灾。坦率讲，按主流社会的标准，这样的博物学完全无用，没力量也不科学。但是，博物学从来不是科学的真子集，博物的价值也不全依科学而定。现在谈复兴博物学，我们也将其定位于：平行于当下自然科学的一种门槛较低的人人可参与的与大自然打交道的生活方式。因此，此博物活动是否科学，并不很重要。

"研究自己的乡土"是博物学的重要工作，它也是20世纪50年代一部引进著作的书名。那部书的具体内容相当多已经过时，但是标题阐述的思想并未过时，反而切中时弊。研究我们自己的家乡，才能热爱家乡、更好地生活在家乡，更好地书写家乡的历史。

博物描写（文字的或者影像的）都是时间相对固定下的一种空间切片，相当于中国古代讲的"志"，不同切片（志）放到一起，便有了时间演化的内容，于是"史"便浮现了，人们便有机会了解一个地方的历史。希罗多德的大作《历史》就是如此，当初并非就有了后来意义上的"史"的观念，他的书不过是某种"考察报告"罢了，跟亚里士多德、塞奥弗拉斯特的书一样属于广义的博物志。在汉语中，"史"，记事者也。古时候，"历"与"史"两字只是偶然搭配在一起，例子也不够多。较常引用的有："博览书传历史，借采奇异"（《三国志》裴注引《吴书》）；"积代用之为美，历史不以云非"（《南齐书》）。"历史"是一个动宾词组，在转变为一个名词的过程中，空间变换成时间，谱、录、志、传、记均能成史。生活史、文化史、环境史、科学史、政治史，都有如此这般的时空折算、填充。历史是人来书写的，每时每刻它都在流逝，等过去了再依据极不完整的线索研究消失的"历史"，则相当困难。与其如此，不如尽可能平直地书写当下，明天它们就是历史。与其相信史学家、他人的只言片语，不如自己现在就翔实书写。

我相信，某种意义上，谭庆禄先生为自己的家乡在认真做着志和史的工作。前者好理解，后者需要时间来检验。直接书写关于自然物的当代史，也是有讲究的，其中一条便是清晰，名实对应牢靠。作者讲："写作时自始至终要求于自己的，就是诚实。"潘耒《徐霞客游记序》也说："吾于霞客之游，不服其阔远，而服其精详；于霞客之书，不多其博辨，而多其真实。"

经过大家十多年的努力，此时博物学在中国真的有了复兴的迹象。我最近应邀做了一则简短的讲座"博物学复兴与出版规划"，谈到两条腿走路：（1）缓慢、稳步引进域外博物学文化经典；（2）立足本土，加强地方性知识积累。通过大家的努力，尽快把省一级和重点区域的自然志、图谱编撰出来，以应广大爱好者之急需。比如，北京、武汉、上海、成都、南京、广州、长春等条件较好的城市宜早行动起来，先出版自己的植物手册、昆虫手册、蘑菇手册、观鸟手册、鱼类手册等。近几年，我本人也斗胆参与其中，写了极为具体的《燕园草木补：识花认草手册》《崇礼野花》《延庆野花》，虽然自知并非什么专家，不过是等专家出手，左等右等而等不来罢了。

外行编写自然志，当然有诸多缺陷，但此事终究等不得。抛砖引玉，在此也许并非套话。如果一系列专家实在看不下去，终于出手，也就正中下怀。我们不但要引诱外行博物起来，也要引诱内行起身为博物的复兴贡献力量。

我本人曾做过一段科学传播理论研究，博物虽不尽是科学，却有相通之处。推动博物类图书的出版，对于复兴博物学当起基础性作用。没有好的基础，博物 NGO 不可能良性发展，没有一批优秀的博物 NGO 根本谈不了复兴博物学。书出了，可能暂时无人关注，但有比没有强。中国每年出版那么多书，都是好书吗？博物书为何不能占更大的比重？学生时代曾读署名俞宗本的《种树书》及胡道静先生的相关考证，进而想看温革的《琐碎录》，可是该书早已散佚，不能一睹全貌，甚感遗憾。《种树书》，农书是也。中国古代留下了大量农书，读者透过它们可以了解古代社会百姓的日常生活，但那些书依然读着不过瘾。埋怨古人，毫无道理，不如从我做起。现在早已过了农业文明，进入了工业文明，还在向往生态文明，但广义的农书从博物的观点看依然有意义。感受大地，响应孔子的号召，多识鸟兽草木，可弱化人类中心主义的自大，对于建设美好家园及维护天人系统的可持续生存，均有好处。

突然想起清人高士奇质朴而融入深情的博物写作："荒湾断堑，皆种芡实。绿盘铺水，与荷芰相乱，弥望田田。早秋采实而食，有珠之圆，有玉之腻。水属诸品，此为上珍。芡花向日，菱花背日。荷花日舒夜敛，芡花昼敛宵开。间中消息物理，亦有微会。"如高士奇写《北墅抱瓮录》、怀特写《塞耳彭博物志》一般，谭先生也以自己的热爱书写着乡村、城镇的现代史。"我的小文如能为吾乡植物留下哪怕一星半点儿的记录，就是我的最大奢望了。"我想，这是一定的。全世界没几人知道东乡、东昌，以及其历任官员、楼堂馆所，但通过谭先生的文字，那些不起眼的草木连同它们所附着的泥土将一同进入历史。

2017 年 1 月 13 日

（谭庆禄 . 东昌草木记 . 青岛：青岛出版社，2019）

附记：此书 2020 年获得第 34 届华东地区优秀哲学社会科学图书奖二等奖

出版系列博物图书为中山形象加分

人吃饱饭，更高一层的精神需求就摆上了议事日程。

了解家乡的地质地理、草木鸟兽鱼虫，是一项有着悠久历史的优良博物活动。在当下的社会条件下，此活动既能缓解工作和学习压力，促进身心健康，也能令人们热爱家园，尝试监测和保护本地的生态环境。但是，这类活动顺利开展，也是有条件的。比如，百姓要认得一些自然物，知道哪些是外来的哪些是本地的，知道过去什么样、现在什么样以及将来可能怎样。但是在目前的中国，这些条件并不具备。原因是多方面的，但毫无疑问出版是一个瓶颈。

20 世纪末我到美国访问，发现各个州都有丰富的自然手册，如反映当地状况的地质地貌手册、步道系统手册、蘑菇手册、昆虫手册、野生植物手册、园艺植物手册、两栖类手册、鸟类手册、鱼类手册等等，从哪一天起某个公民想博物了，想了解一下周围的大自然，拿起相关的手册，直接就可以使用。由于这类图书只收录当地的种类，物种数相对少，用户可用排除法区分物种，它们比全国或区域性大型工具书好用得多。另外书中的图片较多较清晰，物种特征表达明确，用户不需要特别专门的知识，通过"看图识物"就可以准确识别物种。后来到日本、英国访问，发现情况差不多，"在地"博物书非常多。"在地"是个人类学概念或者民族植物学概念，指的就是范围不算大的当地、本地区、本土。

经济发达的国家，博物学都非常发达。虽然在现代社会中，发达国家主流正规教育也不大看重古老的博物学，但是在其社会上，博物学仍然有相当的地位。也可以说博物的理念早已深入人心，融入了百姓的日常生活。而回头看看我们中国，状况非常不令人满意，更多人还在忙于赚钱、赚更多的钱，生活过得并不精致。中国已开始步入小康社会，大城市及沿海发达地区已经跟世界接轨，但百姓想了解周围的大自然，却仍然有相当大的困难：很难找到反映当地自然世界的适合当地人阅读的博物图书。截至 2018 年，中国有 70 个大中城市，地级市 283 个，县级市 374 个。中国有植物园近 200 家，动物园和水族馆约 210 家、国家级自然保护区 400 多处，国家 4A 级景区 1200 多个，仅广东省就有 3500 多个公园，全国重点大学的校园也有 200 多个。那么这些地方一共编写、出版了多少种自然类、博物类手册？据我了解非常非常少，少到几乎可以忽略不计。有许多甚至连印制一份折页都不肯，相关网站上也空空如也，难以找到有用的物种、环境信息。北方某市有 4 大植物园，没有一家出版过植物手册！一年没有，三年没有，十年没有，几十年过去了还没有。缺钱，还是没有能力编写？都不是。那究竟是为什么？我也纳闷，还问过许多人，没有答案。我自己胡乱猜测，他们不在乎百姓是否了解园中的植物。当然主管部门不认同这类判断。经常有人抱怨现代人不热爱大自然、不了解大自然。那么反问一句，有关部门脚踏实地做过什么？科技周、科普日的敲锣打鼓，并不足以令百姓热爱家乡、关注身边的环境。

上述城市、植物园、动物园、景区、园区、校园实际上都应当编写自己的常见物种手册。当地的百姓有权利了解家乡的生物多样性、自然资源和环境变化。这种了解是热爱、监测、保护的前提。基本物种数据不清楚，也根本谈不上保护。

广东"珠三角"是中国经济最发达的地区，也是生物多样性和环境变化较快的地区。这里的公民受教育程度较高，对居家园艺、户外探险、荒野保护、自然教育、生态旅行等有着浓厚的兴趣，一些大型公司对于赞助相关活动也非常热心。据我个人了解广州、深圳、中山、珠海、湛江等地民间博物活动开展得较早较好。现在广东人民出版社推出"博物中山"系列图书，恰逢其时，我相信会受到广大市民的热烈欢迎，也将为全国范围的行动树立榜样。

我个人的建议是，寻找真正的爱好者，不论出身，让他们直接担任主创，撰写一批反映中山历史、地理、物种、生态变迁的图文并茂的图书，请专家审定后出版。写作应当言之有物有据，不宜笼统。许多专题越细致越好，没有细节便失去了味道和吸引力，在此不要低估了读者的鉴赏力。这类书，首先是为中山本地人服务的，其次是为广东省范围的人服务的，此外也一定能服务到来此地旅游的外省客人、自然爱好者，甚至包括外国人。长远看，它们也构成重要的历史文化遗产，因为它们记录、见证了中山市的具体演化。

我也愿意借此机会推荐若干优秀自然作家、博物学家：怀特、缪尔、利奥波德、卡森、霍尔登、哈斯凯尔（David George Haskell）、阿来、刘亮程等。更具体点，可以推荐叶灵凤的《香港方物志》、南兆旭的《深圳记忆》《十字水自然笔记》、陈超群的《一城草木》、张海华的《云中的风铃：宁波野鸟传奇》、年高的《四季啊，慢慢走：北京自然笔记》。他们描写、记述的地点各不相同，但是对在地、对第一故乡或第二故乡的热爱却是一致的。适当向他们学习，我相信中山的自然爱好者能书写更优美的在地篇章。描述野生物种时，不宜渲染神奇的药效和食用价值，而应当更多地从科学和审美的角度刻画，以避免因为某种了解反而加剧了人为伤害。

精神文明建设、文化建设以及生态文明建设，都是一些很好的提法、想法。但要让它们落地，真正实施起来，并不很容易。适当规划，组织编写、出版中山市的系列在地博物图书，无疑是与之密切相关的靠谱的行动。特别是，它是一种累积性的、可检验的行动，做得好将直接给中山市的形象加分。

爱故乡、爱家园代表着个人品位，也是公民的一种责任。促成人们爱故乡、爱家园是一种善举，也是政府有关部门的分内工作。

祝中山明天更美好，愿中山的公民能够欣赏这种美好！

2018 年 1 月 19 日

（陈妙芬. 自然课堂：南方民间草木记. 广州：广东人民出版社，2019）

博物行天下

　　旅行，自成一体，可以与博物不直接发生关系。但是，有了博物的视角，旅行起来则大不一样。如果能顺便写点东西，于己于人，都大有裨益。

　　许多自然笔记、游记属于标准的博物学，古今中外都有大量的博物游记。徐霞客、奥斯贝克、A. 洪堡、达尔文、华莱士、E. H. 威尔逊、牧野富太郎、哈金森等博物学家都留下了珍贵、有趣的游记和日记。多年之后，这些非体系化的文字，反而成了当时自然、社会相对真实的记录，甚至成为重要的史料。

　　旅行分许多类别，有些侧重人文，有些侧重自然。旅行的部分目的是感受和学习。到他乡观察、感受、学习大自然的什么？海洋、山脉、岩石、动物、植物、生态、美食、服饰、风土人情，都是旅行的要素，是花钱、花时间才有机会相遇的。很难设想，没有足够的博物情怀和名物、自然知识，旅行的品质不会大打折扣。游名山大川或荒山野岭，有点地学知识，知道河曲、阶地、三角洲、火成岩、变质岩、沉岩石、花岗岩、白云岩、板岩、安山岩，知道断层、褶皱、节理、解理、云母、石英、正长石、石榴子石、萤石、蚀变、球形风化，适当与以前的知识和经验进行对比，旅行的收获将加倍。见"水行其中，石崭于上，为态为色，为肤为骨，备极妍丽"，想板块纵横、槽台起伏，感宇宙洪荒、沧海桑田，岂不妙哉？身处异国他乡，见美花奇草，不仅仅停留于赞叹，而是努力与家乡的种类进行比对，知道她们所在的"科"（family），甚至亲自动手查出她们的学名，收获怎可以用钞票计？品尝美妙的水果、蔬菜、海鲜，却不知道食材的名字或者所属的大类，虽然不影响牙齿的咀嚼和肠胃的消化，却影响生活的品位和情趣。

人文与自然，本是不分的。"一方水土养一方人"，说的便是某一地区人类社会的发展奠基于特定大自然的环境之上。博物虽然侧重自然，但是单纯的自然不成为博物，广义的博物从来不有意排除人的活动。布须曼人、阿兹特克人、哈尼族人、藏族人、京族人、高棉人、夏威夷人与大自然打交道，积累了丰富的在地知识、生存智慧，它们构成了重要的旅游资源，也是人类学、社会学、博物学、生物学、民族学、生态学要深入探究的内容。当年我们为云南普洱生态旅游规划提出"两多固本，生态好在"八个字，就充分考虑了博物学。"两多"的意思是生物多样性和民族文化多样性，两者是密切相关的。"两多"的保护、巩固，是旅游业可持续发展的重要基础。

不过，在现实中，主管部门和相关业内人士并未充分意识到博物学对于资源保护、生态旅游开发的重要性，导游培训也未加入博物一项。中国绝大多数自然保护区、旅游景区甚至连基本的物种手册都没有，环保、教育功能的发挥受到相当的限制。希望不远的将来，这一切都能改变。

《美丽高棉》的作者王其冰是我高中时的同学。记得读高二（1983年）时我和其冰、乔彦明、牛朗等一同参加了全国地学夏令营（总营长是北京大学的侯仁之先生）吉林分营（营长是长春地质学院的董申葆先生）的活动，一起在长春净月潭采古米海蚌化石，观伊通玄武岩节理，游吉林北山公园和丰满水库等，我就是在那时对地质学产生兴趣的。此四人中一位后来到了清华，两位到了北大，一位到了浙大。其冰兄妹三人中她属老小，哥哥其冬、姐姐其寒，三人本科都就读于北京大学，专业分别是地球物理、历史和哲学。在我们老家吉林通化，考上北大的屈指可数，而他们一家就占了三位！高中时其冰学文，我学理，1984年她考到了北大哲学系，我考到了北大地质学系。本科毕业后她改学新闻并在新华社就职，我则改学哲学并在大学教书。

因工作需要其冰受派到柬埔寨，足迹遍布全境，对高棉自然、人文都有深切的感受和认知。我因主持此"博物学文化丛书"便向其冰约稿。起初她有些犹豫，我则说很多中国人想了解柬埔寨，你有责任分享自己的经验啊，于是有了这部《美丽高棉》。谢谢其冰！

2016 年 12 月 22 日

（王其冰．美丽高棉．上海：上海交通大学出版社，2017）

班克斯与博物文化

厦门大学青年教师李猛副教授(2021年已经调入北京师范大学哲学学院)希望我为其即将出版的作品《班克斯的帝国博物学》写几句话,我欣然应允。此书在博士论文基础上修订而成,作为李猛的博士论文指导教师,我有义务交代一些情况,便于读者了解作者、理解书里所讨论的内容。

李猛硕士就读于北京师范大学,我的好朋友田松教授是其论文指导教师。多年前田松向我推荐了李猛,自然讲了许多优点,我记下了。那时候北京大学哲学系还没有实施推荐审核制,考生要一本正经考不少东西;李猛的笔试成绩排在前面(匿名批卷),于是一帆风顺,他来到北大读博士了。我印象中李猛本分、理性、勤奋、低调,是位比较省心的学生。李猛做事有条不紊,在适当时候做适当的事。遇事他能识别大小。回过头,从稍大一点尺度看也是这样,读本科、硕士、博士,到英国访学,谈恋爱、结婚、生子,到大学任教、申请科研基金、职称晋升等,各项稳妥推进,既不冒进也不推迟,一切刚刚好。真希望所有的学子都能如此顺利。当然,外观顺当,建立在背后艰苦努力的基础之上,需要有坚定的意志和精明的局势评价力。李猛入学时我曾对包括他在内的在读研究生说,向徐保军、熊姣学习,言必信行必果。李猛毕业后,对于新来者我又加了一句:向李猛学习,抓大放小,逃不掉的事情赶早不赶晚。

入学后,接下来就是考虑一个具体的研究课题,写出博士学位论文。我考虑了很久,针对李猛的背景和特长,建议他研究一下博物学家班克斯(Joseph Banks)。学界长期以来不大重视这个人物,国内更是如此。我读研究生时不晓得班克斯的地位、重要性。后来读 Ray Desmond 的 *The History of the Royal Botanic Gardens Kew* 才略知一二。实际上我最早是通过山龙眼科植物的一个属 *Banksia* 而知道这个人的，属名就来自他的姓 Banks，这个属有上百个种。非常奇怪的是，这个属的中文名被中国植物学界长期译作"班克木属"，一本厚厚的拉英汉植物名词典也是这样写的。也就是说，人家一个完整的姓被生扯活拉地裁掉一块。就好比恩格斯被简化为恩格一样！如果采用音译，按理说应当叫班克斯属或者班氏木属。我曾在网上吐槽，建议改一改那个荒唐的中文名，可是有人不以为然，觉得"班克木"叫法挺好的，让人无语。后来刘冰和刘夙等把这个属的中文名改为筒花属，比较合适。这是闲话。不过这也说明在中文世界班克斯的知名度不高，许多人不知道那个属名与一个人名有关。

　　班克斯曾任英格兰皇家学会主席，而且年头甚久，至今没人能打破纪录。照理说植物学界应当熟悉他，不应当随便把人家名字拆了。其实，这只是一种事后的猜想。比班克斯地位更高、影响更大的博物学家林奈，人们又了解多少呢？迄今，林奈本人的任何作品都没有译成中文，相当多中文作品中关于其著名的"双词命名法"也有着望文生义的解释。现在，中国出版界好不容易才推出了一本译作《林奈传》，译者是李猛的师兄徐保军。

　　班克斯和林奈一样，都是博物学家，都做了许多重要的工作。在数百个大博物学家当中他们肯定会排在前面。那么为何中外学者长期不重视他们呢？说到底与人们的价值观有关，具体到史学界，与人们的编史观念有关。历史过程涉及的信息无穷多，书写出来的历史不可避免地大大简化，做法是摘取自己认为重要的东西，把它们整理得符合某种秩序，让读者相信那就是实际的历史。现在的科技哲学与科技史课程中，反省辉格史观是不可或缺的一课，但对辉格史不能简单否定了事。关于辉格史有三个阶段或者层次：第一是无意识的辉格史做法；第二是对辉格史的批判；第三则是在反省的基础上有意运用辉格史方法，变一种辉格史为多种辉格史，也就是说用多维偏见补充单一偏见，力求对所关注主题有更立体的理解。

　　回到班克斯，科学史界如何关注他呢？在极端强调征服自然、改造自然的大背景下，在以数理科学、还原论科学为中心的年代，班克斯只能靠边站，因为他的所作所为不够有力量，学问不够深刻，甚至他所在的学科本身就不够高深、不属于硬科学。但是观念在缓慢变化着，各种各样非主流编史理念纷纷登场，特别是后现代、女性主义、人类学与社会学视角的全方位引入，以及后殖民主义编史策略的实施，冲破了旧有的格局。在此形势下，考虑博物编史纲领，博物学以及班克斯得到关注，是非常自然的事情。

起初，还是就科学史而讲科学史，一切都顶着科学技术这个大帽子。解放之路就是科技概念不断泛化的过程，用"宽面条"取代"窄面条"，让科技这个大帽子尽可能涵盖更多的内容，非西方传统、地方性知识、中国古代致知等均获得新的合法性加持。喜欢博物的，自然要论证它是科学或部分是科学，甚至是好的科学、"完善的科学"。在这种思路下，我也试图从人类认知传统上为博物寻找位置，构造了历史上自然科学的四大传统：博物、数理、控制实验和数值模拟。我在给熊姣的著作《约翰·雷的博物学思想》作序时就讲述过，2013 年 5 月 10 日在中国科学院自然科学史所的讲座"关于博物学编史纲领"中也讲过，并提示：此分类也只是韦伯所说的"理想类型"而已。现实的科学要比这复杂得多，是复合型的，各有所侧重。这四大传统的划分当然有充分根据，不但对过去、现在有相当的解释力，对于未来也有意义。它能为思考提供一种参照，比如将来发展自然科学，这四个传统是否还都需要，权重如何？据我所知，皮克斯通（John V. Pickstone）的 *Ways of Knowing: A New History of Science, Technology and Medicine* 与我的想法最为接近，或许我自己的划分更合理。沿此思路，可以做许多事情，有矿采、有饭吃。即使按此思路理解，做博物相关的史学研究依然不是主流（有人说已成为显学），但也正好因为不是主流而有广阔的空间，做的人会越来越多。

但是，这仍然是一种以（近现代）科学、科技为中心的范式，最终也难逃脱西方中心论的、现代性的学理纠缠。因为人们理解的科学主要是以当下或者近期所见所感为依据的，抛开本质主义的路数，科学虽是不断演化的，内涵和外延一直在变，但是学者无法改变的基本事实是：伽利略、笛卡儿以来的近现代科技基本框定了（并非完全决定）"科学"概念的解释空间。挖掘中世纪、追到古希腊、吸收非西方智慧等，都改变不了这个大局，说到底那些只是一种学术装饰。在上述思路或阶段中，要为博物争名分，尽可能论证博物像科学、是科学。这样做，可以取得不少成果，但终究视野不够。但是，一旦跳出藩篱，情况就变化了。对于博物，现在有了三种方案：从属论，适当分离说和平行论。说到底它涉及如何确定博物与科学之间的关系。"此定位处理不好，将严重影响博物学在中国的长远发展。""此事我思考了十多年，自己的想法也经历了三个阶段：（1）内部补充：以博物补充数理，作为自然科学四大传统之一的博物学对科学可能仍然有帮助。（2）适当切割：参与人群和目标并不重合，不必只考虑为自然科学服务。（3）平行论：着眼文明长程演化，确立'自性'，借鉴科技进展而不为其左右。实际上，一直是自己说服自己的过程，现在觉得'平行论'虽然大胆但比较恰当，从历史、现在和未来看，都讲得通。理解平行说并不难，打个比方，就像文学与自然科学的关系一样。"（中华读书报，2017–11–15）三种方案都不否定一个基本事实、共识：博物与科学有交叉，只是对交叉的多少、性质、意味有不同的理解。这个共识现在看十分直白、理所当然，但是它真的来之不易。最弱的表述便是，因为有此交叉，在科学史界、科学哲学界做与博物相关的研究就有了一定的合法性。

关注班克斯，当然首先也是从这个最弱的辩护出发的。到了现在，不大可能有人站出来反对从科学史的角度研究班克斯，虽然私下里仍可以认为这类研究不重要。

李猛对班克斯的研究是如何定位的？一开始，这并不是很合适的提问方式，实际上一个年轻人做某项研究也不可能时刻想着立场、境界。那么，如何看待此书的研究？我个人的看法是，看它提供的信息是否足够丰富足够新鲜，是否给人以启发。我想，李猛做到了。帝国博物学是否也沾染了某些坏东西？班克斯的大科学与20世纪的大科学有何关联和区别？班克斯的科学组织对于当下的科技管理是否仍有借鉴意义？重启博物学可以从班克斯那里借鉴什么、回避什么？英法不同科技体制对于科技的未来意味着什么？

帝国型博物学是相对于阿卡迪亚型（田园牧歌型）博物而言的，这种简单的二分，作为逻辑类型十分清晰、有用，但也要时刻清楚它只是一种方便的切分方式。有人吃惊地跟我说：没想到博物也与帝国扯到一起，博物也搞扩张、侵略，于是博物并不比科学好到哪里。这是因为思考不足，匆忙构造幻景并快速自己撕破幻景的过程。博物与科学一样，不会是铁板一块，从博物中找出坏人坏事绝不是难事，因此重启博物学，也要做出限定，要讲究博物伦理。2018 年 8 月 18 日在成都白鹿小镇通过的关于博物理念的《白鹿宣言》就是为了事先做好准备。就人与自然互动的方式方法而论，博物与数理科学、还原论科学确实有相当的差别，后果也自然不同。坦率讲，博物对天人系统的扰动、破坏很有限，用于杀人效率也不高，如果利用得当，还非常有助于系统的可持续生存。即使班克斯的帝国博物学听起来有可能损坏了天真的想象，其正面价值也是主要的，负面影响是可控制的。班克斯关心过茶叶、面包树和羊毛，没有研究攻城术，没有组织研发自动步枪、机枪、核武器、潜艇，这本身就说明问题。有人有话等着呢："那是因为时代不同，或者因为他水平低，他不懂。"即便在他生活的年代，18 世纪下半叶和 19 世纪初，把自己的智慧主动奉献于军事战争的也不在少数，而且得到了交战各方的颂扬。

研究班克斯，提供一批有趣的材料、故事，能刺激人们思考，能为学者开展其他研究提供启发，也有文化传播的意义。这可能是此书的重要价值所在。顺便一提，李猛在博士论文写作过程中译出了帕特里夏·法拉的《性、植物学与帝国：林奈与班克斯》。之前熊姣翻译了约翰·雷的《造物中展现的神的智慧》，杨莎翻译了保罗·劳伦斯·法伯的《探寻自然的秩序：从林奈到 E. O. 威尔逊的博物学传统》，刘星翻译了保罗·劳伦斯·法伯的《发现鸟类：鸟类学的诞生（1760—1850）》，前三种由商务印书馆出版，后者由上海交通大学出版社出版。这些译作确实提供了大量有趣的信息，对中国学界也算是一种贡献吧。

作为一篇博士论文,《班克斯的帝国博物学》也并非完美,其实不足之处也较明显,我完全同意程美宝教授的意见。李猛可以更好地利用自己已经收集到的书信、档案材料,对其进行挖掘、分析。对此,我与李猛也多次交流过。如果还继续研究相关课题的话,走向深入是理所当然的。

一般说来,人文学术是慢活,急不得。年轻学者在开始独立进行研究时宜老老实实,尽可能吸收国内外同行的研究成果,然后再创新。学术必须创新,但是也不能过分鼓吹创新,也不宜轻言创新,必须站在巨人的肩膀上创新。巨人的肩膀岂是好站的?实际上矮子的肩膀也不是好站的!李猛目前做得比较扎实,一步一个脚印。我相信随着积累的增加,他的胆子也会变大,提出更多自己的想法。

李猛在北大就读时我是指导教师,但我们这里从来是开放办学、开放培养学生,我的学生同时受益于校内外其他各位老师、同学。我要借此机会感谢教研室的各位老师,特别感谢校外的田松、范发迪、刘孝廷、程美宝、刘兵、吴彤、刘晓力、江晓原、法拉诸位教授。

在与年轻人接触过程中,我也在不断学习,所谓教学相长,他们也教育了我。感谢李猛,现在我们是同行、同事。作为丛书的主编,感谢李猛贡献了独特的力量!

2019 年 2 月 21 日于北京西三旗,22 日修订

(李猛 . 班克斯的帝国博物学 . 上海:上海交通大学出版社,2019)

认识并欣赏城市周边的植物

　　首都北京之美，让人立即想到故宫、长城、鸟巢，但是对于我们喜欢野地的少数派来说，人造不如天成，人工物终不及自然物。稳妥点说，或许两者相映衬更符合审美的主客体互动本性。"燕京八景"为太液秋风、琼岛春阴、金台夕照、蓟门烟树（或蓟门飞雨）、西山晴雪、玉泉趵突、卢沟晓月、居庸叠翠，几乎都是人造物与自然物的完美结合。2017年3月24日北京突降大雪，在居庸关长城，蜿蜒的雉堞与雪中开放的蔷薇科山桃彼此呼应，人为与天然混成美景。刚过去的冬天里，北京人一直盼着天降大雪，却只见到零星几片雪花。我读大学本科那时候，北京是经常下大雪的，如今失去了方知雪的可爱。滑雪场的造雪机当然能造雪，但两者完全不可相比。

　　今日北京，路越修越宽，楼越盖越高，似乎越来越人工化，人的意志和贪欲被无止境地放大。有人相信人定胜天、人工赛自然，但是城市的长远生存和发展，终究离不开基底，即包围、充填、供养城市的土地，以及山脉、河流、空气、植被、动物、菌物。其中野生植物扮演着极为重要的角色，靠人工绿化、引进外来种，背离了根本，不可能真正美化城市。长期以来，城市规划者们还未充分意识到本土物种的重要性，没有为市民认识、欣赏、保护本土植物提供足够的便利，相关出版物极为少见。北京三面环山，从城中乘车半小时就能够上山，这在世界大都市中都是极难得的。而山上拥有温带极为丰富的植物种类和植被生态类型，可是北京市民知道槭叶铁线莲、小叶梣、胭脂花、花锚、北京忍冬、荫生鼠尾草、北京水毛茛、华北耧斗菜长什么模样、有多美吗？园艺工作者和苗木公司了解北京自己的野生植物宝贝，才有可能在城市美化中充分利用本土植物。而目前北京与其他北方大城市一样，理念陈旧：对本土植物重视不够，没有投入足够的人力物力研究和驯化本地特色植物，依然习惯于引进南方、准南方的苗木。为何热衷于引进别地的东西？除了经济利益的考虑，原因无外乎它们看起来很美。其实，外来种通常不适合本地，也不能彰显本地的自然特征，再美也是人家的美。目前各地城市的行道树和温室栽种，极为雷同，似乎与贪恋别人家好东西的心理有关。

北京是古都，风水不错，这里居住的北京人本来是了解周围的大自然的。今天，我们开始迈入小康社会，北京也在倡导人文、科技、绿色北京，更有条件和理由了解周围的自然世界。植物学界本来是有条件撰写、出版百姓博物急需的各种植物手册、观花指南作品的，但是他们太辛苦，被课题压得几乎喘不过气来，也有一部分人压根瞧不上百姓的需求。结果，他们并没有大量翻译出一般性的作品，也无心大量创作本土作品。可喜的是，这种局面近些年也在发生变化。

这部精美的《北京自然笔记》是描写北京及其周边植物的，有助于北京人了解自己的家乡或者第二故乡。此书作者为中国科学院植物研究所的一对年轻夫妇。据我了解，更具体一点，文字主要出于大美女肖翠，图片主要出自分类才子林秦文。

两位作者本科都毕业于北京林业大学。肖翠老家陕西宝鸡眉县（太白山脚下），本科专业为森林资源保护与游憩，硕士专业为生态学。林秦文则来自福建安溪（茶的故乡），他是京城出了名的植物分类专家。林秦文读本科时我就认识他，数起来已有二十多年了。多年来小林对我个人帮助甚多：我们一起去过小龙门和凤凰岭看植物；我一直在用的《北京植物志》也是小林当年帮我复印的；延庆有睡菜的消息最早是小林告诉我的（第二天我就开车去瞧了）；他向我推荐威廉斯（Vanessa Williams）演唱的《风中奇缘》主题歌；有一年我在云南拍到一种植物怎么也查不出名字，请教小林后迅速解决问题。林秦文与肖翠 2005 年恋爱，当时他们在调查北京密云的植被，读博一的林秦文带队读大二的肖翠，跑遍密云大小山脉，2012 年两人结为伉俪，后来先后到中国科学院植物研究所工作。

这部书主要写地方野生植物（偶尔涉及栽培植物和动物），相当于北京地区观花指南。近几年有着"在地关怀"的本土自然、博物作品，开始呈现，安歌的《植物记》、谭庆禄的《东乡草木记》、莫训强的《南开花事》、年高的《四季啊，慢慢走：北京自然笔记》、张海华的《云中的风铃：宁波野鸟传奇》就是其中的代表。但愿这些作品也能热卖！许多人喜欢"非定域性"的动植物描写，而我则恰好相反。因为我个人觉得，"在哪何时看到什么"是至关重要的信息，能提供这类信息的图书就比较实在。

作者在书中提到，写作受到了《檀岛花事：夏威夷植物日记》的启发，我自然非常高兴。因为我以那种形式写夏威夷植物，的确出于一种"在地关怀"，我把访学的夏威夷当成了第三故乡，我也真的希望启发一些人亲自动手，以第一人称进行在地自然写作。传播知识还是次要的，如我在上海交大出版社主编的一套"博物学文化丛书"总序最末所讲，主要想通过实例"诱惑"一部分人积极参与到博物学当中来！不过，肖翠比我写得好！《北京自然笔记》与《檀岛花事》性质相似，但更系统更实用，不似我写得那么散漫。

此书内容简明，却不是简单地传播一般性植物知识，跟随作者"行走"书中每一条路线，能学到许多东西。其中描写了北桑寄生、独角莲、温梓、松下兰、山西玄参、红花鹿蹄草，它们比较少见。有些我在野外也没有碰到过，在书中读到它们也令我耳目一新，很有收获。

此书也很关注入侵种，如禾本科的蒺藜草属植物、菊科的印加孔雀草等。目前北京有害的外来种不算少，豚草、三裂叶豚草、刺果瓜都已安家落户，以后会越来越多，专家有义务清晰地描述这些有害植物，让老百姓认识它们。用知识武装起来的百姓才有可能监督它们、控制它们。让百姓知道哪些是固有的、哪些是外来的植物，这本身就不是一件容易的事情。可是，这事又绕不过去。不了解，怎么可能真正关注北京的生态环境，又如何可能真的热爱首都？

此书也展示了一般图书中不大可能收录的图片，如蒙椴小苗、百蕊草的根系、火焰草的基生叶、匙荠的果实等。这些都有助于人们认识植物的多样性和演化策略。

总之，我认为这部优秀的植物作品立足于本地，扎实、实用，我愿意推荐给大家。它适合于所有热爱植物、关心北京发展的人阅读。

2018 年 3 月 2 日

（肖翠，林秦文 . 北京自然笔记 . 北京：化学工业出版社，2018）

以情理动人，共赏作为共同体的美好家园

  《家园：生态多样性的中国》系列电视纪录片和对应的图书，通过精彩影像和优美文字展示中国极具特色的生物多样性及其在工业化过程中面临的挑战。这样的好作品应当多推出一些，有关部门应当给予更大的支持。绿水青山具有长远价值并具有自身的内在价值，在我们这样一个高度功利化、行为短期化、人类中心论的时代，是不容易被认识到的。如果以为这是自明的并且很容易做到，便大错特错。"两山论"（特指"我们既要绿水青山，也要金山银山。宁要绿水青山，不要金山银山，而且绿水青山就是金山银山"）不能只是到处张贴的标语，要让全体国民特别是领导干部体认绿水青山就是金山银山，需要做大量工作，包括改变社会发展模式和干部考核晋升规矩。

共同体理念与情感认同

  此纪录片地理"样本"只选取了海洋、森林、草原、湿地和城市这五个影响力较大的代表性单元，除此之外当然还可以选择苔原、雪山、沙漠、河流等，再细一些还可以包括潟湖、火山、喀斯特地貌、冰碛湖等。不过，通过目前的五个样本，已能足够说明问题：人生在世，包括个体的人和群体的人类，都不是孤立着自己飘浮于世，大自然的正常存在和演化是我们过上舒服日子的前提。

上溯一代几代，下延一代几代，人都有依托，"寄生"于或共生于某个更大的环境之中。用共生、共同体（community）这样的概念能更好地指称地球盖娅，更好地阐明一条干净的河流对于沿岸居民日常生活的重要性，更好地体察生物多样性是人类社会健康发展的基底保障。人与自然，生物圈与非生命物质是"分形"地交织在一起的。分形（fractal）是复杂性科学中的一个基本概念，指你中有我、我中有你，系统具有多层自相似结构。比如，人体中就有大量分形结构，大自然也并非只是作为边界清晰的对象外在于人类个体的肉体，我们躯体内就有大自然的成分（气体、菌类、水等）。另一方面，躯体之外有没有"我"和"人类"？人的精神是否驻留整个世界？这是需要想象力和洞察力才能回答的深刻问题。我的回答是：当然有。相互依存和复杂交织是盖娅共同体中各个成员间的基本特征。"我""我们"不限于原来狭义的我和我们，当其囊括了整体大自然，自身才完整。海洋、森林、草原、湿地和城市这五个地理区隔的单元，实际上也并非真的隔离开来，它们同在"屋檐"下，互相包含！城市是重中之重，城市出点事，就是大事，而其他四个出点事好像就不算什么，其实不是这样，因为它们彼此关联着。城市的维系，需要海洋，比如北京的市场需要海鲜，自己又不产，只能靠外部供应，如果北京人吃不上干净、便宜的海鲜，北京算不上好城市。北京人可曾关心过遥远的海洋渔场？同样，北京使用的大量木材不可能只产自北京，它们来自他省甚至他国的森林！

坦率说，上述共同体概念没有任何难理解之处，平心而论它是一种常识，难道人和人类能够脱离母体、抛开背景而生存？难道"我"的想法和排放不作用于外界？如果"我"只指称躯体内的自我，"我"的世界是否太小了？但是这个常识的获得却相当不容易，是用高昂代价换来的。虽然如今换来了这样一种理论共识、书面共识，但仍然有许多人不认账，在实际操作中依然按老一套，该怎么做还怎么做，甚至还可能变本加厉。这里涉及两个环节：一是知识，二是行动。两个环节有联系，但并无必然联系。知识并不能完全决定行动，就像许多人都知道不应当偷盗而在行动上照样进行一般。"理儿是那个理儿但俺偏不那么做"，或者有选择地做，这类现象司空见惯。知识对于行动自然有影响，但远远不充分，此时，"情感"将扮演重要角色，在相当程度上情感会导致人们对某种观念的真正认同。《家园：生态多样性的中国》既讲知识，也洋溢着情感，有情有理，合情合理，便在情理之中。

怎样培育情感？这可比单纯传授知识难得多，现代正规教育通常过分重视知识传授和知识探究而严重忽视对他人情感、对大自然情感的培养。但也不是没有办法，情感教育的重要方法之一便是移情、将心比心、换位思考，由此容易生发同情、慈悲、恻隐之心。动物、植物、菌类也是生命，是和我们类似甚至一样的生命种类 (species like us)，对它们必须尊重，不能过度使用。再外推一下，岩石、土壤、大气、河流也是必须尊重的。人可以把其他物种、非生命体当作资源、物品 (commodity) 适当利用，但是它们就如他人一样不仅仅是资源，不可以仅仅当作资源来利用，因为大家真的都作为成员而同属于一个更大的共同体，过度利用他者最终也必然伤及自己。那么除了资源之外，他人、它们还能是什么？这就与良好的教化和人生的自我超越有关了。

教化与超越

良好的教育将有助于克服狭隘，与他者（包括人也包括大自然）和谐相处。良好教育不意味着知识多、有进取心、更能折腾他人和这个地球。利奥波德在《环河》中说："不能享受闲暇时光的人，即使满腹经纶，也是无知的；而能够享受闲暇时光的人，即使从未进过学校，在某种意义上，也是有教养的。"这仿佛是在暗示，动作慢、懒散、创造不足反而也可能是优点？部分是这样！现代社会的价值观鼓励创新、投资、折腾、开发，遴选出的英雄人物恺撒、成吉思汗、拿破仑、巴菲特、盖茨、乔布斯、马斯克都是这类，其实老子、庄子、甘地、曼德拉、梭罗、缪尔、史怀哲、卡森、E. O. 威尔逊才是真正的英雄。道理很简单，这些人的思想和行动有利于和平及共同体的可持续生存。我们的教育可曾让人们更多地了解并学习后者?

现在的地球面临的最大问题是:人这个物种独自发展得太快,而且还在加速,超出了自然演化所允许的极限速度,导致人与大自然矛盾加剧,人自身感觉不自在,大自然更是不堪重负、忍耐够了。恩格斯在《自然辩证法》中讲过"大自然的报复",频发的自然灾害便是明证。实际上现在几乎少有纯粹的"自然的灾害",灾害大都与人有关,相当多是人自找的、故意造成的。火山自己喷发,海啸自己振荡,泥石流自己流淌,并不应称为自然灾害。只有当人不自量力,往前凑合,得寸进尺,受到损伤,或者以人力引发自然突变(如乱砍滥伐、修建过多的水坝),那才构成灾害。怎么做,才能让阿玛斯炯(茅盾文学奖作家阿来作品的一个人物)的蘑菇圈还在?今年在,明年在,数代以后还在?生物多样性与稳定性紧密相连,是"一个事实的两个名字",没有足够的稳定性,多样性根本无法保障。问题是,现在许多人意识到了前者,却忽视了后者。怎么维护稳定性?道理也很清楚:减速。问题是谁肯慢下来?美国、日本、中国?你、我、他?不过,我深信,这事情可以协商。现在没协商不等于将来不协商。不肯减速又不协商,就只有等待系统崩溃。系统崩溃后会怎样,大自然还是大自然,只是有些变化罢了,但人类自己毁灭了自己。

懂得超越,便能打开自我(ego)的薄膜束缚,将自身融汇于更大的汤池、海洋。见到珍稀鸟兽草木虫鱼,就想着自己也能拥有,不能说违背常理,但它依然是陈旧的"视他者为资源"的想法。从生存斗争的角度看,资源论有其合理性,但是还很不够,或者不够精明、智慧。人作为人,视外物除了资源的考虑之外,还有更远大更宏观的考虑。即使就资源论资源,也有短期资源和长期资源之分,而眼下人们只看到了当下可为资源的资源。超出资源,还有审美和伦理的维度、层面。我们可以用自然美的眼光、合乎生态伦理的角度,审视他者。审美和伦理自然有功利基础或者资源基础,但是绝不完全还原为它们。

公民教育中应当纳入足够多的环境美学和生态伦理内容。

美育和德育，在现代竞争性社会中，曾被认为是无用的，是无力的弱者的呼唤。其实不然。美育和德育利他也利己，势利者永远认识不到这一点。当然，要扭转大局还需要艰苦努力和时日。现代教育的目标和导向必须改变，要从过分在乎"有用性"向适度在乎有用性转变。世界上存在大量"无用而美好"（诺贝尔奖得主梅特林克语）的东西，人生当中更有大量无用而美好的东西。人除了"主打"（这个词已经涂上了现代竞争模型的色彩）的本职工作，也应当有自己的一种或几种业余爱好。所谓本职工作或正当职业，相当程度上也不是个体自由选择的，而是权力和资本塑造的、规定好的，个体不过在其中"认领"某一项加以操练。

培养一种爱好

了解、学习欣赏大自然，就是一种优良的爱好。在大自然中学习，是植物、动物的天性，徐志摩和梭罗都强调了大自然的教育意义。前者说，平生最纯粹最可贵的教育得之于自然界；后者说荒野胜过若干所哈佛大学。利奥波德讲："一项令人愉悦的爱好，必须在很大程度上是无用的、低效的、耗时费力的，或者与实际无关的。"他在此谈到爱好与主业的区别，故意强调了爱好的无用性。"若去追究爱好为何有用或者有益，会立即将它转变为产业——马上将其降格为为了健康、权力或者利益而进行的不体面的'练习'。举哑铃就不是一种爱好，它是一种奉承，而非自由的宣告。"利奥波德把爱好上升为人之自由的层面，可见爱好之重要地位。

爱好的导向很重要，弄不好就成了不良嗜好。媒体在现代社会中扮演着重要角色，媒体的舆论导向对公众的影响力巨大。有的电视台反复播放离奇的探宝、车手串、挖神草节目，某种程度上就助长了盗挖古墓和非法文物交易，怂恿了不法之徒带着炸药到北京山上点炸药取崖柏（其实炸的是侧柏）的根，鼓励了猎奇者见到珍稀植物就非采不可。这类不道德及违法行为，必须防患于未然。但对于媒体来说，这是较低的要求，或者说是底线。突破了这个底线，就谈不上用什么思想引导人，而成误导人了。不过，事情常常是不自觉做出来的，通常有关人员也并非有意要做坏事，其动机反而光明正大，比如给人们平凡的生活增加一点情趣，让人们热爱大自然，甚至还包括保护生态之类。也就是说，由保护生态的动机出发，在弄不好的情况下，也照样导致破坏生态的实际后果。这类事情，并不罕见，各地纷纷建起的这个园那个园，名义上都是在保护自然、保护生态，实际上移栽了大量野生树木，占用了大量土地，造园的过程中还导致许多树木因无法适应而死亡。以绿化和经济建设为名，引进了许多暂时看来非常优秀、非常安全的物种，而实际上它们均未经过充分检验，等若干年过去，出事了，为时已晚，而且很难追究责任。

我个人觉得，中国的电视台和相关节目制作单位，应当向英国的 BBC 博物摄制组（Natural History Unit）及美国的国家地理频道学习。他们的自然类节目投入巨大，主创团队专业、敬业。投入多和专业两项不用说，十分重要。我特别想提一下敬业一项。工作人员是否敬业当然也与收入和受教育程度有关，但是主要还是个人修养问题。做什么事都要敬业。研发卫星、教书、修鞋、炒菜、养孩子需要敬业，做环境科普、自然解说、生态保护也需要敬业。从业者要打心眼里热爱自己的职业，喜欢花鸟草木鱼虫。敬业，才有可能自愿学习、钻研，恶补必要的知识，在宣讲的过程中融入真情实感，不以无知为荣。说句不中听的话，目前某些自然类节目，让人觉得滥情以及"以无知为荣"。无知未必可耻，但是以此自豪、到处招摇就是另一回事了。

我喜欢艾登堡老先生、E. O. 威尔逊老先生，希望中国出现若干名这样的自然代言人。

2018 年 2 月 1 日

（刘娜 . 家园：生态多样性的中国 . 北京：商务印书馆，2018）

书写云南的香草

　　《滇香四溢：香草篇》是一部写香草的图书，"舌尖上的云南"饮食文化丛书之一。亚里士多德的大弟子、西方植物学之父塞奥弗拉斯特的著作中就记述了一些芳香植物并试图根据其特征进行分类、阐述机理。中国古代的本草、农书、食疗著作也直接或间接记述了大量可食用、作调味料的植物。

　　在中国，随着小康社会的逐步到来，人们开始追求精致生活、绿色生活，越来越讲究特色美食。同时，古老的博物学也有复兴的迹象，人们对自然产出的动物、植物越来越喜爱。在此背景下，一些有趣的作品被译介过来，如生活·读书·新知三联书店的《香料传奇》、北京大学出版社的《绿金：植物＆创造财富的传奇》、商务印书馆的《香草文化史》、百花文艺出版社的《味觉乐园》等。中国人写的也有一些，如《时蔬小话》《餐桌上的植物史》《中国野菜图鉴》《中国野菜图谱》等，古书《救荒本草》也一再被重印。但总体来看，这类书还比较少，特别是缺少细节。我相信，此书的出版有重要意义，会推动各地的出版机构重视推出具有本土特色的博物学、植物、食材和饮食文化作品。最终，本土的才是重要的，才有希望在全世界这个平台上占据一席之地。相反，各地都有的，不具特色，意义不大。

　　在"现代性"的话语体系下，云南远离中心，地处边陲，常与"落后"联系在一起。但是，云南有"两多"，即生物多样性和民族文化多样性。长远看，"两多"蕴藏着机遇、稳定性、可持续性，两多的乘积（不是简单地加和）可以引出更丰富的内容。2005—2006年我们（刘晓力、田松、刘孝廷、董春雨等）曾为思茅（后改名普洱）的旅游规划拟定八个字："两多固本，生态好在"。这八个字用来讨论云南的食材、美食，同样在理。

在我们北京大学校园，差不多每棵草每株树我都认得，因为整个校园不超过800种植物。在北京附近，山上的绝大部分植物我也能认出来，在野外即使不能全部辨认到种的水平，在科属的判断上大致不会出错，因为植物总物种数不超过2500种。但是，到了云南，绝对要谦虚些，几乎没人敢说碰到的绝大部分植物都认识，因为植物有上万种。在北京、上海，也居住着多个民族，但是同质化严重，与云南的情况完全不同。差异之一是，在云南许多民族还保留着自己特有的地方性知识（indigenous knowledge 或 local knowledge），这些知识与信仰、传统、习俗、技艺、生活方式密切关联。这些知识很难移植、标准化，离开了云南的山水、大地，它们就会走样。今天我们应该做的，不是标准化、科学化，而是尽可能翔实地把杂多的知识、事实、口传内容记录下来。

生活在云南的人，可能享受不到现代化的某些方便，却也避免了"现代性"的许多烦恼、顽疾。在饮食上，云南人更是得天独厚，很容易采集到、购买到干净、多样的食材。每到一地，我都喜欢早起逛菜市场、早市。有一次出差，我走进昆明一家普通的农贸市场，很容易找到了十几种辣椒、十几种蘑菇，而北京、纽约、芝加哥的超市根本不是这样，那里的品种很单调。在云南省内，食材也因地而异，比如在大理、丽江、景洪、西盟，可以见到不同于昆明的更具地方性特色的品种。

提到食材、香料，人们容易把它们与不菲的价格联系在一起，的确有些因为稀缺而价高，但是在云南，绝大多数种类在当地很常见，并不贵。它们融入百姓的日常生活，几乎可以随意采集或者购买到。有一年我们在云南景东的一条山谷中考察，中午被安排在一家露天小店吃饭。主人现炖了一只鸡，为每人准备了一小碗蘸料。蘸料是当场制作的，说来非常简单：从房子不远处的一株樟科木姜子树上摘下一些青果，在案板上轻轻拍一下，浸泡在酱油中，这就做成了。那是我第一次品尝木姜子，非常特别，很喜欢。村民说，满山都是，随用随取，不花一分钱。有了这样的经历，后来我到湖南、广西考察，在野外也总是顺便采摘些木姜子果实，甚至还带回北京一些，吃了大半年（干燥后品质下降许多）。2011—2012 年我在夏威夷访学期间，也尝试开发了一种类似木姜子的香料，它是桃金娘科的多香果（*Pimenta officinalis*）。其英文名为 allspice，字面意思是"有多种香味"。文献上讲，把其未全成熟的果实阴干可做香料。在夏威夷登山我常遇到这个外来种，灵机一动，想试试它的叶子是否可做香料。于是就在山坡上采集了一些，用它做鸡翅。没想到出奇地芳香，距厨房很远就能闻到，这导致许多人向我索要这种神奇的叶子。从此，每次上山，都会采回一些分给大家。做多种肉类食品，都可以放入多香果叶。我也试过晒干的多香果叶，但效果差远了。这意味着，最好使用现摘的新鲜树叶。

我不知道别人是否试吃过多香果叶。本质上，这不是件难事。我们的祖先一定试吃过无数植物的花、果、叶、嫩茎、地下茎和根。在彩云之南，多民族世世代代生活在这片土地上，他们有无数机会做出尝试。民以食为天，傣族能把豆科铁刀木（*Senna siamea*）栽种在住所附近充当薪材，非常智慧地解决了可持续利用的难题，也一定较早地把身边的许多植物开发成了美味食物，而且一定符合生态原则。千百年来，云南各地的百姓开发了多种多样的食材，积累起大量极有价值的食物加工技艺。在未来，这样的潜力仍然是巨大的。

《滇香四溢：香草篇》中特别讲述了荨麻。荨麻科植物不是好惹的，密生的刺毛和微柔毛碰到皮肤上，火辣辣地痛（书中讲用艾蒿擦拭可缓解。不知是否真的有效）。但荨麻一类植物的确可食，书中讲独龙族、景颇族早就加以利用了，而近年云南又突然兴起了荨麻煮鸡这样的农家招牌菜。在河北，人们用麻叶荨麻（*Urtica cannabina*）的嫩叶炖土豆吃。在北京，几年前我也在毫无根据的情况试吃了荨麻科的蝎子草（*Girardinia diversifolia* subsp. *suborbiculata*），严格说也不算毫无根据，因为之前我看到日本的野菜书上写了如何吃这个科的一种植物。我胆子稍大一点，就试吃了北京常见的此科的另一个种。结果如何呢？没有特别的味道，能吃而已。说这个例子，是想强调传统需要认真传承，但也不能停步，需要通过"试错法"开发新的食材和相关技艺。此书讲述的植物，有些我接触过、吃过甚至实际栽种过（如鸭儿芹、紫苏、香椿、藿香、辣木、香茅），有些则第一次听说，很想有机会当面瞧一瞧、品尝一下。

胡椒科假蒟、豆科羽叶金合欢（可制作臭菜）、唇形科野拔子、唇形科吉龙草、伞形科鸭儿芹等本土种类，似乎可以再多收录一些，而其他著作中也常讨论到的种类则可以少收录甚至不收录。

值得指出的另一点是，对于衣食住行，学者和读者可以更多地从博物的角度、人类学的角度考虑问题。中国古代文化有极强的博物特色，目前所宣传的"国学"不足以覆盖相关内容。在现实中，香草、食材同时涉及一阶的内容和二阶的层面，都需要广泛调查、整理、出版。

2016 年 6 月 5 日

（徐龙．滇香四溢：香草篇．昆明：云南科技出版社，2016）

大地上的事

本来约定，不啰唆了，但编辑杨虚杰女士讲了若干理由，嘱我写几句，只好从命。

要交代的事情，杨莎在主编序中其实都已讲清楚了。

首先这部小册子不难读，信息量蛮大。真人真事，真情实感，不矫情；以个人视角书写大地上的事情，人在旅途、人与自然。

其次，小册子的作者有许多，但有一个共同点，都是或曾经是我的学生。

现在看，"博物"是个颇有包容性、概括力的古老字眼，经过大家多年的吆喝和等待，不同领域越来越多的人开始对此感兴趣。人类学、民俗学、民族学、植物学、动物学、科学史、环境史、文化史、文明史、现象学、科学哲学等都自然而然地与博物关联起来，工业文明批判、女性主义、地方性知识、科学编史等更具体的话题更是无法绕过博物两字。北京大学自由、包容，我才有机会在哲学系下带博物学文化方面的硕士和博士研究生。我当然能讲出许多做博物的理由，如波兰尼的科学哲学、梅洛－庞蒂与胡塞尔的现象学、现代性反思、科学编史纲领的探讨等均涉及博物。但在现有体制下，严格讲，研究博物并不很合规矩（完全合规矩的事又很没意思）。在相对的意义上粗略地说，博物包含一阶层面和二阶层面的内容，如果踢球算一阶，那么侃球就是二阶。显然一阶与二阶关系密切，缺了谁也不成。但招研究生，并保证研究生顺利毕业，拿到学位，在我们哲学系下是不能做一阶工作的。我们打出的招牌也是博物学史或博物学文化研究，这属于二阶博物。

也就是说，二阶合法，一阶不合法。直接看花、观鸟（一阶）在哲学标题下无论如何是不合法的，而研究他人如何看花、如何观鸟（二阶）以及在此过程中触及的认识论、方法论、存在论经过某种"狡辩"才可能是合法的。这一点让我和学生都很纠结。新生报考时之所以选择我这个方向，坦率说相当程度上是因为一阶，我放在博客上的招生提示中也强调考生要有某一项一阶爱好，如对植物、昆虫、岩石等有兴趣。但是，一旦入学，我便"翻脸"，强调只有二阶的工作才能拿到学位。的确有人声称上当！

我个人一阶和二阶都做一点，本性上更喜爱一阶工作。谁不爱玩呢？一阶与玩关系密切，对于我这样的人，一阶就是玩（我才不管它科学与否呢，我只是借用科学来帮助玩），也是生活。我想象不出，我的个人生活中删除了一阶博物会怎样。我也讲过，"看花就是做哲学"，这当然需要解释。玩与玩不同。

但为了对学生负责，我只能像对自己的孩子一般提醒他们：至少在校的几年中要适当压抑一下玩的冲动，要集中精力把科学史、科学社会学、科学哲学等基础打好，聚焦研究的主题，最终写出一篇符合要求的学位论文，至于毕业后做什么、如何做那是另一回事了。带研究生其实并非只为了让学生拿到学位，教书育人才是根本。教学和作业点评中不断强调二阶，出于不得已，多少有点言不由衷。但没办法，时间有限，如果不这般提醒，多数学生恐怕无法顺利毕业。也确实有没拿到学位的。辛苦读了若干年，多者达八年，竟然没拿到学位，确实非常遗憾。不过，话说回来，有学位怎样，没学位又怎样？学生走向社会，只要个人感觉好，能做对社会有益的事情，一切就 OK 了。

因此，培养学生中，我并非否定一阶博物。实话说，没有一阶的深情、基础，做二阶也不大靠谱。没有二阶指导，一阶也可能走不多远。有机会我也会带学生外出登山、看植物等，也鼓励他们直接与大自然之书打交道。遗憾的是，我的学生中迄今无一人认识的植物比我多，王钊倒是有希望超过我。多年前我提议，由姜虹组织协调，汇集刘门学生的一阶博物工作，我负责找人正式出版，也算鼓励一下他们。也表明，不仅仅强调二阶。我当初提的要求很简单：（1）要真实，最好用第一人称书写；（2）不要写成刻板的论文，尽可能在一阶层面上撰写。后来姜虹忙于写学位论文，此工作就转给师妹杨莎来做，转眼杨莎也毕业了，当大学老师了。

为写此序，又读了一遍学生或曾经的学生的文字，他们很可爱，我对他们更了解了。

也期待其他读者能有收获，博物自在！

2016 年 7 月 11 日于崇礼

7 月 12 日修订于西三旗

（杨莎，主编．博物行记．北京：中国科学技术

出版社，2016）

融入万物，自在生活

一段时间里，凌云女士（《旅伴》杂志执行主编）用颇多精力，或采访各行各业若干"小人物"，或记述动物、植物、矿物、云彩之类"微不足道"的东西，集成了《万物与花同》一书。文字优美，信息量大。副题竟然是"24堂人文自然课"，让人惊奇，想一想也觉得非常合适。"人文"的范围不宜狭义化，这样的题材正是当下人文教育所需要的。

"小人物"是我个人的判断，不仅仅是因为其中包括我（见最后一篇），其他人物在我们这样一个强调影响力、颜值、财富的时代，大约也算不上大人物。这些人不是牛顿、海顿、华盛顿、克林顿，不是伊林、斯大林、王林、王健林，不是马俊仁、马英九、马云、马化腾，也不是高尔基、康定斯基、托洛茨基、布热津斯基、基耶斯洛夫斯基。总之，通常这些人"见不得人"——见不得媒体。能被杂志和图书描写，实属例外。然而，一个社会，一个时代，不能只是大人物、风云人物在那演出。《万物与花同》一书的采访对象，我认识或了解其中的许多位，如王辰、张超、史军、年高、余天一、王铮、刘夙、刘冰等，他们有趣味、有个性，让这个世界多彩。我喜欢他们看重他们，胜过政商演艺界大佬。

其中的"万物"不是美元、宝石、别墅、黄金、债券、比特币。书中所言之物"微不足道"，并非真的不重要，只是在当下他们、它们成不了主角，最多以背景形式出场。"一带一路"是大事情，但对"一带一路"物种大交换的探究，还列不上日程。花鸟鱼虫、流水雪花空气对于人的健康、社会的持久生存，当然不可或缺，但也只是在出了问题时，才令人回忆，如无霾的天空，亦如北京冬季的雪花。前几天（2018年3月7日）我到崇礼滑雪，恰巧赶上一场大雪，激动之情溢于言表。而北京城中人们依然空欢喜一场，仅北部的延庆飘了几片雪花。这一个冬季京城就没有下过像样的雪。

"天地不仁，以万物为刍狗。"万物是什么？人只是生命大家庭中的一个物种。地球上哺乳动物有五千种以上，植物有30多万种，昆虫超出百万种。

万物，我之外的他物；万物是我，是包括自我在内的世界。

就空间关系而论，自我与世界有四种可能的关系。一种关系是我属于世界，我在世界中极其渺小。这是没有人能否认的最基本事实，却容易被现代社会忽视。第二种关系是，我面对世界，万物是我的对象性存在。近现代西方自然科学将这种关系客观化、体制化、正统化。后果有好有坏。万物被降格为客体，我被提升为主体。我于是像打了鸡血一般，时刻准备着在"生存斗争"中取得不错的战绩。恶性竞争似乎成了天理，他人他物是地狱。第三种关系是我包含着世界，我胸怀世界，我的身体中就有大量自然物，如水如细菌，没有它们，我根本无法成活。依马古利斯的内共生理论，生命本来就是共生起源的，细胞中的细胞器就是共生演化的活证据。但共生并未成为硬道理，讲得不多，更不是"缺省配置"。第四种关系是我与外界普遍地"分形"交织着。灵与肉皆如此。分形（fractal）是芒德勃罗（B. B. Mandelbrot）发明的一种几何概念。在媒介层面，上述四种可能的关系中只有第一和第二种被熟知。第一种与第三种相对照，展现了一定的对称性，单方面看都有偏差。第三种与第四种有相通之处，说的是共同体的共生，却都不被重视。当下，唯有第二种最受青睐，最吸引眼球。依托于第二种关系的现代性逻辑鼓励多消耗大产出，展现出了无比的战斗意识：与天斗与地斗与人斗，其乐无穷！或许，在历史长河中，这只是一个阶段的时尚。

万物与名物、博物有关，讲究天人合一的中国古代文化，对此讨论颇多，有人物有文献，只是到现在还没有得到"国学"界的足够重视。直观上就能感觉到古人对万物有不少刻画，多样性如何呢？在大数据时代，我偷懒上网搜索了一下古代诗词，瞬间找到一大堆包含万物字样的句子，列出一小部分如下：

思乐万物。

闲居玩万物。

万物可逍遥。

万物贵天然。

万物各有殊。

万物看成古。

气萌黄钟，万物资始。

至哉坤元，持载万物。

万物资生，四时咸纪。

八音合奏，万物齐宣。

万物资以化，交泰属升平。

皇心齐万物，何处不同尘。

万物我何有，白云空自幽。

遂我一身逸，不如万物安。

君如铜镜明，万物自可照。

缅然万物始，及与群物齐。

风吹一片叶，万物已惊秋。

万物有丑好，各一姿状分。

万物睹真人，千秋逢圣政。

五贼忽迸逸，万物争崩奔。

裁成识天意，万物与花同。

四时与日月，万物各有常。

双棋未遍局，万物皆为空。

万物皆及时，独余不觉春。

文含元气柔，鼓动万物轻。

愿鼓空桑弦，永使万物和。

万物珍那比，千金买不充。

世人久疏旷，万物皆自闲。

万物有代谢，九天无朽摧。

万物庆西成，茱萸独擅名。

大钧播万物，不择蛎与良。

蜾蜌轻二豪，一马齐万物。

善万物之得时，感吾生之行休。

齐万物兮超自得，委性命兮任去留。

万物承春各斗奇，百花分贵近亭池。

万物皆因造化资，如何独负清贞质。

顿疏万物焦枯意，定看秋郊稼穑丰。

心如止水鉴常明，见尽人间万物情。

天纲运转三元净，地脉通来万物生。

谁挥鞭策驱四运，万物兴歇皆自然。

清冷池水灌园蔬，万物沧江心澹如。

处分明兮系舒惨，一人庆兮万物感。

自言万物有移改，始信桑田变成海。

九州似鼎终须负，万物为铜只待镕。

但自无心于万物，何妨万物常围绕。

万物尽遭风鼓动，唯应禅室静无风。

愿陪阿母同小星，敢使太阳齐万物。

万物莫如观所聚，我生强半初相识。

植植万物兮，滔滔根茎；五德涵柔兮，沨沨而生。

　　显然，中国古人对"万物"的界定十分丰富、有趣。我无暇也无能力对用法进行细致分类和评判。有一点是肯定的，我、人类与万物之间，除了认知，情感的方面是极为重要的。对万物有情，才能是有情人，才可能成为一个有道德的物种。

进入小康社会，普通人可能有不同的活法，哲学上讲，人有了更多的自由意志。没有宽容，就没有多样性；没有多样性，就不会有天人系统的大尺度稳定和持续。

身为中国人，我们有义务传习中国古代的智慧。也应当向其他地方的人们、传统学习。如果说我们的文化物我不分，面对我之外的自然物、万物不能保持一定距离去客观地进行深入探究，是一大缺点的话，我想，批评是在理的。但我依然不能完全接受洋人的理念，合适的做法恐怕依然是美美与共。

2018 年 3 月 10 日

（凌云 . 万物与花同：24 堂人文自然课 . 北京：中国工人出版社，2018）

纵横正有凌云笔

凌云女士曾写过《万物与花同：24 堂人文自然课》，单由正标题的发音，有人觉得谐音"万物与花童"。其实也挺合适。

这次作者把五个字的顺序调整了一下，便有了《花与万物同：24 科植物图文志》。

两部书都由中国工人出版社出版，前者属于报告文学，写一批"玩物丧志"的博物爱好者；后者则写 24 个家族（科）的诸多植物，菊科、兰科、豆科、毛茛科、罂粟科、锦葵科、伞形科等均有涉及。由人到草木的过程中，内容也由二阶向一阶亲近。"阶"（order）是个逻辑学概念，表征叙述的层面，并无高低贵贱之分，但降阶意味着更加贴近泥土、物我浑成。

凌云跟我是校友，1994—1998 年她在中国人民大学中文系读书，我则1988—1994 年在哲学系就读，时间上"前后脚"。凌云是地道的北京城里人，据说只是在最近六七年才对植物产生较大兴趣，北京大学汪劲武教授的植物书起了催化作用。在此之前她对插花、画花颇有偏爱，也养过近百种植物，但她谦虚地说"都不精"。大学毕业后，先后在《羊城晚报》《南方都市报》《新京报》《旅伴》供职。在这样的背景下，她通过采访一些人物撰写《万物与花同》，并不令人十分意外；如今专门按科来描写植物本身，推出《花与万物同》，还是令人颇吃惊的。2019 年 3 月才动笔，实际写作时间只有 4 个月。4 个月就写得这么好，非常难得。当然，背后是数年的辛勤积累。正所谓："时人不识凌云木，直待凌云始道高。"（歪引唐代诗人杜荀鹤《小松》）

这部书仍然是一种人文写作。凌云不是科学家、植物学家，此书也不肩负科学、科普的重担。中国文人写草木，并不新鲜，用意通常在人不在物，植物只是比兴的工具、入正题的引子。朱自清《荷塘月色》对莲这个物种有精彩描写，却念念不忘采莲女"恐沾裳而浅笑，畏倾船而敛裾"，最后因当晚未遇采莲人而不免有些惆怅。对此，有人说好有人说不好。因说好的多了、久了，不妨换个角度反思一下。有一次听作家阿来批评中国古人对自然物的描写不够精细，他说唐代诗人岑参是个例外。岑参这样写"优钵罗花"（即雪莲）："白山南，赤山北。其间有花人不识，绿茎碧叶好颜色。叶六瓣，花九房。"已经算比较细致、准确，信息满满。但此诗写到后面，还是未能免俗，依然不出意外地回归于人事，"吾窃悲阳关道路长，曾不得献于君王"。这本书并非如此，它真的就是在写植物，虽然也写了许多人的故事，但无疑植物是真正的主角，这也可视为某种超越人类中心主义吧！中国博物，物我不分，这是事实。不单单是博物，几乎所有方面皆如此。按客观化程度来分，中国古代的情况属于对象化、科学化不足，该批评。另一方面，这也不算坏事，恰好可以纠正西洋过分客观化带来的"生活世界"中意义之丢失。物我不分，过度象征，不是中国博物独有的现象，西方及其他地方想当年也都有很多类似东西，只是西方一支在近代突然发生了转变。发展到今日，走极端，一味强调分、不分、决然的混合，恐怕都过于执着，追求逻辑类型清晰不免做作。白描也好，象征也好，都是需要的。

此外，这本书也明显是在人文式自然写作中有意引入科学分类学内容的有益尝试，这一点特别值得鼓励。24章以24个植物科来划分，条理清晰，物种数恰到好处。全地球的植物不过400来个科，这里就写了24个，想来也占了相当的比例。除了24科的有心设计外，细节上更是努力做到与自然科学兼容，还考虑了科学本身的演化。比如关于地黄、毛地黄的分类地位，它们原来都分在玄参科，现在前者进了列当科，后者进了车前科（见第19章）。这一点即使是在植物学界，也未必人人都清楚。分科过渡到APG系统，在植物学界就遇到很大阻力，许多人觉得不习惯。凌云在书中多次提到APG的分科方案，这对于人们了解新的分类系统也是有好处的。

我在想，凌云写了这 24 个科，再有几人各写 24 个科，相当一部分植物就涉及了。想一想，对于广大民众，植物知识的普及、传习，也是有迹可循的。重要的是选好爱好，做出特色，众人拾柴火焰高。公众植物博物学，不妨从餐桌开始。若食者把每顿饭菜所涉及的可见植物之科（通常不宜细分到种）弄清楚，才动筷子，用不了多久，常见植物的分科问题就解决了。由食用植物到身边植物，再到野生植物，由本地野生植物再到全球植物，理论上都是可以辨识的。辨类知名后，再了解其他的，也就靠谱了方便了。

在人文写作中融入大量科学成分，是一种难得的尝试，通过这种贯通，读者对枯燥的分类学不再抵触，也更容易间接了解到植物的形态与分类方案，对身边的植物有更深入的认知。让百姓了解植物，有多种渠道、手法，哪些更好一些呢？有趣的、能吸引人的，对于入门者来说当然更好些。当用"让"字时，便预设了一个圈外的、更高一层的主体。其实不需要"让"，主语可以是我、我们自己，大家都在圈里。行动主体的"沉没"，恰好代表着公众的觉醒、参与度的加强。

最近，有一批非科学界人士出书来描写自然物，特别是其中相当一批是女性作者，如安歌、丘彦明、阿宝、严莹、涂昕、吴健梅、芮东莉、陈超群、林捷、纪红、秦秀英、年高、肖翠、肖辉跃、半夏，这是极好的现象，代表着我们社会的一种悄然转型。对此转型，我们应当给予高度评价。假以时日，中国出现范诺顿（Berthe Hoola van Nooten）、M. S. 梅里安、伊莎贝尔·亚当斯、埃莉斯·罗恩、伊迪丝·霍尔登、娜恩·谢泼德、蕾切尔·卡森，也是可以期待的。比较而言，女性喜欢植物胜于动物，女性可能比男性更多元、更细腻地感受和理解作为阴性的大自然，女性更趋向稳定、和谐，女性的作为更有助于天人系统的可持续性。在复兴博物学的进程中，一定要特别关注性别视角，在历史上女性为博物学做出了重要贡献、提供了看世界的独特视角，现在和将来她们也一定会继续表现优异。显然我指的不仅仅是科学史、文化史中声名显赫的女性，实际上绝大多数做出贡献的女性没有留下姓名。现代性社会是典型的"男性社会"，不断撕裂着二分法的两个方面，抬高一个贬低另一个。如果认为博物学意义上的

"分形共同体"（fractal community）思想有价值，人们就应当鼓励更多女性发声、写作。男性作家创作时，也要多想想读者中的女性。卢梭的《植物学通信》显然有更多的女性读者，它为女性所写、为更多女性读者所阅读。

　　植物有疗愈功能。想想石竹科美丽的瞿麦为何叫抚子。抚，安也；自己安宁，抚摩他者，令世界和平。关注植物、接触植物，能安抚自己躁动的心，治疗满目疮痍的大地和社会。

　　　　　　　　　　　　　　　　2019 年 8 月 10 日于双鸭山

　　　　　（凌云．花与万物同：24 科植物图文志．北京：
中国工人出版社，2019）

展示巴蜀珍稀植物

四川有山有水，"巴蜀"常用来称谓四川地理和文化，其中"巴"与低地捕鱼人有关，而"蜀"与山地从事畜牧业的羌人有关。四川盆地周边群山环绕，称"巴蜀之城"；成都平原作为中心，为"天府之国"。如今，生活在"天府之国"的人是幸福的，在我看来最主要表现为三：一是懂吃，二是会耍，三是豪爽。很早，巴蜀之地就有灿烂的文明，成都东北有三星堆遗址（1929年首次发现），西北有金沙遗址（2001年首次发现）。最近三星堆再次发掘，引起广泛关注，人们纷纷猜想在遥远的古代，这里生活着怎样的人？那时人与大自然如何互动？发思古之幽情，亦可配合提升当下人民群众生活水平来进行。

当中国迈向小康社会，百姓的期待不是一下子赚上几个亿，也不是当上大官吆喝手下人，而是获得启蒙，实实在在地享受生活。而这就包含认知和审美的培育，其中能理解大自然之精致，欣赏大自然之美丽，尊重大自然之平衡，对于每一个人都有一个学习过程。现代的正规学校教育其实并没有教会我们太多东西，一定程度上还走向了反面。

享受美好生活需要良好的物质基础和精神准备。经过长久发展，对于成都平原的居民而言，这两点均已具备良好基础。但对于更大范围的人群，无论是四川还是全国，都有一定的差距。我觉得《倾听珍稀植物的密语》这本书的策划、出版，是在中华文明全面复兴的大背景下，在人们迈步进入小康社会这一更具体的背景下，出现的新事情。对于物质贫乏、精神贫穷的人来讲，不需要这样的书，那时消费不起（主要觉得它没丝毫用处）。它不属基础科学、技术研发的前沿，也不解决温饱问题，但是有它和无它的含义很不一样。在发达国家，这类博物书早就流行了，而我们这里最近才开始涌现。它是文化发达到一定程度的产物，是百姓生活品质提高的真实表现，它体现的是一个国家、一个地区、一个城市的软实力。不信的话，大家可以到中外图书市场检验一下，比如对比一下法国、英国、日本、美国与其他发展中国家，对比一下伦敦、巴黎、香港、北京、深圳、成都与各地其他城市。

这本书用文字、手绘和摄影图片立体地展示了《四川省国家野生保护与珍稀濒危植物》所记载的、有特殊意义的 142 种中的 82 种植物，用两年多时间整合了许多单位诸多学者、植物爱好者、艺术家的聪明才智，提供了一份精美的精神食粮。我本人到过成都及其周边许多次，甚至有时就是专程看野花，对于书中介绍的植物种类实地见识到的也只是一小部分，个别种类在别处（如青海、陕西、湖南、广西、广东、云南、吉林等）见过。我清楚地记得在野外第一次看见独叶草、星叶草、距瓣尾囊草、四川牡丹、红花绿绒蒿、连香树、波叶海菜花、羽叶点地梅时的激动心情。

此书界面友好，言简意赅的文字介绍和优美的插图，能够为广大植物爱好者"充电"，拓展其"生物多样性"清单。坦率说，除了野大豆、胡桃楸、青檀、喜树等，书中绝大多数植物不容易碰到，生活在东北、华北、华东的人，对它们并不熟悉。这本书对我也有帮助，读此书先做些准备，将来没准儿就有机会在野外见到。当然，在植物园中相对容易找到一部分，但那感觉完全不一样。野生的，就是好；移栽的，就是不自然。这部书对绝大多数读者而言，都有新意，事先完全见识过所有种类的，人数微乎其微。因此，几乎任何人读了此书，都会有一定的收获，只是或多或少罢了。书籍的排版、装帧设计，都很讲究，特别是双页外缘用"方正颜宋体"大字竖排的推荐语，非常特别，很有创意。此书主创者胡君能将如此多的资源整合起来，展现了高超的组织才能和良好的人缘。

欣赏动物比欣赏植物相对容易，而在植物当中，能够从生物多样性、生态系统的角度欣赏植物的，有更高的要求。此书无疑为人们欣赏野生植物，提供了方便。

最后有两点小小的建议：

1. 书末宜提供植物中文名及学名索引，便于读者查找。当下，植物分类系统处于快速变化之中，也有必要在前言中交代一下此书使用的分类系统。

2. 特别期望此书在若干年之后出版第二版，届时再增加60种，达到142种，即把《四川省国家野生保护与珍稀濒危植物》所列相关物种做全。这个"全"是相对的，因为相关的标准和名录也处于动态变化之中，但是若能达到"相对全"这一阶段，此书的意义将发生质的变化，那时它将是全省各部门以及其他爱好者的一份重要参考书，对于经济、社会、文化发展都有参考意义，特别是有利于野生植物保护教学。2018年科学出版社出版过《四川省国家野生保护与珍稀濒危植物图谱》（程新颖主编），一是缺少手绘，二是文字界面不够友好，三是定价太高（189元）。

该书与那一本书读者对象可能不同。扩张一下，做到142种是完全可能的，不需要特别的创新，按现在的路子坚定地走下去即可。为推动此工程，有关部门应当资助一下本项目，立项风险较小，收益却是不错的。

2021年3月29日

（胡君.倾听珍稀植物的密语.成都:成都时代出版社，2021）

墨脱雪山林海中的植物考察

2020 年 11 月 20 日早晨，我如约与混沌大学谈新课程，之后急忙乘 16 号地铁再换 4 号地铁赶到哲学系，完成一年一度的 5 分钟述职（我仅用了 3 分钟），午饭前再赶到静园一院科学史系取来韩启德主任送我的《墨脱植物考察追记》。然后，沿未名湖南岸再看绿头鸭和鸳鸯，到东门地铁站乘地铁回家，下午立即读此书。

这部小书提供了 20 多年前历时 9 个月的西藏墨脱县野生植物采集过程的一份较详细记录，它有着多方面的意义，比如科学史意义，因为孙航（队长）、周浙昆（此书作者）和俞宏渊三位年轻人组队实施了一场此区域史无前例的植物考察。对墨脱的此次越冬考察，共采集标本 7100 多号，3 万份标本，700 多份活体材料，他们后来利用这些材料发表了 20 多个新分类群，2001 年出版了学术专著等。

正如韩启德先生在序言中所说，"植物区系考察担负着摸清国家植物学资源家底的任务，从性质来说属于博物学范畴"，"作者在雅鲁藏布江大峡湾的雪山林海中所获得的对生态规律的了解，以及敬畏和尊重大自然的生态观，这是无法通过任何实验和逻辑推理所获得的"。20 世纪 90 年代初，吴征镒院士领衔"中国种子植物区系"重大课题，其中一项任务是"一些关键地区和研究薄弱地区的区系调查研究"。而西藏墨脱、普兰和云南独龙江等地就属于这样的地区。很快，其他地区均已有人带队考察，唯独剩下墨脱迟迟按兵不动。1992 年 9 月 5 日三位年轻人被吴老派出担此重任，他们克服千辛万苦，最终出色完成任务。

我一口气读完这部类似哈钦松、华莱士、福琼、E. H. 威尔逊野外考察记事的博物学作品，首先想到一个问题：吴征镒院士当年真够胆大、真有魄力，竟然敢让三位不足30岁的年轻人独立在最艰苦的地方采集标本9个月，其中队长孙航还是在读的博士生，这9个月期间只能通过电报偶尔沟通！几十年后，孙航、周浙昆两位教授可敢再让自己的弟子、学生做类似的野外工作？我本人喜欢植物，也经常跑野外，但是绝对不敢放手让学生独立行动，甚至我亲自驾车带学生到户外欣赏植物都提心吊胆。为什么？不是怕完成不了任务，而是怕出事。按现在的"规矩"，学生在校期间出任何事情，都是学校的责任，导师自然分担相当的责任。

三位年轻人打交道的首先还不是大自然中的植物，虽然那是其专业最终要面对的对象。他们与各国各地区历代博物家一样，到边远、语言不通的地区考察，必须先自己活下来，要学会与各种各样的人物打交道，其难度一点不亚于与大自然打交道。如果吃住无法保障，相关人员之间无法做到和谐相处，必然严重影响到野外研究活动。

墨脱这个名字，几十年前我就听说过，早先看过一位驴友发表在一份杂志上的游记，已经忘记是什么杂志了，自己也幻想着有机会去看看。但是自己非常清楚，因为不通公路，这几乎只能是一种念想了。我个人到西藏旅行，也到过此书中提及的拉萨、林芝以及雅鲁藏布江大峡谷，甚至也欣赏了巨柏和南迦巴瓦峰，知道山南边那个神秘的地方就是墨脱。但是，过不去！

周浙昆先生的这部小书，由21篇短文组成，由2017年元旦开始的两篇博客文章演化而来。当时他在中国科学院的"科学网"贴出《德阳沟纪行：墨脱考察追记之一》《进墨脱，从派区到背崩：墨脱考察追记之二》两篇"博文"，引起读者广泛兴趣，《中国科学报》《民主与科学》等报刊随后联系到周浙昆，先后发表了多篇相关博文。在大家的鼓励、怂恿下，作者很快就写成了12篇。在新冠疫情之下，作者再次补充修订，在中国科学院昆明植物研究所东亚植物多样性与生物地理学重点实验室的资助下，图书终于于2020年9月正式出版。

周浙昆满怀激情，态度真诚，文笔流畅，为读者贡献了一部科学文化、博物学文化佳作。阅读过程中，我作了详细的笔记，收获很大，对墨脱有了进一步了解,特别是知道那里有马蹄荷、黄杞、滇桐、刺楸、高山栎、薄片青冈、阿丁枫、千果榄仁、斯里兰卡天料木、马蛋果、多种省藤、鸡爪谷等植物,也知道了团队多方努力还是没有找到龙脑香科望天树等植物。有机会要找来《雅鲁藏布江大峡湾河谷地区种子植物》,更多地了解那里的植被和生态。

书中135页展示的"加热萨乡远眺"图令人想起了河北蔚县草沟堡乡的茶山村,它是华北海拔最高的村庄,2020年我曾专门去看过。相隔数千里,加热萨与茶山地貌却惊人地相似,村庄都坐落在"太师椅"上。作者为当地人诊断阑尾炎、被黑狗盯上、"老鼠可能是取代人类的物种"以及孙航银针治病等文字细节,给我留下深刻印象。书中大段描写了当地向导风格("风格"为人名)丰富的地方性知识:"在墨脱,我最佩服的人当属风格,在我的眼里,他无所不能,在茫茫林海中辨别方向,爬到四五十米高树上帮助我们采集标本,过溜索如履平地一般,他对植物的辨识能力可以达到属级水平,和我的差别仅在于我知道植物的拉丁名,他知道植物的门巴名,而且他认识的植物甚至比我还多。"(第110页)作者能这样书写,非常不容易。它是真实的,对地方性知识的尊重,可从联合国教科文组织(UNESCO)世界科学大会文件确认,却不大为当代主流教育者所重视。作者始终表现得很谦虚,不吝笔墨一再讲述当地村民、军方、地方政府对团队的多种帮助,从来没有吹嘘过自己有多大本事。这是一种值得赞扬的人格和文风。

到目前为止,中国科学家、博物学家还很少书写和出版游记、考察记、日记。它们信息量巨大,是科研过程的重要记录,是科学文化的组成成分,是科学史研究的重要材料,应当得到重视。科学家不宜光顾着用外文在国外发表论文,也应当用母语向自己的同胞分享研究的乐趣、目的、成就、困难、得失。特别希望更多的中国地质学家、冰川学家、植物学家、动物学家、生态学家、保护生物学家、国家公园管理者以及普通的博物学爱好者更多地撰写并公开出版相关博物类作品,因为相关内容能增长见识,也有助于培育公民对大自然的情感,也能吸引更多年轻人加入研究行列。在此我也愿意提及徐旭生(1888—1976)的《西游日记》。九十多年前启动的"中国西北科学考察"并非单纯的自然科学考察，而是综合性的多学科考察。哲学与那次科考也有关系，在通常的历史叙事中常常遗忘或淡化这一点。其实那次科考的中方团长是徐旭生（徐炳昶），本来是学哲学的，为留法哲学博士，回国后曾任北京大学哲学系教授、北大教务长以及哲学系主任。徐旭生公开出版的日记，为我们保留了许多重要历史的信息。[考察团的团员中还有北大哲学系 1918 年毕业生黄文弼（1893—1966）。当然，后来徐旭生改行研究历史，黄文弼改行研究考古，皆成一代名家。之所以记得徐旭生，因为此时我在哲学系下谋生并喜欢博物，提及他可为自己行为之合理性提供一点辩护。]

最后提一下此书编辑上的若干小问题，出版社做此书，还可以更用心一点。

71 页，"措措动人"应当是"楚楚动人"。顺便指出，"措措"有"石榴"的意思。

138 页，"大峡湾中的妠兰"，可以肯定作者是写"大峡湾中的杓兰"。但是，即使是那样也有问题，因为书中图片展示的明显是兰科兜兰属的一种植物，而不是兰科杓兰属植物。

书中每一篇文章"篇首图"目前都是一样的，如果能够换成与本篇内容直接相关的、更具体的考察线路图，对读者会更有帮助。特别是第 4、第 5 篇描写进入墨脱的过程，如果有线路图，会大大方便读者。仅有文字描述，对于没有到过西藏的人，看到一系列地名可能没有感觉。

因为先前作者的博客文章是单独写成并贴出的，为了照应，当时各小文之间不可避免地有一些语句重复。汇总到一起成书时，编辑应当适当加工，去掉重复或者减少重复。现在有些句子多次重复，比如关于 2013 年前墨脱不通公路的事至少重复过四次，被珞巴族女主人请到家里喝茶的故事仔细讲过两遍（参见 111—112 页和 134—135 页）。

也表扬一下美编：封面设计得很好。

刊于《中华读书报》，2021 年 1 月 27 日

纸上嘉卉告往知来

　　爬高山大岭，累得上气不接下气之时，猛然间满树野花呈现在眼前，你的心情、感受会完全变个样，觉得一切付出都值得。当然，不是任何的一类野花都有此等效果。要似曾相识，事先知道一些信息，却又未曾亲眼见到；期待邂逅，急切又有些许挑剔，跟初恋差不多。

　　当我初次翻阅书脊厚达54毫米的大部头植物绘画图书《嘉卉：百年中国植物科学画》时，有类似感觉。近900页的大书，不可能一口气读完，我下意识地以最快的速度把全书翻了一遍。引起注意的首先是图片！

　　冯晋庸绘的浙江红山茶和卵叶牡丹、曾孝濂绘的珙桐和洱海南星、严岚绘的伯乐树、史渭清绘的舟柄铁线莲、陈月明绘的当归、钱存源绘的庙台槭、吴秀珍绘的大花四照花、王红兵绘的马缨杜鹃、马平绘的硬阿魏和薏苡等，真是精美啊！"精美"是瞬间能想象到的很朴实也不算离谱的形容词。这些纸上草木，像大自然中的芬芳一样秀美、雅致；爱后者，就不可能不爱前者。

一、重要的历史文献

　　可是坦率说，这样优美的植物绘画，中国百姓并不容易见到，植物界的朋友虽然知道这一艺术包含的价值，也难以一下子目睹如此多的精品大作汇聚于一册。植物爱好者平时翻阅中国的各种植物志，经常遇到植物画，但是感受可能非常不同。差别在哪呢？主角和配角的差别！植物画为植物科学服务，这似乎是无须提及和反思的前提，因而长久以来，植物科学画虽是一个独立画种，却少有机会以主角的面目登台展示。即便某地几十年中举办几次展览，能够到场欣赏的也是极少数人；而印在书中，图片有时又小又不清晰。此次不同，它们以"较大的面积"印在了一部宏伟的作品中，理论上全国人、全世界人都可以欣赏它们，它们是永不撤展的艺术品展览。《嘉卉》这部书也成了所有想了解中国植物绘画（不限于科学绘画）的人，绕不过去的历史文献。它是中国的，也是世界的。许多中国人、外国人未必对土地、山川甚至植物本身感兴趣，却可能对这本书的植物画作感兴趣。

这是怎样的一本书呢？它的维度、侧面非常丰富，全看读者的背景和兴趣点在哪。不同人会有不同的喜爱方式，很难想象翻开这本书的人会不喜欢它。我就见到一位评委，既不会画画也不懂植物，拿起这本书就不愿意放下，他非常喜欢。

在我看来，《嘉卉》首先是一部综合性的、集中国植物科学绘画之大成的作品集，具有极其重要的史料价值。经常见国外的多种植物绘画作品集，却少见我们自己的。中国古代传统绘画中有许多植物画，而且有的水平很高，但是中国植物科学绘画起步很晚。与经验科学之植物学相结合的、自然主义的、反映植物形态与解剖结构的绘画，我们是跟洋人学习之后才做起来的。就启动时间算，与西方发达国家相比，大约有400年的差距。中国学者、艺术家非常聪明且努力，在不足100年的短时间里，就做到能与他们平起平坐。中国人的植物绘画作品每次对外展出都令人刮目相看，老外甚至琢磨中国怎么也有如此高水平的东西。当然，这些作品并非为了专门迎合老外的某种爱好、欣赏习惯，它对我们自己的科学技术、经济生产、文化建设都是重要的。植物志是一个国家综合实力的象征。没有好的植物志，这个国家中其他事业也不可能发达，而要有好的植物志，除了标本采集和分类外，相应地必然有一批植物画师，单凭照片不行。

书中的作品是在怎样的社会环境下产生的？说得简单点，它们大多是编写植物志的产物。没有什么比当年编写各种植物志，特别是《中国高等植物图鉴》《中国植物志》这类大项目的拉动，更能解释何以诞生了这么多绘画人才和作品。

其次，《嘉卉》的策划、主编、编辑并不想把这本书仅仅作为一部专门画册呈现，而是设计了多条线索，使之还具有传播植物分类学、介绍中国植物学史的功能。此书的附录二特意邀请王钊博士撰写了中国古代植物图像简史部分。这样的考虑增加了编写、选材、设计和编辑的难度，但也因此成就了此书多维、信息量巨大的特点，不同领域的读者都能从中受益。

再次，精选作品的呈现方式非常讲究。在260毫米乘以185毫米的页面中，专门划出140—190毫米乘以125毫米的图片展示区，其上部、左侧、下部均为相关文字描述区。这种划分恰到好处，看似平常，却包含着多种道理，既美观又有秩序感。图片上部和左侧的上部用来示意植物的分类学位置，交代植物的学名和植物画的作者等。图片左侧的下部和图片的下部用来描述植物，特别是还附上了对画作的简要点评。图片上部、左侧、下部的内容中都明确标出了作者，既尊重当事人，也明确了责任。

最后，包含重要的历史文化信息。内容的取舍和表述方式（比如涉及个体人物的贡献大小）一时不可能做到让所有人满意，但是它提供了"一家"之言，史学家对其不必全信，但可以作为有价值的参考。特别是"中国植物科学画的人才与队伍"一部分，从冯澄如、刘春荣、冯钟元、冯晋庸、曾孝濂、陈月明、马平、杨建昆等，一直讲到朱善玉、李爱莉、孙英宝、田震琼、严岚、李聪颖、刘丽华、余天一、鲁益飞等。可以说这本书为进一步研究近现代中国植物绘画史提供了丰富的线索。

这是部分当事人自己编写的历史。修史一般不在当代，因为太近了有些宏观结论吃不准，评论不保险。可是，如果等到许久以后由局外人再来写历史，许多细节就永远丢失了。我个人赞成趁着许多人在世，能者多劳，大家都来写历史。不要怕谁歪曲了历史，写的多了，史实互相可以印证或证伪；读者也不是傻子，内行读者能够权衡各家说法。

二、提供了充足的讨论空间

这样的大部头作品不可能没有缺点，有时优点就预示着缺点。

1. 策划与主编对此书的预期目标显得稍多，多条线索想权衡好比较困难。把真菌包含进来，以现代分类学的眼光看不成立。这样做倒是有历史依据，当年许多画家既画蘑菇也画植物。主体部分左侧上部的分类层级从"门""纲"一直细化到"科"，意思不大，其实说清"科"就足够了；对于指定的系统，有了分"科"信息，"科"以上的层级都确定了。还不如利用这部分空间标出民间常用的俗名，俗名表征地方性知识，它连通古今和雅俗，是植物文化的重要组成部分。

2. 理念上强调"科学"，对"画"的重视程度还不够。这两者当然都重要，但"画"应当排在前面。这在许多细节上均有显现，比如对植物画家的排列对用户而言极不方便。理应按出生时间依次排列，便于检索，而现在更多考虑了人物原来所属的单位。其实单位信息在条目内讲清楚即可，除了史学工作者外多数读者并不在乎某人是哪个单位的。将植物画作者分成植物学家、非植物学家、新时代植物绘画新人，理由也并不充分。岗位是啥不重要，画得好才是功夫。

3. 页码位置不可接受。偶数页码标在下部中间，勉强；奇数页码标在下部左侧（即靠近书脊的内侧），读者阅读不方便。应当一律标在下部外缘或书腰外缘。

三、对植物画未来的一个宏观判断

植物画中包含植物科学画，还有许多别的。植物画将进入一个新时代，实际上也是回归、接续近代科学之前的老传统。大尺度上看来，科学于中途介入、留下了一笔浓彩。我在一个图书展上讲过这个观点，曾老师似乎也同意我的判断。正在走向过去的是植物科学画（botanical illustrations）

的时代，作为历史研究有很多内容可以挖掘。此书算是一个初步总结，功劳巨大。植物博物画（natural history drawing of plants）将代表着一个新时代，恰好因为有这个新东西，才把即将消逝的辉煌凸显出来。

说直白一点，未来靠科学（家）恐怕也靠不上，因为各种科学植物志已经基本编完了。俗话讲"队伍不能散，人才不能流失"，其实这不可避免。队伍早就解散了，人才所剩无几，弄不好再过若干年就会消失。科学基金、科研单位不会再专门资助、养活绘画人才（不等于不会偶尔用一下），植物画将来要服务于普通百姓的"生活世界"，而不只是服务于科学家的"科学世界"。随着小康社会的到来，人们对植物的欣赏、利用必然多元化，可能会愿意花钱收藏相关的作品，我个人也看好植物画的未来市场。有人不肯承认这个趋势，不必辩论，指出一些现象就够了：当年植物科学画的精美作品去哪了？相当一部分不知道躲藏在哪些旧纸堆里，有的被当成了废品。在若干植物志上，植物画被抄来抄去，连作者名都不署。指出这些不公正待遇不是要贬低创作者、科研管理者，而是要提醒大家醒悟过来。基于科学的植物绘画在中国扎根，非常关键，是一个重要阶段性基础，我国已经取得相当的成就，但时代变了。相关人士要有危机感，应当利用好博物学复兴的机会，完成转型。在世的老一辈植物画家要向曾孝濂老师学习，争取多带些徒弟，不要让手艺失传。毕竟未来要靠不占科学岗位的年轻人。现在的主要问题是年轻人如何把植物分类学、形态学、解剖学甚至生理学、生态学与绘画技法结合起来。这时，请师傅"传帮带"就显得重要。对年轻人，不用特别担心技法，他们自学能力超强。

顺便提及，近期陈智萌编著《博物与艺术：冯澄如画稿研究》、马金双主编《中国植物分类学纪事》两部大书都很不错，一时间让植物学散发出十足的人文气息。植物，养育了我们；我们可从实用角度也可从审美角度、从文化的角度来看待植物。

　　　　　　2020 年 4 月 26 日于北京西三旗，2020 年 5 月
　　　　8 日修订于肖家河。此文删减后刊于《人民日报·海
　　　　外版》，2020 年 5 月 14 日

博物视角与中国美术史的重写

  冯澄如（1896—1968）先生是现代植物绘画的开拓者。评价先生这类绘画的性质和文化价值，需要合适的气氛和眼界。俗话讲，人穷志短，仓廪实而知礼节。"人穷"不是指经济上缺钱，而是指时空格局小，人处于困境之中。当国家处于困境之中，内忧外患不断、民不聊生之际，即使个别先知先觉者做了极重要的工作，整个社会、史学工作者更不用说普通百姓，都不可能感受、恰当评估先贤所为的意义。身处那样的环境，当事者本人亦可能意识不到自己工作的长远含义。

  第一层面，冯澄如的绘画展示的对象主要是植物、动物，作者观察细致，艺术手法娴熟精细，作品直接为当时的自然科学服务。这毫无疑问，先生当时做得很棒，现在仍然是学习的榜样。冯先生独自或参与绘制的《金鱼外形的变异》《树木图说》《中国蕨类植物图谱》《中国植物图谱》和编著的《生物绘图法》等，有着明显的自然科学背景、烙印。今日科技发达了，有了更多形象展示自然、生命、科技过程的手段与方法，显微成像、宏观摄影、雷达、射电望远镜等都延展或部分取代了原来绘画所扮演的角色。对于发达国家，各类植物志、动物志已经出版了好几轮，绘画在其中的作用专业学者及普通读者是高度认可的，但黄金"春天"已过，组织人马大规模绘制动植物的时代已经一去不复返了。不过，人们还承认，这类绘画依然有现实意义，比如发表新种，比如为了描写特殊的现象和过程，还会用到它们。也就是说，为了自然科学，直接服务于自然科学，是冯先生所从事的这类绘画的一个基本动机、功能。

第二层面，冯先生的绘画并不只是为了自然科学而自然科学。它们不仅仅是科学绘画，也是博物绘画，后者生命力更强、受众更广。即使在当时以及在那之前，博物（natural history）与自然科学（natural science）也是交叉并行的，要论先后也是博物在先、自然科学在后。治科学史、文明史、文化史的学者喜欢凡事向前追溯，把如今人们已经习以为常的事实、现象、活动、事业等向前寻根，寻到近代早期、中世纪、古希腊等等。在西方文化的早期，博物是有的，自然科学有没有，要看定义。西方从古希腊到近代早期，与现在所说的经验科学比较接近的是 natural philosophy，字面意思是自然哲学，严格讲不能那样翻译。那里的 philosophy 与现在讲的哲学含义不同。类似地，natural history 之 history 是宏观层面探究之义，与"历史"无关。粗略地说，早期 history 与 philosophy 都是探究、研究的意思，差别只在于前者更重视经验后者更重视推理，而"逻辑＋经验"恰好构成近代科学的两大不可或缺的要素，于是近代以来两套探索进路合并而成为我们今日所学、所从事、所推崇的"科学"或"自然科学"，也就讲得通了。问题是，比较而言，natural history 的传统更久，包含的东西更多更杂，或者说探究的范围更大而研究的深入程度可能不够。于是，可以猜到，natural history 的大量东西是无法并入"自然科学之筐"的，任凭后者的"筐"有多大、多主流。剩下的，装不进筐的东西怎么办？未来有可能装进筐的今日如何办？近年来我提博物与科学之"平行说"，也是想强调两者虽有交叉，但过去、现在以及将来都平行存在、发展，不能把一个视为另一个的真子集。还有一个小问题需要啰唆一下，natural history 以及 natural philosophy 词组中的形容词 natural 是什么意思？"自然的"意思。没错，但这并没有解决问题。有人讲 natural 是关于对象的，即相关活动所面对、所处理的东西是自然物，从业者研究的是自然世界。好像也在理，也包括这一成分，但是以 natural 修饰的研究，并不限于自然物、自然过程、自然界，比如可能是关于民族、独角兽、龙、爱情、语言、思想的。单纯把相关研究解释成某某志，也不是很贴切，可能遗漏了重要的方面。我认为除了关于"自然对象"解释之外，还有更重要的研究方式、研究进路的成分，即此类研究与自然主义（naturalism）态度、方法多多少少相关，它们是某种意义上自然主义式的探究。自然主义与超自然相对照，不一定与当下分析哲学、科学哲学讲的自然主义、物理主义直接相关。也就是说，natural history 以及 natural philosophy 强调的是非神化的、非神秘主义的自然而然进行的研究，这个"自然而然"反而与汉语中"自然"的意思在语义层面（不是语用层面）差不多，当然具体所指可能很不同。

冯先生的绘画作为科学绘画，满足了科学的一时之需。科学是"快变量"，科学"喜新厌旧"，时间久了，那些绘画之科学意义则在淡化。这是不争的事实，只是人们不愿意明说出来。如果恢复冯先生绘画的博物含义，把它们还视作博物绘画，则满足的不再是一时之需，而是长远之需，其价值就不会因"狭窄的"自然科学而快速衰减。长远看，冯先生博物绘画的价值不降反升！在历史、文化的大舞台上，自然科学也只是其中一子系统，我们应当从更大的时空尺度来看待现象。如今，谁对冯先生的绘画更感兴趣，科学家、艺术家、普通百姓？不好说。极个别科学家可能仍然感兴趣，但是不可否认的是，就自然科学的层面和范围来讲，从冯先生的作品已经很难挖掘出有直接自然科学价值的东西了。但是，把它们视作博物绘画，把它们与中国历史上其他多种博物绘画以及西方历史上及同时期的作品相比较，则极有意思，能研究出许多东西，也能说明许多事情。

第三层面，在博物绘画的基础上，再上升一步，从艺术史的角度看冯先生的绘画，把它们视作独特的艺术作品。这时就有一个问题了，如该书作者已经讲过的，中国的艺术界或美术史界不大关注这类作品，即使关注了，对其评价可能也不是很高。这也是事实，有深层的美学、哲学、文化因素。中国艺术史、美术史界长期以来重视高远精神意境的展现而忽略写实意义上的细节展现，把后者视为匠人作品：套路明显、格调一般、境界不高。这类观念古已有之，时间长了，形成正反馈，出现了马太效应。导致一些作品境界越来越高，以至于不像美术作品了，实际上有病态发展之嫌。而另一类作品，在民间虽然颇有市场，但在画论、在艺术殿堂中没有足够的地位，得不到鼓励，发展受到限制，与西方同类艺术作品相比精致化程度不够。这只是超宏观层面的一般猜测，具体情况还得等详细研究后才能讲清楚。中国人对自然物的观察和艺术表现，是不是不如西方人？这都需要具体问题具体分析，放在一定场景、语境下讨论，不宜笼统空论。中国古代有许多博物艺术作品，数量相当庞大，特别是宋代到清代，皇宫中也有许多藏品，但它们极少有机会落入艺术史家的法眼，被写进艺术史著作。现在需要转变观念，重写中国艺术史、美术史。第一步是解放思想，转变观念，更加重视各行业里中国人的"生活世界"。这甚至与所谓的"国学"有关，理论上"国学"岂止是那些仁义道德说教和不着边际的意境抒发？第二步是收集、整理、出版基础性材料。需要下功夫，老老实实做，界面友好地全开放地做，不能只面向有权有势的少数人。第三步是长时间缓慢地进行深入研究，撰写史学、美学、哲学作品。

与艺术层面相关可以单独列出一层，也可以放在一起讨论的，便是人与自然的关系。绘画，从岩画就开始的这种古老行为，最终展现的是具体的人与具体的大自然的具体的关系，也反映一种文明、一个时代人与自然的互动。可以聚类多种具体，概括出一般。艺术创作展现的"人与自然"，是众多人与自然中的一个侧面，极为重要。当今社会，人与自然关系出现严重问题，艺术界的展现和话语，值得充分考虑。此侧面的展示、解说，有可能弥补以自然科学及其技术为主旋律所揭示、所塑造之"人与自然关系"的不足。

人与他物与自然世界是什么关系？事实上如何以及应当如何？理论上，人可以机械地活着、科学地活着、艺术地活着、博物地活着，以及不假思索浑浑噩噩地或者自然而然地活着，但实际上，具体的现实施加了许多限定，给人留下的选择不多。在此境况下，如果信息闭塞、思维一根筋，人生局面可能就不够好。

重温冯先生的绘画，让我们有了看见历史、反思自己、展望未来的一个好机会，感谢作者提供这样一部书。

　　最后提一个小愿望，大概是一厢情愿：冯老是特殊人物，冯老的作品宜广泛收集，统一收藏、研究、展示，不宜因一般意义上的拍卖而散落于世。先生作品的文化价值远大于市场价格。

2019 年 3 月 16 日于北京西三旗

（陈智萌.博物与艺术：冯澄如画稿研究.北京：文物出版社，2019）

运用个体的致知能力来感受植物

这是教初学者认识身边植物的一本小书。

它不同于大学植物分类学教科书或者某一地区的综合性植物志，它不追求体系的完整性，却讲究实用性，它会把大家带入"植物界"（vegetable kingdom 或 plant kingdom）——英文字面意思是"植物王国"。全世界有植物 30 多万种，中国分布着十分之一左右，大约 3 万种，北京也有两千多种，因此植物可谓种类众多。

我们是学生、普通百姓，不是专业科学家。我们认识、探究身边的植物与科学家的做法可能不同，也可以不同。科学地辨认植物以及科学地研究植物，十分专业、十分必要，但是它只适合世界上很少一部分人。科学值得尊重、学习，但是它也只是一种或者一类重要的研究方式和知识体系，除此之外世上还有许多别的探究方式和知识类型，不能说前者重要后者不重要。特别是，不能因为我们暂时没有成为或者将来也无法成为科学家，而放弃感知、认知、理解植物的机会和权利。因此，我愿意鼓励大家，一开始就记住两个字"我能"！听着有点像传销或者某种培训？

普通人能不能认识植物、认识足够多的植物，比如 50 种、100 种、300 种、1000 种、2000 种？回答是，没有问题。即使不识字，也能做到。不信的话你可以考考农民、家里的老人。先不说 100 种以上的情况，就以 50 种为例，任何人都有能力认识 50 种身边的植物，实际上这个数字严重低估了。走到大街上、走进校园里一眼就能看到许多植物，上了餐桌，一顿饭就能遇到许多植物，只是我们是否留意了它们。它们叫什么名字，如何区分它们，它们开花时什么样？

认识 50 种或更多种身边的植物，用什么办法？有许多办法，都是可行的，可以做到殊途同归。在大学有大学的讲法，在小学有小学的讲法，在社会上有社会上的讲法；在农村有农村的做法，在城里有城里的做法，这本书也提供了适合初学者的方法，如"五步法""叶子识别法"等。实际上，为了让大家树立自信心，我愿意这样讲："怎么都行。"（科学哲学家费耶阿本德语）因为每个人都有自己独特的致知能力。面对未知，只要我们用心关注它，不管用"五步法"，还是用"望闻问切"（中医）、"视触食嗅"，都有可能搞定它，甚至我们根本不需要知道方法的名称。比如，我们都认识身边关系密切的一些人（朋友和亲戚）和远方一些不相干的人（政治人物、娱乐明星和体育健将），问一下自己：用了什么办法？恐怕一时说不清楚。也就是说，我们"稀里糊涂"就认识了他们，这个必须得肯定，它是一个基本事实。当然会涉及一些方法，但在方法之前，比它更重要的是"关注"，没有"关注"，就不会"动用"方法，对人体而言，就不会"启动"我们的致知能力。"关注"算什么本事？不算大本事，但是一个人关注什么，体现一个人的品位、能力，预示着人生前景。关注身边的植物，绝对值得，丰富的植物值得我们一生关注。为了提升认知能力、为了改进我们的日常生活，也为了维系平衡的生态，我们都有必要关注不起眼的植物。但我不是说只能关注或者必须关注植物，不喜欢植物的也可以关注飞鸟、蜘蛛、昆虫、岩石等，大自然足够丰富，"总有一款适合你"（好像又像某广告词）。

有了"关注"，就会有相应的初步观察，就像你喜欢一个人一样，你会在多种环境下轻松地识别出他（她）。你是如何做到的？你不可能去量其鼻子的具体尺寸、脚的大小、小腿的长度，但只望一眼背影甚至只听到一声咳嗽，你就能断定是他（她）！通常非常准确，也有出错的时候，但不多；即使有，而你有学习的本事，也会马上修正，下次就不会犯同类错误了。于是，"关注"是一种动力、一种意象性认知。现在，所需要的只是把关注的对象从人物扩展到植物。不是让你放弃你原来的喜爱，而是拓展一下。

时间有限、人的精力有限，关注的东西多了自然会分散"能量"、降低认知效果，但是同时也可以触类旁通、彼此促进。对于年轻人来说，认知潜力巨大，几乎是无限的，不会因为兴趣的一点点拓展而耗尽身心资源、潜力。简单点说，大脑不会被占满的，相反会激活它，令其发挥更强大的认知能力。

在不晓得什么方法最适合自己时，不要为方法而纠结，可以单纯地记住 20 种、50 种常见植物。然后再慢慢总结规律性。想一想自己以及他人是如何提取规则性的，从植物的根、茎、叶、花、果都能提取特征形态信息及其他信息，不断练习、巩固，我们自己的个体认知能力就会提升。科学哲学家波兰尼（Michael Polanyi）特别强调个人致知和个人知识，他写了一本大书就叫《个人知识》。初听起来，可能觉得不可思议，在公共知识、客观知识大行其道的现代社会，为何要强调个人知识？三言两语说不清楚，先要记住，波兰尼是一位优秀的哲学家，他说得颇有道理。简单说，人类个体要想创造新知识，必须经历个人知识的阶段；反之，要学习已有的公共知识，也必须得把它下载、化归为个人知识才能为自己所掌握。

我不是说只能敝帚自珍、只关注自己的一点小心得，那样做是不经济的、不聪明的。关于植物，人类已经积累了大量知识，关于辨识植物，已有许多可用的靠谱方法，它们经过了反复检验。到了一定阶段，聪明的你一定不要拒绝它们。

最后，再说三点：第一，单个地辨认植物有时反而难，一时摸不着头脑，可以一窝一窝地认植物。全球 30 多万种植物可分作一定的类型，最基本的分法是分"科"（family）。科数并不算多，一共才 400 多个"科"，北京的植物一共才 100 多个"科"。这些科相当于"筐"或"抽屉"。某种意义上，接触不认识的新植物，不要急着一下子分到"种"，而是先猜一下它属于哪个"科"，即应当放到哪个"筐"中。"科"确定了，它所属的大"家庭"就清楚了，想进一步查所在的"属"和"种"也就容易了。长期关注一些植物的"科"，自然而言就能总结出一个科的植物的共有特点。第二，认识植物不宜贪多求快，不要强迫自己。可以慢慢来，重要的是坚持。我给出的建议是：一周认识一种植物（当然你也可以一天认 10 种、30 种），这个不难吧？但想一想，一年有 50 多周，坚持一年也就能认识 50 多种植物了，积累三年就会小有收获，况且过程中不会是单纯数量的积累，到了一定时候知识自然会融会贯通起来，能力会加倍提升，那时就进入正反馈循环，可以快速认识更多植物了。其间，一定也会有挫折，有搞不定的情况，这本书中有一句话非常重要："一直看到它开花！"如果植物就在附近，一时认不出也没关系，只要一直关注着，时常观察，等到它开花，就好办了。花是比较稳定的分类器官，看到花的形状，你就容易猜测它具体是什么了。第三，不要轻易打听植物的名字。这个劝告似乎与通常别人给出的意见相反。可以适度询问，但不能一直问。通过自己的努力，认出一种植物，是一种成就。关于植物的名字，过度"不耻下问"其实并不值得鼓励，因为那样得来的知识太廉价，自己印象不深，很快就忘了。

2020 年 9 月 11 日

（韩烁，刘莹．认识北京常见植物：木本篇．内部资料）

从小感受与我们相似的具体生命

看到这部"植物导师课"的成果，非常欣喜、振奋。我相信，今后在全国各地类似的实践会越来越多。编者在后记中提醒，这不是普通意义上的科研"成果"。的确，它不是那种高精尖的科技成就，也不是论文或调研报告，但对于成长中的青少年来说，它是一份非常重要的收成、礼物，对于自然教育、博物研究、身心健康教育来说，它是我们苦苦寻找的活教材。

我们伟大祖国各项事业蒸蒸日上，中国人过上了越来越好的生活，生活在家乡或者走到世界各地，都越来越有尊严。这与生产力和劳动者的受教育水平有直接关系。世界各地的华人家庭，相比于其他族群的家庭，更为重视下一代的教育，这可能与民族文化传统有关。重视教育，是一项好的品质，在激烈竞争的环境中这就决定了这个民族的未来。

不过，在竞争日益加剧的社会中，一些家庭和许多教育部门过分"重视"子女的教育，过早或过多地开发孩子的心智，以教育的名义占用了本来属于孩子的宝贵童年时光。这样就不自觉地走向了反面：表面上或者短期看，这似乎有利于自己孩子的快速成长，甚至出人头地，但是它违背了教育的根本目的，破坏了游戏规则，加剧了竞争，最终也会伤及自身。早熟的孩子后劲不足，片面的教育容易造就狂人和病人。而狂人和疯子比傻子和平庸者，对社会对地球的危害更大。

最近，《大数据分析帮你进一步认识苏轼》《苏轼的旅游品牌价值》《今人对苏轼的评价及苏轼的影响力》等系列小学生"探究"成果不断刷屏。原来某著名大学附小的学生用大数据分析了苏轼三千多首诗词，写成论文，展现了小朋友"高大上"的研究成就，令普通成人甚至研究生惊叹不已。但不久后，北京大学一位女教授发言："看完文章和该公众号列出的学生的'小课题'后，我的忧虑早就超过了欣喜。"的确，我也非常反感这类揠苗助长式的"小老样"研究，这类探究式学习并不是在真正帮助孩子成长，对其他地区学校、孩子也有误导性。

我个人已经连续几年婉拒充当北京市和全国青少年科技大赛的评委。以前曾参与过几届，发现问题较多，最主要的一个问题还是急功近利。许多探究和论文远远超出了青少年的身份，有的甚至比研究生写得还完整、深入。这样做对个人、对学校、对国家究竟意味着什么？学生得了奖本人确实高兴，履历上也增加闪光的一项，学校自然也有收益，但是长远看对个人对国家都没什么好处。这样的同学长大以后也未必出息，不会比著名的少年班成员好多少。特别是，创新大赛许多项目背后显然有高手相助，大学教授、研究员家长的影子时有闪现。为了突出学生个人作为创新主体的参赛要求，背后高手的痕迹又被刻意隐匿，有的连相关致谢都不敢列出。这样做，与不恰当引用甚至剽窃在十步与百步之间。

说到底，什么年龄做什么事，小孩子没必要装大人，无论以何种名义。

急什么呢？青少年成长，应当是全方位的，身体、情感、知识、能力等应当协同发展，一切要顺其自然，按照一定的顺序、节奏推进。成长中也要特别注意个体与大自然的接触。环境是人的身体的外延，孩子在成长中全面感受身边的大自然，才能成长为一个健全的人。他（她）借此可以领会自己的祖先如何过活，理解人类社会的运作如何整体上依存于自然世界，从小对大自然心怀敬意和感激之情，长大后才有可能注意生态保护，关心天人系统的可持续生存。感受，是广义的认知，不同于狭义的科学认知，更不同于知识创新。孩子光着脚在泥土上走一走、抓一把沙子、拾起一片秋叶、在林中被树藤绊倒、膝盖摔破一块皮、皮肤被虫子叮咬等，都是成长中必须经历的，此过程也必然长见识。作为对比，把圆周率背到小数点后几百位、设计机器人、解微积分题目、做大数据分析、搞无人机侦查与攻击、摆弄 DNA 碱基序列，未必体现出有多高明，有些本来就不是孩子该碰的。科普、创新大赛，都不宜鼓励这些。在长期演化中，人这个物种拥有了支配他物、改变自然世界的巨大权能，但人毕竟是一种动物。人不是神，作为一种动物就要与其他动物、植物、微生物、土地、岩石等充分合作，否则寸步难行。人类借助于理性算计而享受傲慢行走于盖娅表面的荣光，但也因为理性算计不足（与不聪明的过分算计等同）而显得愚昧无知，由损人利己到自己给自己挖坑，最后自毁前程。

当人们知晓环境、生态问题的根源，意识到抑郁症等现代性精神疾病的普遍性，从孩提时代就注重培养孩子的自然性，未来还有救。而这依赖于良好的教育，不是当下流行的应试导向、恶性竞争导向的教育。

什么是好的教育？我在看来，教会孩子如何与土地打交道、教会孩子如何与他人相处，就是好的教育，也是教育的终极目的。现在的许多教育，瞄准了恶性竞争，在诸多成对的二分法概念中，只注重一侧的价值。一些"人才"培养旨在打造"人精"，输出的即使不是钱理群教授所说的"精致的利己主义者"，也差不了多少。优良教育，不是让人"猴精"，成为人上人，而是成为正常的人、有品位的人。

从书中得知，小朋友们做得非常棒，文字与绘画都像花草一样自然、美丽！这是了不起的成绩。我这样评价，不是因为你们做得像成人、像科学家，而是因为你们在做自己，你们在以适合自己的方式展现自然之美、歌颂生命。

感谢项目的策划人，你们是负责任、有担当、懂教育的先行者。感谢10位导师的辛勤付出和智慧。我知道，导师指导的分寸掌握是相当困难的，你们做得太好了，希望更多的专家向你们学习！

2017 年 10 月 15 日

（武汉市园林和林业局，长江日报传播研究院，编．一本会发芽的书．武汉：武汉出版社，2017）

让孩子访问大自然的通道保持畅通

2018 年 10 月中旬，国家标本资源共享平台（NSII）举办了首届植物博物学培训班，只招 20 人，结果引来 200 人报名。培训期间，学员们走在物种并不丰富、风景也很一般的北京西山上，却不时被鸡矢藤、透茎冷水花、毛黄栌、阿拉伯黄背草、白英、栓皮栎、篦苞风毛菊、小红菊、甘菊、红肋蓝尾鸲、山噪鹛、螳螂甚至马陆吸引。学员踏入林地，个个像没长大的孩子。同样是在今年 10 月中旬，小学五年级王亦洪同学的一首《秋游》被贴到网上：

> 天啊！
> 地啊！
> 同学和老师啊！
> 谁能告诉我，
> 何时秋游啊！
> 我准备的酸奶过期了！
> 我准备的薯片过期了！
> 而下一个即将过期的，
> 恐怕就是我这善良的心灵了呀！

它迅速成为网络热点，短时间内就有 11 万点赞和 3 万转发。之前没有人预测到会有这样的效果。王亦洪小朋友的爸爸也非常意外，他补充说：

"其实，我们没有给儿子准备太多零食，小王使用了夸张手法。"文学允许虚构，但诗中反映的心情却是真诚的。在心为志，发言为诗。孩子的这首诗，除了感叹号多了一点外，一切都好。教王亦洪语文的聂老师说："孩子们从 9 月 1 日开学就期盼秋游和寒假，也是正常的儿童心理。"回想一下，我读小学时也整天琢磨着一年各一次的春游和秋游。那时候没有酸奶也没有薯片，但跨过几十年和数千公里，不变的是各时期各地孩子走进野地的热切期待，哪怕只是一天两天。

媒体和家长时常会说起一些孩子厌学，为什么？直接原因是孩子对学校的学习没有兴趣。追问下去，为何没有兴趣？学生自身有问题，教学内容不好，讲得不好，还是什么别的？原因一定是多样的，但不可否认，相当程度上因为现在的教育特别是初等教育过分功利化，让受教育者过分重视书本知识，远离生养人类的大自然，无视周围的山川、树木、小溪、湖泊、虫子、飞鸟，从而违背了孩子的天性。这种让人"暂时"（对许多人则是永远）遗忘周围自然世界美妙、奇特的"通用教育"，是斩断血脉、追求普遍知识的速成教育，它训练受教育者对遥远的、背后的、深刻的、普遍性的原理、手段感兴趣，并为之付出青春，而特意避免被本土的、外表的、感性的、特别的现象所迷惑而浪费时光。

孩子有什么天性？天性爱玩。爱在大自然中玩，体现了人与自然共生、互构的天性。

从哲学上讲，人是大自然的一部分，同时大自然也是人的一部分。对于群体和个体，都是成立的。前一命题"人是大自然的一部分"很好理解，但后一命题"大自然也是人的一部分"很费解，是不是故弄玄虚？人是子系统，子系统如何装得下整个系统？其实，大自然是人的一部分，部分基于实证科学的事实，部分基于想象力。"整个大自然"在操作中并不容易体现，现实中说的大自然往往是大自然的一部分。人体内包含大量自然因素：水、气、菌、虫、化合物、元素等，这个好理解，同时人的精神世界内含着人之肉体以外的自然时空，唯有如此人才更像人。其他动物、植物、菌物也会"意识"到外部世界，并想办法利用、适应环境，做到可持续生存。那么个体的人和整个人类社会呢？在演化的过程中，在绝大多数方面，人这个物种变得非常会算计，充满了智慧，但坦率说并不是全部方面。正好因为"理性算计"，人有时变得不够理性，甚至反理性。因为算计的尺度过小，标榜的"理性算计"成了一种只在乎短期收益的小聪明、短程权衡，而且这种小尺度聪明经常是以牺牲长程适应性为代价的。

现代社会的正规学校教育，当然是讲效率的。这台大机器整体都很讲效率，培育人才这一子系统不可能例外。问题不是教育低效率，而是追求快速成才的高效率副作用太大。副作用之一是人性被扭曲，人生的丰富性和多样性被高度简化，人成为机器、在执行设定的程序。副作用之二是人与自然矛盾加剧，因为处处讲求效率，就必然羡慕强权、操控力、资本增殖、加速剥削大自然，从而导致人这个物种的演化速率与环境演化的速率不匹配。

一年前的这个季节，武汉出版了《一本会发芽的书》这样一本非常特殊的图书，它是武汉市"公园大课堂·植物导师课"第二季的毕业"成果"。32名小学生在8个月的时间里，亲自养护某种植物，观察它们从种子到开花结果的全过程，并做了观察笔记。

这件事可做多种解说和引申。我仔细阅读了《一本会发芽的书》初稿，受邀撰写了序言，大力推荐。今年同一季节，第三季的成果来了，其姊妹篇《一本会开花的书》马上就要出版。我想借此机会谈点别人可能不那么注意的方面。我故意说得极端一点，以避免序言常讲不痛不痒套话的习惯。

武汉市开展的这类青少年自然研学、博物活动，做出了特色，其意义值得特别阐发。《一本会发芽的书》和《一本会开花的书》与自然科学有关系，却有意保持了距离，这才是值得关注的一大特点。

近些年，随着科普、博物、自然教育、生态旅游、自然探究、生态研学等由不同部门主体的倡导，渐次开展起来，媒介时有报道，可以说已不算新鲜，虽然活动开展的深度各有不同，有相当多方面还需要完善。一个老问题始终萦绕在人们的脑际：青少年的这类课外活动究竟有什么意义，想达到什么目的？

为科学服务、为生态文明建设服务？这当然不错，说起来也头头是道，尽显"高大上"。比如孩子仔细观察、探究，讲究科学方法和科学精神，学到更多植物、动物、地质、天文、水文、生态等方面的科学知识，从而热爱科学，将来成为科学家或有科学素养的合格公民。人们懂得更多科学知识，也便理解生态文明的重要性，会自觉地投身生态保护和生态文明建设之中。我不否定这些可能的功能，不过，我想这些并不是最重要的理由，甚至不应当成为直接目标。在我看来，孩子甚至成人，广泛、经常地接触大自然，是人之成人、人之为人的一个重要条件。

人首先是动物。如果作为个体的人，是不合格的动物，他（她）也就不可能成为合格的人。人以外的动物，想在这个世界上生存，必须了解、尊重大自然的法则，知道游戏规则、充分了解周围的自然状况、掌握基本的生存技能。人这种动物有其特殊性，长期以来创造了极为宝贵且丰富的物质文明和精神文明，不过对于个体而言它们某种程度上也是一种包袱、牢狱，一个个体想作为"社会性生物"物种的成员存活下去，必须融入社会，而融入社会的基本规训（可按哲学家福柯的理解）就是接受教育：极为漫长的教育，从幼儿园、小学、初中、高中、大学到研究生等多级教育（毕业后还要终身学习），需要"浪费"大量宝贵时间，一般需要10年至24年不等的时间。人的青春有多久，人的一生有多长时间？人以外没有任何一个物种要花费如此长的时间来学习。人要学习，学什么，学"生存斗争"的本事，为了能成为体面的人或者人上人。这样的教育模式被现代社会广泛认可、鼓吹。但是，它也必然包藏着诸多问题。水涨船高，长远看谁都玩不起这种"军备竞赛"。花如此长时间学习，是否划算？学了二十多年，好不容易找到一份工作，却不很喜欢，甚至还无法养活自己。许多受到高等教育的人，心情也不好，甚至抑郁。

破解这个自我加码的现代教育模式，可能要从根源考虑：人究竟想成为什么样的人，什么叫幸福，什么叫成功，从教育中想获得什么？大自然和人类群体及人类个体之间是一种什么关系？人的心灵世界只存在于肉体所包裹的空间之内吗？

关于学习的内容，有人急不可耐地推荐了近现代自然科学。我们都知道科学很厉害。现代教育的主体部分便是各类自然科学教育，它让人类的某些集团日益强大。现代教育的规训就是让人们从小接触自然科学，学习科学；学会科学思维、科学处事，科学地设计人生、科学地安排今天和明天的分分秒秒。自然科学是什么呢？自然科学是人类精确、深入地研究大自然（包括人类社会）的最可靠的事业、行业、产业。接受自然科学教育，在竞争中让人有了较强的绝对优势，却没有明显的比较优势。孩子从小尽早、尽快接触自然科学，向科学（家）学习，就是为了早点接轨，不输在起跑线上。这常常出于不得已的胁迫。按现代性的逻辑，在"人—大自然—自然科学"这个三角形中，大自然并不重要，重要的是自然科学，甚至人也不重要。现代性的逻辑也暗示，人，无论个体还是群体，其实并没有直接访问大自然的通道。要经过一个重要媒体、代理人——自然科学（家）。

这种局面不仅仅是针对中国设定的，全世界都差不多。只不过，有些发达国家早已意识到问题的严重性，相应地采取了一些措施。

可以想象到的一种合天理、合乎传统的想法是，人类个体有直接访问大自然的权利，这个社会特别是其中的教育子系统应当为这种访问创造条件。人们可以也应当借助于自然科学这一重要媒体而访问大自然，就像在中世纪经过教会、牧师而访问真理、上帝一样；但同时，人们也应当拥有直接访问大自然的权利、机会。阅读、探究大自然是作为动物的个体之人的一项不可剥夺的权利。

除了严谨的自然科学式的访问以外，怎么访问大自然？其实有多种方式，可以是自然而言、自由自在、低效率的访问（包括持久的观察、记录，也包括摸一片树叶、在野地上打个滚），可以是在指导员、课外老师、家长指导下的访问，也可以是稍正规但依然不够深刻的自然探究。

武汉市园林局等推动的访问大自然的方式，介于几者之间，其关键在于它不属于传统的科普，不是严格意义上的科学研究；它是适合青少年自身年龄、身份的一种有益的"成人活动"。"成人活动"？不是指成年人的活动，而是指孩子通过此类活动成长起来，成为身心健康公民的成人过程。

有人可能质疑，这种肤浅的甚至不够客观的探究活动，有什么可夸奖的？我想回应的是，它首先是一种权利，其次它为孩子们打开了一个窗口，使孩子如我们的祖先一般了解自然世界。从小接触自然，感受自然，从而生发出热爱家乡、热爱自然、保护自然之情，功莫大焉。这又岂是用知识、强力、资本可以衡量的？通过新博物成长起来的青年，可能成为"新兴人类"，少一点我们这一代人的世故、狡诈和自以为是。

从每天的媒体报道可以看出，此时地球上的人类社会并没有展现出减少折腾自己和大自然的趋势，如果我们依然对人类的未来有信心的话，只有一种可能的判断：当下的忙碌是不明智的，要想变得聪明、可持续，就得先反思主流社会认可的"理性"概念本身。

《一本会开花的书》记述了一段经历，也暗示着一种愿望。

种子经由发芽、开花，离结果就不远了。只要生长顺利，它就会结出包含新一代种子的果实。不只是一代结果，而是周而复始，迭代演化。

2018 年 10 月 20 日

（武汉高园林和林业局，长江日报传播研究院，编．一本会开花的书．武汉：武汉出版社，2018）

自然证果在沙湖

博物学家、环境伦理学家利奥波德有一个沙乡农场，他后来写出了传世名著《沙乡年鉴》。如今武汉的小朋友也有一个农场，现在要出版《一本会结果的书》。

武汉是中国的一个大城市，在这座大城市中有一座沙湖公园，公园中有 200 平方米的一个小菜园。它是武汉"公园大课堂"、武汉自然教育的一个试验场地，小朋友称之"梦想农场"。

最近几年，自然教育、自然研学、博物旅行、自然笔记在全国各地渐渐发展起来，武汉市园林和林业局通过摸索，创立了一种适合于本地（对其他地区颇有启发意义）的自然教育"武汉模式"。2018 年"武汉市中小学生绿色生态研学旅行"启动，从 3 月至 11 月，武汉市 150 所学校的 30 万名中小学生陆续走进 28 座公园，在专业老师指导下进行自然观察，开展自然探究。

具体而言，什么是自然教育的"武汉模式"，它有哪些特点？全国一批专家学者专程来武汉考察，听取汇报，开会研讨。学者们的看法也不全一样，但是大家一致同意，"武汉模式"是相关领导高度重视的（特别是园林和林业局、教育局领导极为重视）、适合于武汉市本地自然条件和城市基础设施的、由导师全程精心指导的、学校家长学生广泛参与的教育活动。活动发生的地点，一般不在室内（讨论课在室内），也不在城市之外的山野，就在城市中的户外空间，通常是城市公园。这一空间能够充分体现人与自然的交叉、互动。在现代社会，人与自然变得隔阂、疏远，其实并非生物学、化学、地质学意义上的完全分离，主要还是心理意义上的分离，严格讲即使在城市中人与自然依然"分形地"交织在一起，就如同每个人的身体中也包含着大量自然因素一般。但是，在现代社会中，人类个体与群体又的确不断藐视自然、伤害自然、剥削自然，即不断蚕食我们自身赖以生存的母体或共同体。自然教育的一个目的就是，通过多种多样的学习，充分意识到我们自己时刻沉浸在自然之中，大自然并没有远离人类，城市中也不缺乏自然：我们周围有许多和我们一样的生命，还有多种无机物质。理解家门口的自然，是将来走向远方、认识更广泛自然的基础。身边的自然不爱护，也根本不可能真心爱护青藏高原的自然、内蒙古大草原的自然。

上述"梦想农场"仅仅是一个试点。12个家庭的12位小朋友是幸运者。在这个小小的农场中，在两位有知识有责任心的优秀导师全程指导下，一批充满活力的参与者前来活动，小朋友组成特别的团队，在接近一年的时间里与所栽种的植物一起成长。想一想，这是多么快乐的事情，多么难得的机会。他们做得怎么样，收获了什么？翻读此书，一目了然，不用我剧透、不用我重复。

我在想一个问题：在别的城市里能否找到这样的200平方米？能否选出12个家庭的12位小朋友种出自己的菜，结出自己的果？或者面积比这还大，人数比这还多？我想不是不可能，而是可能性很大，关键是要勇于尝试。这里有几个重要关节需要打通：（1）公园或者其他空闲土地中愿意拨出一块来让学生试验。（2）有导师精心指导。（3）家长愿意陪孩子一起操练。（4）有志愿者帮忙。（5）有出版社跟进，把同学们的学习过程和成果以图书的形式展示出来。前三者是关键。没有领导关注和政策导向，第一条做不到，许多地方和部门信奉"多一事不如少一事"。城市基础条件差，文化不发达，不容易找到合格的指导教师。家长要有判断力，要充分意识到自然教育有助于孩子身心健康。所以，从这个例子可以容易想到，"武汉模式"是否有可移植性，并不是简单的有或无的问题。主动创造条件，就可以有；不主动做事，坐等或抗拒，就是无。相对于传统的学校课堂教育，自然教育是个新生事物，上级下发的红头文件并没有明确指示如何操作，各地应当因地制宜，创造性地开展有特色的活动。事在人为，武汉市走在了全国的前头（至少比北京做得好），是许多大城市学习的榜样。当然，其模式不可能适合全国所有地方，因为中国社会的特点就是地区发展很不平衡、条件差别较大。

我本人连续几年关注唐闻女士领导的武汉"公园大课堂"及推动开展的自然教育活动，专门为学生的作品集《一本会发芽的书》《一本会开花的书》写过序言。现在遇上第三部《一本会结果的书》，哲学上讲"好事成三""三生万物"，由发芽到开花再到结果，是一个完整的序列。有机会见证无穷序列中的连续三小节，我感到十分高兴。

我仔细读了此书，也旁听过小朋友的专题讨论。我想重复在北京大学保护生物学一次讲座中提到的一个观点：博物成人。探究大自然，使人成为人。特别是，同学们组成团队，通过协商、讨论、合作，共同做好"梦想农场"的事情，在此过程中学生把自己培养成为国家建设需要的合格公民。实际上，没有孤立的自然教育，好的自然教育也内在地包含其他教育的成分。

有了好公民，和谐社会才有保障，天人系统可持续才有希望。

特别感谢促成这部书的唐闻、庞静、罗文，巧合的是，她们都是女性！真的是巧合吗？我想不全是。土地、水、自然、母亲都属阴性，女性主义（feminism）建立起来的若干关联也许有相当的道理。

2019 年 9 月 7 日

（武汉市园林和林业局，编 . 一本会结果的书 . 武汉：武汉出版社，2019）

透过动物园窗口进而了解自然状态下的动物

　　与之前的《一本会发芽的书》《一本会开花的书》《一本会结果的书》一样，这部《一本会奔跑的书》也是武汉市园林和林业局、武汉市教育局、阿里巴巴公益基金会举办的系列自然教育活动的成果和下一步的教学参考书。

　　做一件好事并不难；把一组有意义的事情坚持做下去，很不容易，要有定力、自信，需要精心组织和实施。在中国办事，大家都晓得，这类事情特别需要稳定的政策支持和主管领导的亲抓实干。从一开始我就看好"自然导师课"（早期称"植物导师课"）这个创意，但当时不敢想象它能持续多久，因为无论好事坏事，"一锤子买卖"屡见不鲜。听说，这个项目还将延续下去，将来也许会组织有关湿地、水产、入侵物种、垃圾分类等方面的"自然导师课"，也还会出版相关图书，真是令人振奋。作为总结，出版结果是一个方面，更重要的是通过公开出版和发行能积累资料，任何人都可以从图书馆中查询，借此也可以监督项目的实施。如果不公开出版，则是闭门操作，自己欢乐，别人也无法监督。

　　动物，动也。病毒、细菌、植物也会动，也能迁徙，但比起动物来，都差得远。

　　如果人们看到的动物不能动起来，不能自由地活动，那么它们不算是自然动物，而是囚徒。不管我们假装多么关心它们，给它们盖怎样的房舍，喂多少好吃的食物，都改变不了这个判断。

　　鲍宇琪在此书后记中将"圈养在城市里的动物"与"自己养育的人类幼崽"

进行了对比。这类对比并不常见，至少许多人从未这样考虑过。但它是一个不错的修辞，能提醒人们，长久以来我们看动物、养动物以及我们的动物观中存在哪些问题。家长把孩子视为宝贝，但是好的家长不会希望自己孩子只会接受金钱、房子和食物，而是希望他们有着强壮的体魄、健康的心灵，掌握必要的生存本领，有能力应对各种不确定性，主动规避风险，从容、顺利地走上人生旅途。想一想，我们给孩子自由了吗？当然是指恰当的自由。可是，再想一想，我们给圈养动物足够的自由了吗？相当多动物不得不背井离乡，住进（被抓进、被卖到或者被收养到）逼仄的动物园，来满足人类那点小愿望。

现在，差不多每个较大的城市、每个像点样子的城市，都有自己的动物园。那么，农村为何不建动物园？理由一大堆，我都能一口气列出许多。动物园有多种功能，我也不反对在城市保留动物园。但是相当长时间里，动物园中动物的生存状态很不自然，观众到动物园看到的不是真实的动物行为。我跟一些人一样，对几乎所有动物园都不看好。类似地，我对于植物园大搞"迁地保护"也持批评态度。为避免极端，我尽量说服自己，尝试宽容一点，更多地听取他人的意见。但是，对人这个物种的过度宽容、妥协，便可能是对人以外其他物种的不宽容甚至残忍。坦率说，动物园的理念和操作也在变化，折中的办法是辅导孩子，让年轻一代直接接受新的理念，而这正是这期"自然导师课"的动机之一。

这本小书没有回避矛盾，在开篇不久就讨论了"为什么有些动物园逛起来让人生厌"。毫无疑问，动物园中所有的动物都不够活跃，大部分懒散地走来走去，或者长时间在一个地方发呆。但是，人类又有了解、亲近动物的强烈愿望。从正视这个矛盾开始，这本书告诉读者如何逛动物园，怎样做有利于更好地了解动物，也更加尊重动物。更多的篇幅则是讲述动物在一般情况的特征，而不是限于圈养状态下的特征。

有杨毅这样一流的年轻却资深的动物专家来亲自为"神兽学院"15名学员讲授，这是很高级的待遇，这样的机会在全世界都难找到。学员是幸运的，他们会记忆终生。对于这些学员，动物园不是全部，只是一个小小的窗口。借助这个窗口，通过老师的讲授和学员自己查找资料，大家了解到更多的动物行为学和动物生态学知识。如此"最低限度"利用动物园（不是指效率低而是指讲究"兽道"），我还能有什么意见呢？动物园看到的动物，就好比物理学家在精心设计的、自己控制的实验中观察到自己想看到的现象，展露出的现象只是受控的、简化的结果，并非大自然的本来面目。不过，也正如实验室结果极其重要一样，人们在条件有限的情况下，方便地来到动物园与动物打个照面，认识一下，多少了解一点动物，也是可以理解的。这总比读材料、看视频要具体一点。只要我们时刻提醒自己，所见并非自然事实，也就可以了。

给动物"丰容"，是件有趣的事，既需要想象力也需要动物科学。这类事情特别适合孩子操作，操作的过程也是把其他动物当作自己的玩伴的过程，有利于突破人类中心主义视角。在这件事上，学员同样是幸运的，因为其他游客通常没有这个权利。

我也不能总是空谈，最后做两件实事：（1）顺便推荐几本容易找到的动物书：《身边的鱼》《鳗鱼的旅行》《所罗门的指环》《蜇虫记》《老鼠博物学》《草地上的嗡嗡声》《一鸟一世界》《自然罗盘》《温暖的巢穴》《动物机器》《武汉鸟类图鉴》《丛中鸟：观鸟的社会史》，以及中信出版集团的"大英经典博物学""动物不简单"丛书。（2）这本书中提及四种斑马，主要讲了平原斑马。我愿意提供我拍摄的细纹斑马、平原斑马在肯尼亚野外自然状态下生存的图片，供读者对比、参考，图片大家可以免费自由使用。

2021 年 3 月 11 日

（武汉市园林和林业局，武汉市公园协会，

编 . 一本会奔跑的书 . 武汉：湖北科学技术出版社，

2021 ）

多维度描述我们关注的植物

《遗世独立》这部别致的小书用文字和绘画两种方式描述了南京中山植物园中栽培的若干珍稀植物。此书画作一流、文字清晰。

时下，博物、生物多样性、环境保护类图书中更常见的组合是"照片＋文字"，这本书则是"手绘＋文字"。两种方式各有所长，论难度和花费精力则后者超过前者。在人人能拍出清晰甚至漂亮照片的今日，通过优雅的绘画呈现生命，显得更加珍贵，因为它们来之不易，融入了更多的心意和技巧。

博物画指对自然物的描绘，是历史最为悠久的一个画种。古代岩画中相当部分是博物画，它是先民对日常生活中所遇到之自然物的一种艺术展现。这样一个画种在后来的美术发展史中地位时高时低。在人类中心主义占主导地位的社会中，绘画重点表现的是神、人而不是物，博物画整体而言不可能特别风光。中国古人的天人观念不同于西方，在绘画上也有体现：人仍然是中心，但人在画幅中通常所占面积不很大。有人说中国的博物画不讲究透视，精细程度不够，根本无法跟西方的相比。笼统看，此说有一定道理，但是细致考察并非完全如此，中国古人创作了相当多不输于西方的博物画作。不过，我倒愿意提及中国美术史对博物画不够重视的事实。工笔花鸟画、草虫画等在中国美术史中一定会涉及，但在许多画论、美术史家眼中，它们工匠意味深重，境界不很高。也就是说，在二阶评论中，美术史家、画家、美学家并不十分看重这类绘画。现在，或许要改变观念了。

我个人很晚才关注博物画，对其中的植物绘画更有兴趣。先后接触了雷杜德为卢梭《植物学通信》画的插图、英国邱园中的舍伍德（Shirley

Sherwood) 植物画收藏、韦陀教授介绍的谢楚芳绘制的《乾坤生意图》、霍尔登 (Edith Holden) 的《一九〇六：英伦乡野手记》、田松送我的《自然之绘：普瑞斯戴尔父子的植物艺术画》(*Drawn from Nature: The Botanical Art of Joseph Prestele and His Sons*)、毕加索为布丰的《博物志》绘制的一批动植物插图，以及冯澄如、冯晋庸、冀朝祯、曾孝濂、杨建昆、马平、李爱莉、孙英宝、余天一、田震琼、李聪颖等人的一些画作。其中，《乾坤生意图》最令人震惊，它让我完全改变了对中国美术史的态度。

"一般说来，照片比绘画能更真实地反映大自然的状况，但是也不尽然。"(刘华杰. 博物学文化与编史. 上海：上海交通大学出版社，2016：182) 通过绘画表现区域生态系统以及某一物种跨时空的特征结构（特别是繁殖器官的解剖结构及其他关键分类特征的特写），显示出较强的优势，至今仍然被广泛采用。比如，发表新种时，通常要附上反映物种关键特征的手绘图。这种时空交割设计，并非现代博物画原创。云南勐海曼宰龙佛寺僧舍壁画中，在一铺壁画中又分出三格、四格或五格，用一铺壁画即可表现一段佛经故事或地方文化传说的多个时空镜头["一图多景"或"异时同图"的设计，在敦煌莫高窟 254 窟主室南壁之《舍身饲虎》(北魏) 壁画中就有精彩表现]。理论上，通过多幅摄影图片和后期 Photoshop 加工，也能实现在一幅画面上综合展示某种植物的多种重要特征，但是给人的感觉是有些生硬，不够美观，缺乏某种艺术味道。

这本书中的植物绘画，是在认真观察植物自然生长状态的基础上加以艺术创作的，较好展示了植物的分类特征，既真又美，令人赏心悦目。我特别喜欢其中的厚朴、秤锤树、珊瑚菜、伯乐树。不过，对于盾叶薯蓣 (*Dioscorea zingiberensis*) 的描绘，我觉得应当增加对其茎缠绕方式的描绘，因为这也是一个重要的分类特征：它的茎向左旋转，即具有左手性。

感谢江苏凤凰科学技术出版社在 2019 年的盛夏为读者奉献了一部令人长见识、感受自然之美和艺术之美的好书。

2019 年 7 月 4 日

（殷茜. 遗世独立：珍稀濒危植物手绘观察笔记. 南京：江苏凤凰科学技术出版社，2019）

不可剥夺的权利

　　一行小朋友撰写的《孩子的自然四季》让我想起许多事。我小时候是与山野、河流相伴成长的，我的家乡在吉林长白山的一个山沟里。儿时，在野地里玩耍、上山采野菜、在雪地里割柴，跟在学校里读书，同样有趣、长见识，它们是成长的一部分。读小学、中学时，学校里一直有劳动课。课时还不少，几乎每周有一整天要打理学校的校田地，拾粪、施肥、锄地、栽地瓜、收割等样样要学生做，还要偶尔修围墙、运砖、脱坯，农忙时帮生产队拔萝卜、插秧、挖土豆等。还有两项特别的工作，春季每位学生都有任务量，要自己安排时间上山采蕨菜，卖到供销社，拿票据给老师看。在秋季，班主任要带学生一起上山搞"小秋收"：采集野果、药材种子等，出售后换些钱作为班费，有时购买一些文具分发给大家。

　　现在的中小学教育，恐怕没有这些内容了。我不是在迷恋过去而故意贬损现在。现在的孩子选择更多了，素质也比我们那时高。只是感觉，由过去的做法到现在的做法，变化是否太大了、太快了？现在的学校非常重视教室里的教育、书本上的教育。我在一所高等学校任教，我的研究方向与博物学文化有关，时常要带研究生感受一下大自然，一切费用由我个人支出，但每次都担心出事，怕学生受伤而没法交代。家人也一再提醒，"千万不能出事，一旦出事，学校、家长都不会饶你！"其他老师也有同感。时代在变迁，各种各样的新事物、新规则不断涌现，不知不觉让学生们与大自然之间隔了一道墙。不能说这全是坏事，肯定有好处，因为不是一个地区一个国家这么干，现代性社会都时兴这一套。

然而，人类终究从属于大自然，是一个普通的物种，这是常识也是演化论的基本事实。现在的学校教育容易让人遗忘大自然，遗忘人的自然属性，许多人看出了问题，尝试改变，但困难重重，不知如何下手。

无论怎样变，中小学生不可能再像我们那个年代，尽情地在野地里玩耍或者在学校里参加那么多劳动课。那样的话，家长早就反了，学校也承担不起责任。但是，能否适当改变？

我想是可以的。首先是家长要改变观念，毕竟在中国家长对儿童的成长有相当大的控制力。要达成的一项基本认知是：充分接触大自然是孩子成长中不可剥夺的权利。

对于孩子的成长来说，书本知识的学习总是第二位的，玩耍是动物特别是小动物的天性，也是人特别是孩子的天性。在自然环境中玩耍比在人工物质环境中（实景密室逃脱、迪士尼乐园、欢乐谷之类）、虚拟环境中玩耍，要自然得多。在物质文明和信息网络高度发达的今天，玩耍的环境、内容和形式势必有相当的改变，但是像其他动物一样在大自然中玩耍，是第一位的，不可替代的。这种玩耍本身就具有认知功能，让孩子亲自感受什么叫软、硬、黏，自然的色彩是怎样的，以及大自然本身的美好、精致、险恶。

一行小朋友是幸运的，他的家长是有远见的。所有家长都知道，孩子在户外画画、观察会"浪费"许多宝贵时间，用那些时间孩子本可以多学书本知识、多弹钢琴、多做数学题，还可以多打电子游戏，而这些多数有利于考试中考出高分。一行小朋友享受了自己的权利，而许多同龄人却没有。

享受这种权利有什么好处？当然有诸多好处，每种权利都有它的价值所指。重要的是，它的好处会渐渐展开。

一行小朋友在看二月兰时，自己感觉到它的味道"好似油菜花的香味一般"，还发现这种有趣的乡土植物的花期较长。这是平凡的发现，是与一位少年相匹配的发现，但它们非常重要。从味道他想到了同科（十字花科）的植物，这一点颇微妙。小小年纪不可能像科学家、教科书一般全面总结十字花科的特征，但是他靠自己的感官和有限的经验积累，找到了相似性，能够进行一定的对比。这是动物的一种本能，也是科学的萌芽。科学并不神秘，最先它起源于朴素的观察和简单的推理，与对自然现象的惊奇感、对秩序的渴望有关。

据我所知，大部分小朋友没有一行这般幸运，因为他们的家长很着急，不想让自己的孩子在自然事物上"浪费"时间，早早地给他们灌输更有用的东西，甚至让小学生学大学课程。其实，他们不懂经济学，谁浪费时间还不一定呢！在我看来，孩子健康成长离不开充分接触大自然这一环节，因为我们的祖先就如此，甚至上溯一代两代也是这样。这是一种传统。尊重传统，人类才不会吃大亏，个体才不容易出毛病。

我曾提"博物自在"的口号，希望它适用于多数人，特别是孩子。愿更多的家长尊重孩子的权利。

2017 年 9 月 10 日教师节于北京大学

附记：《孩子的自然四季》因某种原因未能正式出版。

与孩子一起成长

　　肖翠、林秦文夫妇的《海岛花开》立即让我想起 19 世纪英国人霍顿（William Houghton,1828—1895）的一部名著《一名博物学家和其孩子在海滨漫步》（*Sea-side Walks of a Naturalist with His Children*）和卡森（Rachel Carson，1907—1964）的《惊奇感》（*The Sense of Wonder*）。

　　博物学在中国开始复兴，博物活动和相关书刊在中华大地也红火起来，虽然在许多方面仍不及人家维多利亚时代（没有妄自菲薄的意思，现在我们也有一些优势，比如有了因特网和数码相机等，做起博物很方便）。等了一百多年，等来了霍顿作品的中文版。南方日报出版社 2013 年已出版此书中译本，书名翻译为《博物学家和孩子们的海边漫步》。英文词的单复数及书中的图片和文字交代了另外一些信息：博物学家是 1 人，孩子是 3 位而且前面有修饰语 His（他的），散步是 12 次。妻子没有直接参与，但献词却是写给她的。这本书还有一部姊妹篇《一名博物学家和其孩子在乡村漫步》（包含 10 次漫步）。1872 年两本书出了合集《一名博物学家与其孩子的漫步》。再补充一句，霍顿跟同时期的伍德（John George Wood, 1827—1889）一样，既是牧师又是博物学家，著述颇丰。霍顿还写过《不列颠淡水鱼》《古代博物志掇英》《不列颠昆虫概览：昆虫学研究入门手册》《不列颠商业海鱼博物志》等。当然，比起达尔文和华莱士，霍顿和伍德还算"小人物"，但这些小人物的图书在当时非常畅销，他们的作品培育了维多利亚时代一批又一批博物人。

　　北京大学出版社 2015 年推出了卡森《惊奇感》的中译本，书名意译为《万物皆奇迹》。此书也是卡森 5 部著名作品中最后一部译成中文的。它是海洋博物学家、作家、著名环保人士卡森描写自己带着外甥罗杰在海岸玩耍、感受万物的故事。卡森说："我俩忘情地对着海大笑，这婴孩是头一次见识汪洋的恣肆，而我和海已缱绻了半生。不过，我俩都感到同样的兴奋，因这天水四围的黑暗与狂莽。"（中译本第 2 页）很快，这孩子已知晓关于海洋的一些事情了，"滨螺、香螺、贻贝，一岁半的罗杰竟然都能含含糊糊地说出名字，我不知道他是怎么记住的，我只知道，从没刻意教过他。"（第 16 页）

带孩子在野外玩，真的不需要刻意教什么，孩子一定能记住许多、学到许多，而且许多东西是课本上课堂上学不到的。我可以证明这一点：我小时候父亲就带我们兄弟俩在河边野炊，到山上采野菜、捡蘑菇、挖草药、割柴等，不知不觉就知道了许多大自然的事情。起先不以为然，等我长大了才晓得要多么感谢父亲，一位博学、热爱大自然的父亲。

《海岛花开》一书中的父亲、母亲均是博物达人，有丰富的野外经验，感受大自然、辨识物种不是问题。稀缺的是时间！与我们教师不同（我们有寒暑假，平时上完课也可以机动安排），此书作者跟许多人一样，一年到头假期不多，全家人能一起长时间探索大自然，机会难得。从字里行间能够感受到这个家庭是多么和谐、幸福，甚至令人嫉妒。16 天的海南之行收获最大的肯定是孩子"可可"。在自然中玩耍，在玩耍中成长，是每个孩子的权利，对于我们那一代人或者更年长者这根本不是问题，想改变它都难，而现在这种权利正在被各式不自然的"高大上教育"所剥夺。

希望中国人写的这本《海岛花开》，也能起到上述霍顿和卡森所著图书的作用，让更多中国家长、中国孩子从中得到启示。作为父母，应当拿出一点时间，与自己的孩子在自然环境中共同嬉戏、学习、成长。我女儿小的时候，我们总带她到处跑，但等她长大了，回想起来，还是觉得与孩子在一起的时间太少。想一想，孩子大了，一般不会再跟父母一起玩的！

对于此书，读者关心的另一个大问题可能是：为何是海岛？

原则上在任何地方均可博物，不限于青藏高原、高山大湖、草地海湾，城市里、村庄里也有大自然。肖翠、林秦文也写过北京、河北的植物书。

但是，在热带海岛博物更是有趣，因为山水相接，"界面处"生物多样性极为丰富，海洋的动物（贝类、鱼、沙虫、蟹、海鸟）、海岸的植物（不同于北方的热带植物）和独特地质地貌（沙滩、礁石、火山口）都是很特别的博物对象。另外，成年人可能多少偏爱山，孩子则更喜欢水。年轻夫妇带孩子到海南岛进行博物旅行，绝对是个好主意，仅仅下海感受一下海水就非常值（在河北某些地方也能下海，但海水的质量有天壤之别）。特别是当北方冰封大地、寒风劲吹之际，来到海南仿佛进入了另一个世界。据我所知，一大批东北老年人在冬季长时间住在海南，如候鸟一般，生活得相当惬意。而相当多的年轻人因种种原因，并未能享受到大自然的这般恩赐。

海滨植物未必更漂亮（远不如西南高山上的植物），但自有其特点和特别种类。在海南岛的海滨地带能见到棕榈科的椰子和水椰、旋花科的厚藤、锦葵科的木棉、草海桐科的草海桐、紫草科的银毛树（白水木）、茜草科海滨木巴戟、红树科的尖瓣海莲和木榄、爵床科的老鼠簕、报春花科蜡烛果（桐花树）、木麻黄科的木麻黄、使君子科的榄仁树、红厚壳科的红厚壳、桑科的刺桑等。对于"可可"小姑娘而言，见到树干上生长的锦葵科可可果实，想必非常惊喜，那一小节的标题也可以称为"可可见可可"！海南岛引种的紫葳科十字架树（铁西瓜）和吊灯树（吊瓜树）、茜草科小粒咖啡、荨麻科号角树、山榄科神秘果、樟科鳄梨（牛油果）、南洋杉科南洋杉等，想必也会给孩子留下印象。这些植物，不到海岛，恐怕不容易见到，即使其中一部分在北方的温室中也可以看到，但那"气氛"完全不同。

海南省的植物种类对于普通人来说过于丰富，旅行中见到每一种都想认出来，是根本不可能的。即使是植物学家，能认出七八成也不容易。只有极少数本地的植物专家才敢说对它们比较熟悉。但是，经过训练，把所见的植物大体上安放到一定的"格子（筐）"中，是可能的，比如把它们划到一定的"科"，"科"之下不再细分。沿海低地，植物种类相对少些，外来种颇多，世界各地的热带地区大同小异；一旦上了高山，本土物种就多起来，分辨起来也更加困难。

旅途中，游客宜学会欣赏本土物种，对外来种保持一定的敏感性。为什么呢？本土种是经过长时间考验的，生态上是安全的，而外来种则未必。

《海岛花开》为家庭旅行、自然研学提供了很好的范例。希望有更多的作者参与到这一行列当中，写出针对不同地理环境的优秀博物作品来。

肖翠、林秦文夫妇把自家的快乐分享出来，写成书出版，应该得到特别鼓励。

2020 年 9 月 22 日

（肖翠，林秦文. 海岛花开. 南宁：广西科学技术出版社，2021）

了解国家级新区植物的本底数据

雄安新区是中国河北自由贸易区的一部分，位于河北省保定市境内。其周围大的轮廓顺时针可由清苑、徐水、高碑店、固安、霸州、任丘、高阳包围起来，东西大致由 G45 大广高速和 G4 京港澳高速夹住，其东北角距北京大兴国际机场较近。换种叙述，地理上它大致包括白洋淀水体及周边地区，偏北岸一些。雄安新区是 2017 年 4 月 1 日国务院设立的国家级新区，规划范围涵盖河北省雄县、容城、安新 3 个县及周边部分区域。规划中，它是全国二类大城市，当初设立此新区的目的是集中疏解北京的非首都功能，优化京津冀区域空间布局。

坦率说，对于植物爱好者，华北这一地区除了水中植物还有点特色外，其他方面根本不值一提，几乎没有什么看点。也就是说，这里地处平原，因为农业开发等，生物多样性不高，新奇、好看的植物几乎没有（在北京、河北、山西，随便上哪座山看植物都比来这里强），外来入侵的讨厌物种倒是不少。而此书偏偏是要描写可爱物种相对"贫瘠"的这个地区。

如此说来《雄安草木行》还有什么意思？来雄安可做别的事，干吗要看植物？写雄安可写别的事，干吗写植物？

必须先说清楚关注雄安植物的意义，才能说清此书的意义，以及读者可以怎样阅读此书。

新区的选址非常特别，一是靠近首都北京，二是坐落于华北地区少见的有水的地方。国家很重视这个新区的规划和建设，对于其现在和将来的生态状况也格外关注。而说起生态，将涉及区域内岩石、水体、空气、土壤、动物、植物、微生物和人等各个系统要素及其相互关系。植物在其中居于特殊的地位，未必最重要，却是显示度极大的一个要素。植物是环境的指示剂。雄安在政治上具有重要地位，已经成为一个名号，但不能仅仅靠名号，此名号落实下来就包括其大地上的植物，植物也反映着土壤状况。对此，植物学家要做严格的拉网式调查，要设计网格，做样方，对区域内所有植物物种进行采集、分类、统计，对植物生态、生物多样性进行科学评估；要撰写专业报告，呈送有关部门供决策参考。以前，这个地区除了水生植物外，根本不会吸引植物工作者的注意，即使《河北植物志》也不会特别在意这一地区。而现在不同了，从政治、经济、科学、文化的角度看，都有必要摸清家底，了解本底数据。对于之前的河北三县和明天的雄安，现在是一个分水岭。植物无论向哪个方向演化，现在都有必要尽快调查清楚。

此书作者也是此类专业植物调查团队的成员，但是此书并不以那个团队的名义来发言，而是以肖翠、林秦文夫妇俩或以他们四口之家的角色来讲述。拟定的读者对象也是普通大众，当然其他人也可以看。此书比专业报告界面更友好，读者更容易快速把握实质内容。

对于"了解国家级新区植物的本底数据"，我取的是广义。我没有限定主语，可以是任何感兴趣的人，普通人、专家、决策者、外国人，甚至将来的环境史学家。其中"本底数据"不仅包括枯燥的统计数字和名录，还包括个案式的、主客观相结合的访问、游玩、博物记录等，不仅包括看到什么，还包括当时的主体体验。它们不可能全面系统，但是一定要足够丰富、有个性。也就是说，我想象的植物"本底数据"包含自然科学、人类学、博物学、人文历史方面的内容。此书内容并未触及所有方面，但已经远超出了原来狭义的自然科学意义上调查"本底数据"的范围。

从这个角度看，这部书非常特别，也是我愿意写此序的原因（此前已经说了不再给别人写序）。不仅因为或不主要因为此书对象的所在地特别，这种调查、写作方式也很特别。快速变化的中国大地，通过实证的调查、记录、出版，能够留下一批有用的资料，将来借此可做许多事情，做环境史研究是其一；而对雄安更需要从多角度做一下。

想一想，古希腊学者希罗多德做了什么。他不过把别人也经历过但不当回事的东西记录下来而已，他的 historia 就是考察、记录，后来成了"历史"，而他成了西方历史学之父。史学家研究过去的事情，经常抱怨找不到翔实的资料，而今天的一切马上会要变成昨天，成为历史，我们当代人可曾想着记录？20 世纪 80 年代我读大学本科时，北京中关村一带是乡村，北大周围有许多农田，真后悔当时没有认真记录一下。北京跟伦敦、巴黎、纽约不同，它日新月异，从什么时候开始记录都不算晚，但如果早一点记录，特别是在一些关键点开始记录，会非常不一样。

雄安正处在一个新起点。此书给出了一种极具特色的记录，这是我欣赏它、赋予其重要意义的一个原因。

中国科学家通常不愿意撰写这样的著作。我也不清楚究竟为什么，但可以猜测他们不愿意做的理由。他们很忙，忙人只做他们认为最重要的事情。他们认定用洋文发表 SCI 论文，是最重要的事情，这跟量化考核模式及科学共同体的习惯有关。经有关部门要求或者自告奋勇，植物学家团队当然不会缺席雄安"盛宴"，但是通常科学归科学，科学的社会、文化功能不被看重。于是他们做植物研究只在乎业内人士、上级官员和基金委的态度，不关心普通人能从中能了解点什么。

此书以优美的散文体，娓娓动听地介绍了他们一次一次来到雄安这个地方，与一种又一种平凡的植物相遇的情形。虽说大部分植物可能没什么新意，在别处也能轻松见到，但我还是很愿意知道他们是如何与其相遇的，相遇时发生了什么！这些故事真的很有趣，我相信读者读了这本书，怀着同样的好奇心，在雄安大地和大泽中，也能找到关于植物的无数乐趣。发现普通植物的平凡之美、对其产生兴趣，需要一种能力，比对奇异植物感兴趣要求更高的一种能力。

我以前也经常一个人驾车到保定各县乱转，知道一点那里的植物和贝类，但此书中关于小马泡、华黄芪、串叶松香草、西洋梨、发枝黍（不同于发枝稷）、白毛马鞭草、弯果茨藻的介绍，还是令我耳目一新。关于小马泡，我可以补充一则信息：它可能是栽培种退化的结果。我在自己的园子里试种香瓜，就出现过这种情况，结出的瓜非常小。小马泡在植物学上还是属于甜瓜，学名为 *Cucumis melo*。作者指出，"在雄安新区引入的 478 种外来植物中，有外来归化或入侵植物 44 种，其中苋科和菊科的种类最多，各有 12 种。在这 44 种植物中，危害性最大的物种莫过于号称'生态杀手'的黄顶菊"。对于黄顶菊，我也有一点个人体会。2008 年 10 月 11 日我在河北大学新校区（保定）首次遇到黄顶菊，跟踪了三年。2019 年又在北京大学发现第一株侵入燕园的黄顶菊（后来请生科院老师采集做了标本）。作者还提及"无人关注的发枝黍""疯狂扩散的多苞狼耙草"作为入侵种应当引起重视。我以前也偶尔见到它们，但并不清楚它们的入侵状况。我也特别注意到作者提及考察中未发现石龙尾、睡菜这些原来存在但现在（在华北一带）很稀少的植物。

总之，我阅读此书有许多收获，想着新冠疫情过后有机会再驾车到那里转转。

现在喜欢植物的业余人士越来越多，大家的确可以合作做些事情。比如持续监测雄安新区或者自己家乡的植物变化。不要以为这只是科学家的事，科学家做自然更专业，但是他们时间和精力均不如普通人。稍加培训或自学，普通爱好者也大有作为。2019 年在中国科学院植物研究所马克平先生和国家标本资源共享平台（NSII）的支持下，首届植物博物学培训班在北京开班，肖翠就是此培训班的实际执行人，林秦文和我都在此班上做了专题讲授。希望有机会第二届也能办起来。植物博物学培训班培养的不是职业科学家，也不是"公民科学家"，而是有特殊爱好的普通公民。这些人有希望利用业余时间，结合本地的实际，观察、记录、书写本地植物的专门作品。刘从康的《武汉植物笔记》和这里的《雄安草木行》都将起到示范作用。

《雄安草木行》的"行"字，可有两种意思。一是旅行、行记，二是可以、很棒。不管目前雄安植物基础数据如何，希望通过百姓的持续关注、参与，若干年后再比对，那时雄安的植物会更好！

2020 年 5 月 15 日于北京肖家河

（肖翠，林秦文. 雄安草木行. 北京：化学工业

出版社，2020）

从观察开小白花的繁缕开始

"繁缕开很小的白花，直径不过六七毫米，点缀在碧绿的枝叶丛中，像星星一样。要看清楚它，你要俯下身来——其实还不够，最好是蹲下来，甚至是趴在地上。"（《武汉植物笔记》，第 3 页）

多么自然、清新、优美、信息量巨大的文字！这是刘从康在《武汉植物笔记》中讲石竹科一种小草的几句话，让我立即回忆起美国著名博物学家、环境伦理学家、林学家利奥波德在《沙乡年鉴》中描写十字花科葶苈的段落。

最近几年，国内的出版社突然喜欢上博物题材，间或有人邀我作序。上周在电脑中粗略数了一下，竟胡诌了 27 篇之多。本不想再折磨读者了。试想，我一个人关于博物学能有多少新观点，写来写去会重复的；而关于图书内容本身，我只不过先看到了样稿，坦率说也难给出特别的评论。重要的是读者自己阅读，序言帮不了什么忙，弄不好还会误导读者。不过，当看到从康的稿件，还是忍不住答应了。一则从康是我们"植物博物学培训班"的首批 20 名成员之一，二则我与从康相识多年，知道他所做的事情颇有意义。

刘从康，个子高高的大男人，写起植物、画起植物却小女人一般温柔、细腻。

《武汉植物笔记》是一部形式简单的书，不多的文字配着也不算多的插图，但是背后却隐藏一个持续好久的博物爱好、嗜好。亦如利奥波德所言："一项令人满意的爱好，必定很大程度上是无用的、不讲效率的、费劲的、不赶潮流的。"（A satisfactory hobby must be in large degree useless, inefficient, laborious, or irrelevant.）从康深得怀特、利奥波德、梭罗博物的精髓，利用大量闲暇观察植物并费劲地把它们画下来。这有什么用？能发财还是能升官？都不能。时间对每个人都是公平的，多数讲究理性算计的人，觉得时间宝贵，没空发展自己的业余爱好。其实据我所知从康也非常忙，每天各种事情应接不暇，但他总能见缝插针，做自己喜欢的事情，而且能够坚持下来。从康消耗、浪费大量时间于花草，必有他的道理。这需要智慧、定力，需要理性算计之上的二次理性算计。

我不认为从康的植物画达到了多么高的水准，他的画没法跟邱园植物画博物馆里的艺术精品相比，没法跟曾孝濂先生的比，也没法跟花老道、聪颖的相比，但是自有独特之处，植物关键特征表现得准确，也形成了自己的风格。这些画首先为自己所画，从康通过绘画的方式记录自己的观察，巩固自己对某种小草、小花分类特征的记忆。这是学习植物分类学的一种笨办法，但十分有效，中国植物学先驱吴韫珍（1899—1942）先生就做过类似工作，他在《植物名实图考》一书的空白处密密麻麻地画下各种植物的花解剖图，作了很多注解。吴韫珍的"笔记本"现存于北京大学植物标本馆，有兴趣者可参考《好的归博物》一书中收录的熊姣的介绍文章。

我不懂绘画，但能够判断从康画得十分准确、有趣，一见便非常喜欢。婆婆纳、酢浆草、泡桐、楝、梧桐、构树、商陆、苍耳、白英、无患子、鬼针草、乌桕、香樟、银杏、鹅掌楸、枸骨等，都是普通植物，在武汉地区常见，在华北除了无患子、乌桕、香樟没有自然分布外，其他的也较常见。可是有多少人、有多少声称是植物爱好者的人认真观察过或者绘制过它们？从康不是植物学家，但是从康自己经过这番努力，牢牢把握住了相关植物的特征，将植物志上公共知识比较有效地转化为个人知识（personal knowledge）了。其实，现在根本不缺公共知识，信息网络时代有海量信息就放在那里呢，也可以快速下载多少个 G 于自家的硬盘，但是有多少能够转化为个人知识却是个大问题。未成为个人知识，那些知识对个人其实就不算知识。事情也是相互的，我相信从康不会只是单向地实践着"公共知识→个人知识"的过程，在这样做时他必有疑惑，必有所发现，从而也有可能为另一个过程"个人知识→公共知识"贡献力量。

与职业科学家的系统性研究相比，公民博物活动对科学的贡献可能显得微不足道，但是在我看来它依然十分重要，而且是不可替代的。公众可以为生态学、保护生物学做出独特贡献。保护生物多样性，也绝不是多发几篇论文、多做几个项目的事情。

不过，作为平行于自然科学存在、发展的博物学，用意主要不在于科学、科普，而在于"成人"，使人成为人！"学以成人"曾作为2018年世界哲学大会的主题。学习的内容包罗万象，但分主次。首先要学习的是，做人这个物种的一名合格成员，接着是学习成为一名有趣味的人。而现在的教育更多地教唆人成为有竞争力、不断战胜"同桌"、剥削大自然的人。无数个体的协同努力，将形塑人这个物种在整个生态系统中的德性。目前人这个物种不自量力、片面发展，不断加剧与其他物种和无机界之间的矛盾。维系天人生态系统的可持续生存，与保持人的尊严和理性，其实是完全一致的。热爱家乡、亲近大自然、培育我们的德性，可以从关注小区、校园、公园、野地里的一株小草开始。

从康的爱好还在继续，再过几年，我相信他会为武汉"刻画"更多的植物，让更多人快乐地生活。另外听说从康在武汉的一个公园里搞"《诗经》植物园"，据说在本地已收集到相关植物近百种。当普通市民看到眼前的某植物就是《诗经》的作者们几千年前与之打交道的同种植物，那会是怎样的感觉！中华传统文化将通过这种方式，多一种方式传承着。

武汉市这几年积极推动青少年自然教育，持续开展"公园大课堂活动"，2018年又举办中小学生自然笔记大赛。从康作为植物导师应邀撰写的这部《武汉植物笔记》，作为一种示范，将引导广大青少年和成人爱好者走向自然、培养雅趣，真切地感知生命，让家园更美好。

2018 年 11 月 8 日

（刘从康. 武汉植物笔记. 北京：中国科学技术
出版社，2018）

观鸟可见品位

《圆明园中的鸟》是哲学家撰写的一本有关观鸟的图书。鸟类是数量仅次于鱼类的第二大脊椎动物类群，它在三叠纪由一些小型四脚滑翔的初龙类演化而来。作者观鸟的地点在北京西北部的海淀区，具体讲为清华大学校园和圆明园。圆明园在北五环南侧、清华大学西侧、北京大学北侧、中央党校东侧。

《圆明园中的鸟》作者是北京的呼和少布教授，让我想起青海的扎西桑俄堪布。

扎西桑俄，藏族，青海省果洛藏族自治州久治县白玉寺的一名喇嘛，热衷于观鸟、绘鸟和生态保护，被当地民众称呼为"鸟喇嘛"。中国的观鸟爱好者和环保人士没有不知道扎西桑俄的。他也是我非常敬佩的人物，他的事迹为新时代环境保护和博物学复兴提供了一个极好的案例，2013年7月13日在青海年保玉则鄂木措营地我终于见到了他。

呼和少布，蒙古族，清华大学吴彤教授的蒙古族名字，专业领域是科学技术哲学。但我估计几乎没有人知道他的蒙古族名字，以及"少布"本身就是"鸟"的意思。吴彤教授观鸟、拍鸟、画鸟在科技哲学圈子里名气很大，也是无人不知无人不晓。

吴彤毕业于北京师范大学物理系（本科）和哲学系（硕士），接着在内蒙古大学哲学系任教，后来调到清华大学任教。因吴老师早期研究相变、自组织和复杂性，而我早期关注着浑沌、分形等，两者内容高度相关，因此很早就认识了。1996年还一同在山东教育出版社的一套"新视野丛书"

中写过书，吴老师写了《生长的旋律：自组织演化的科学》，我写了《浑沌之旅：科学与文化》。吴教授后来主要致力于"科学实践哲学"研究，追随者众，还主持了相关的国家社科基金重大项目。比较而言，大家虽然知道并经常目击吴教授观鸟，但追随者不多，至少在小圈子里如此，我猜想，哲学圈中的普通人可能很难体会到吴教授观鸟的乐趣和意义。我之所以敢这么说，是因为我的个人经历与吴教授有相似之处，只不过我喜欢的是植物。一段时间不看鸟，吴教授会感觉不大舒服，他会想着法去看鸟，利用一切可能的机会！对于我，把"鸟"换成"植物"就是了。相同点是都喜欢观察、拍摄，为此都"浪费"了大把时间，但我不会画画，因此还差了一大块儿。

喇嘛观鸟画鸟、哲学教授观鸟画鸟，说的都不是主业，但是谁能否认其副业、业余爱好与主业没有某种关联呢？我曾故弄玄虚，放言"看花就是做哲学"，也许对于吴老师便是"观鸟就是做哲学"。吴老师比我厚道、稳重，未必认同这般挑衅性的修辞。当然，我也不会当真，经常被人问起"搞哲学为何喜欢某某"，用这样怪异的修辞可以应付一下追问，缓解一下尴尬。不过，有一点是肯定的，与理性、抽象、理论、论证打交道的哲学工作者，未必要拒斥二分法的另一面：感性、具体、经验、信仰。其实，中外哲学史可以证明，哲学从来不是只靠二分法的一侧滚动前行的，哲学也永远不可能还原为二分法的某一侧。

爱祖国、爱家乡、爱自然，既虚又实。弄不好，会很虚，说得多做得少，流于口号。但也可以变得很具体、很实在。说"观鸟是爱国"，一定会遭到嘲笑，但两者确有一丝联系。造一个句子："一位观鸟者的爱国言论，可能更具可信性。"那么看外国鸟是爱哪个国？我相信总会有人这样抬杠，不需要专门回应，退一步讲，观鸟可令人在乎"盖娅共同体"。通过观鸟、看花这样的具体行为，可以获得非同寻常的人生体验，也会间接加深"认知"。认知，在哲学上一般通过认识论来讨论，但是近代以来，认识论受笛卡儿影响过大，在一定程度上表现出狭隘、画地为牢的倾向。波兰尼的个人致知理论、胡塞尔的欧洲科学危机理论、布鲁尔的科学知识社会学(SSK)

和拉图尔的政治生态学等对此倾向有所缓解，但仍然难以撼动哲学界之积习。由认知到价值和行动，还隔着"休谟之叉"，但无可否认，实际中的认知与价值交织在一起，狭义的认知合取上一定的辅助假说，便会导出某种行动建议。

观鸟看花，从来不是单纯的玩物赏物，必然同时关注着生境、生态。鸟是一大类生命，如同植物是一大类生命一般，前者有9700多种，后者有30多万种。它们均非孤立地生存于地球之上，一方水土养一方"人"，对于"鸟"也是一样的。全球的人类，均属于一个"种"（species），黑尾蜡嘴雀、普通翠鸟就占了两个"种"！一对一进行比较时，选蜡嘴雀（*Eophona*）还是翠鸟（*Alcedo*）？蜡嘴雀属和翠鸟属本身都包含许多个"种"。理论上，多看一"种"鸟，就相当于多看一"种"人！多多观鸟，大概有助于破除人类中心论的思维定式，而非人类中心的观念可能有助于天人系统的可持续生存。

这部图书不是鸟类学专著，也不是鸟类科普书，那它属于什么类型的图书呢？吴教授在题记中说："我希望以更人文的笔触记录、描绘我看到的、欣赏的鸟儿，而不是一种纯粹鸟类博物学的方式，仅仅记录它们属于什么科，什么属，什么目。因为鸟类它们不仅给我们以鸟类的认知，不仅给我们以美感的愉悦，而且更给我们一种意义，一种生命多样性的感动。鸟儿就像来自另一个世界的使者，它们能够遨游蓝天，冲破地面引力的束缚，领略天空的广阔与别样。"吴教授暗示，此书也不是自然科学图书甚至不是博物图书。不过，我觉得它仍然处于博物学的范畴，它与张华的《鹪鹩赋》、怀特的《塞耳彭博物志》、巴勒斯的《醒来的森林》、格雷的《鸟的魅力》、莫斯的《丛中鸟：观鸟的社会史》等性质是一样的，而世界上没有人否认它们是博物学作品，也没有人否认他们是博物学家。

博物学在中国正在复兴，包括一阶层面和二阶层面。前者直接由经济基础决定，中国开始步入小康社会，一阶博物的兴起是顺理成章的事情，在全世界还没有例外。英国是近现代博物学最为发达的国度，因为它经济相对发达，最先完成启蒙。二阶博物兴盛与否偶然性很大，涉及某地学界的旨趣。最近一段时间，二阶博物在中国讨论得也越来越多，但是给人的印象是，学者和主编们理解的博物范围依然很窄，更多是从科学史、科普、科学文化的角度想起、触及博物学的，学人对二阶博物学的关注也更侧重与博物活动相关的探险、征服、掠夺、扩张等方面。当然，这些是博物学的重要组成部分，不是全部，或许也不是当下对我们改进"生活世界"面貌最重要的方面。按环境史家沃斯特的划分，那些不过是帝国型博物，而不是阿卡迪亚型（田园牧歌型）博物。哪类更有趣、更重要？依个人喜好而定。但是，对于公众而言、对于生态文明建设而言，显然阿卡迪亚型更重要，怀特、梭罗、缪尔、巴勒斯、卡森、狄勒德等都是这类博物的杰出代表，而中国学人对此关注不够。我想，吴彤教授也属于这个类型。

吴教授以第一人称讲述的鸟故事，可以见证蒙古族汉子的诚恳、正直、细心、坚持和品位。

品位？对，最重要的是品位！

吴彤在中国自然辩证法研究会仍然担任要职，也盼望吴教授的具体行动、个人魅力能间接促进这个学术组织走出新路：抛弃"智力军备竞赛"的"缺省配置"，从以科学技术为中心转向以美好、可持续生存为中心。具体一点，比如将 STS 扩展到 STSE，E 指生态、环境，或者将 STS 变为 NSTS，其中 N 指大自然。"自然辩证法"的关键词现在是科学技术，希望其回归到大自然，以及人与自然的和谐共生。

2020 年 6 月 5 日

（吴彤.圆明园中的鸟.武汉：长江少年儿童出
版社，2021）

倩取花来唤醒，丽辞风动生香

　　冯倩丽本科在北京大学先学古印度语言梵语、巴利语，成绩优异；喜欢绘画，植物画精准清秀；北大山鹰社登山队员，担任过科考队徒步队长，喜欢攀岩和定向越野等户外运动。现在美国康奈尔大学攻读景观设计学硕士。

　　作为非中文系、非生物系出身的女孩子，写出内容极为丰富的《草木十二韵》，十分难得。这一工作看似简单，却以一己之力，实质性推动了博物学文化的传承。有传承亦有创新。

　　我因为把初稿推荐给出版社这一举手之劳，而有机会受邀写几句闲话。

　　倩丽在总结、吸取前人工作成果的基础上，依四季、晨昏、色彩、万物、相思、喜事、山居、滋味、传说、人间、纷争、行旅等十二主题，用丰富的植物名字创作了别具一格的《草木十二韵》，在当下此书能起到沟通音韵学、古典学、博物学、植物学的特殊作用。其中重点是对韵和博物，两者都与主流文化无关。

　　首先，现代中国人不大博物，更愿意在人工世界中徜徉。四体不勤、五谷不分，是对一部分研究生、学者的真实写照。博士 A 说，我认识世界上的所有植物，不是草就是木。博士 B 说，那算什么，我知道世界上所有物种，都是"东西"。农民问：什么东西！这当然是笑话了。不过，"多识于鸟兽草木之名"，现在对于知识界也许是奢侈、过分的要求。在自然科学的四大传统博物、数理、控制实验和数值模拟中，最不重要的便是古老的博物，称某科学家是博物学家，不是在表扬而是在羞辱。

其次，现代中国人一般不作诗，写文章不讲韵律。"采采芣苢""蒹葭苍苍""杨柳依依""自牧归荑""桑者闲闲兮"。非常有画面感，读起来也有一种特殊的美的韵律。公元前数百年，中国人就能写出可以兴、可以观、可以群、可以怨的诗句，令今人汗颜。

中国古代诗歌分古体诗和今体诗（也称近体诗），前者不要求严格押韵（平仄还是讲究的），而后者要求严格押韵。历史上，汉字写法有变化，发音更有变化，大致经过了上古音、中古音和近古音三个阶段。律诗成于唐代，以中古音为准，讲究四声、平仄、对仗和押韵。《广韵》将汉字分为四个声调，所收的平声字（又分上平和下平，也叫阴平和阳平，对应于现代汉语的一声和二声）均为平声，上声字、去声字、入声字（在现代汉语普通话中消失）这三者都是仄声。今体诗要压"平水韵"，用平声韵，现在的北方人和西南人区分入声字很困难。此外，有些字现在看来同韵在古代却不同韵，有些字现在看来不同韵在古代却同韵。为避免理解错误，稳妥的办法是查韵书、韵表。总之，创作律诗的形式要求非常多、非常严，现在的语文课本虽收诗歌若干篇，却不专讲格律，更不要求学生做律诗。但作为一种文化遗产，诗词格律的形式与其内容同样重要，也需要在一定范围保持鲜活。以植物名来创作十二韵，语料上已有诸多限制，结果很难严格满足古代的音韵规则，倩丽说"非不知也，是不能也"。与其说把《草木十二韵》看作诗歌，不如看作一种巧妙诙谐、富有诗意的文字游戏。其实倩丽更喜欢现代诗，她说："现代诗歌在挣脱了格律和韵脚的束缚之后，也增添了许多自由和美丽。有时，太多的规则，反而会剥夺语言的灵气，绑架表达的内容。我的态度是，希望读者感受古典诗歌的规则之美，又不为这种规则所拘束。"的确，时代变了，不必千篇一律，抱着老古董不放。可是，现在的中国年轻人，也确实缺少了感受中国古典诗歌格律之美的机会。当下各年级语文课本无实质差异，有时想来，不如拿出一定篇幅专讲诗词格律。倩丽以植物名传播音韵知识，增加了趣味性，当能调动读者上语文课的积极性。

过去，下至幼学童蒙，上至大儒重臣，甚至帝王，都对博物和语文感兴趣。县令陶渊明、知州苏东坡、转运使辛弃疾生活有情趣，做得一手好诗文。反观现在的部分官员，只会说套话空话，连个基本文书都得秘书代劳。

百姓博物，服务于日常生活，却未留下多少文字记录。文人特别是帝王博物，是另一番景象：博物仍黏着于生活，也是一种特别的休闲。梁元帝萧绎（508—555）吃饱喝足后，写有《药名诗》："戍客恒山（指植物名"常山"）下，常思（苍耳）衣锦归。况看春草歇，还见雁南飞（雁来红）。蜡烛（烛烬）凝花影，重台（玄参）闭绮扉。风吹竹叶袖，网缀流黄（硫黄）机。讵信金城里（李的一种），繁露（落葵）晓沾衣。"他同父异母的哥哥萧纲（503—551）也写过《药名诗》。萧绎还写有《草名诗》《树名诗》，无特别文采却也算好玩。除了这兄弟俩，南唐后主李煜、宋徽宗赵佶、清高宗弘历，也个个博物，多才多艺，虽治国有时一塌糊涂。玩物而丧志？其实，并非博物害了他们，有些人本来就不该从政。帝国军政伟业迅速烟消云散，副业诗词绘画反而永垂不朽，让读者觉得他们还算有血有肉的人类个体。

古代文人对文字自然是讲究的，对仗、押韵渗透于日常生活和娱乐，与博物配合得极好。文以载道，文质彬彬。"奏议宜雅，书论宜理，铭诔尚实，诗赋欲丽"，然文本同而末异。《镜花缘》第77回"斗百草全除旧套 对群花别出新裁"讨论对对子：长春对半夏；续断对连翘；猴姜（骨碎补）对马韭；木瓜对银杏；钩藤对蒨草（茜草）；观音柳对罗汉松；金盏草对玉簪花；木贼草对水仙花；慈姑花对妒妇草；三春柳对九节兰；苍耳子对白头翁；地榆别名玉鼓，五加一名金盐，马齿苋一名五行草，柳穿鱼一名二至花。第82回"行酒令书句飞双声 辩古文字音讹叠韵"讲吃酒行令的要求：所报花鸟等名要生成双声叠韵；所飞之句，又要从那花鸟等名之内飞出一字；而所报花鸟等名，又要紧承上文，或归一母，或在一韵；所飞句内要有双声叠韵。李汝珍笔下小姐姐们的才情，体现的是作家的一种想象，却也部分反映了古代博雅教育的若干面向。在教育日益讲究速成、实用的今日，往昔的育人传统显得不经济、浪费时间。

　　散文、诗歌都讲究章法、格律，非中国文言文、旧体诗独特的要求。利奥波德的散文："We abuse land because we regard it as a <u>commodity</u> belonging to us. When we see land as a <u>community</u> to which we belong, we may begin to use it with love and respect." 带有很强的韵律，其中 commodity 与 community 押韵，形式与内容均形成明显对照。这段大意是："我们滥用土地，是因为我们把土地视为属于我们的某种商品。倘若我们把土地视为我们也属于其中的某个共同体，那么我们就可能带着热爱和尊重来使用它。"中文的意思很清楚，却失去了韵律。又如："Examine each question in terms of what is <u>ethically</u> and <u>aesthetically</u> right, as well as what is <u>economically</u> expedient. A thing is right when it tends to preserve the <u>integrity</u>, <u>stability</u>, and <u>beauty</u> of the biotic <u>community</u>. It is wrong when it tends otherwise." 这段话包含着多种节律，读起来十分带劲，回味无穷，译成汉语则很难展现利奥波德语言的力量。这段大意是："对于每件事，除了经济上划算，还要考虑伦理和审美上的正当性。凡是有助于保持生命共同体之完整、稳定、美丽的，就是好的。"看布莱克的《野花之歌》：

> As I wandered the forest,
> The green leaves among,
> I heard a Wild Flower
> Singing a song.
>
> "I slept in the earth
> In the silent night,
> I murmured my fears
> And I felt delight.
>
> "In the morning I went
> As rosy as morn,

> To seek for new joy;
>
> But oh! met with scorn."

　　这首小诗构思巧妙，合辙押韵，读来朗朗上口。此诗大意是："我游荡于绿叶浓密的树林，听到一株野花在唱歌：'我睡在地上，夜色静谧，心里打鼓，又觉甜蜜。早晨我出发，朝霞泛红，寻找新的喜悦，哎呀，却遭遇鄙视。'"汉语意思颇清楚，但韵味尽失。再看克莱尔《自然圣歌》中的一段：

> All nature owns with one accord
>
> The great and universal Lord:
>
> Insect and bird and tree and flower —
>
> The witnesses of every hour —
>
> Are pregnant with his prophesy
>
> And "God is with us" all reply.
>
> The first link in the mighty plan
>
> Is still—and all upbraideth man.

　　邻近两行工整押韵，大意是："自然万物齐声赞美，伟大而万能的主：花、鸟、虫、树每时每刻所见证的，无不包含您的旨意。万物齐呼：'上帝与我们同在。'然而宏伟计划中的第一层连接，依然是我们所有这些罪人。"学习一种语言，阅读相关文章，第一步当然是要知道大概意义，第二步则要在音韵、修辞上下点功夫，把它们当作艺术品来欣赏。

　　不过，毕竟时代不同了。对于现在的人，诗总在远方，"诗意栖居"是一种无法触摸也不想兑现的想象。快节奏的社会中，我们没功夫遣词炼句，细致考虑平仄、对仗、押韵等"小事"，自由诗取代律诗是大势所趋。按韵写诗填词也难免限制了思想表达。

　　我想，倩丽的《草木十二韵》用意不在于提供一种类似《佩文诗韵》《声律启蒙》《笠翁对韵》或《广韵》《中华新韵》《诗韵新编》的韵字表以方便作诗，也不是有意贬低现代诗、怂恿学子吭哧瘪肚作旧诗，而是在于回味、复兴一种古老文化，重温一种优雅的生活方式。要想搞懂诗词格律可读王力先生的《诗词格律概要》、杨祥雨的《格律诗写作自学教程》、谢桃坊的《诗词格律教程》等。

在此，我另外想提到的是，倩丽并非纸上谈兵，她对植物有着真实兴趣，她实地观察、拍摄植物并亲自绘画。此书对数百种植物进行了描述，并按最新的 APG 系统做了分类，这对于传播新的植物分类方案颇有好处。APG 指被子植物系统发育组（Angiosperm Phylogeny Group, 简称 APG）。即使在植物学界，一谈到 APG，用惯了老系统的一些人也感觉头痛。过渡到 APG 系统，是早晚的事，赶晚不如赶早。但是，《草木十二韵》的用意似乎不在于科普、植物学科普。科普，得先假定有一个科学的东西在那里，然后有人（通常是科学界权威学者或科普界专业人士）把它通俗化，解释给大众听。倩丽不是植物学家，也不是科普专家，倩丽做的事情并没有现成地"在那里"，恰好是她的工作使高度分散的元素得以聚合、作为整体得以存在，比如对中文名、拉丁学名的解释，她做的是夏纬瑛（1896—1987）《植物名释札记》和格莱德希尔（David Gledhill）《植物名字》（*The Names of Plants*）的工作，而其中的植物绘画也显示出作者独特的艺术创作能力。把这些工作解释成广义科普、科学与人文相结合的科普当然也可以，只是有点勉强。那它是什么？还真不好归类。我觉得是一种综合性的创意写作。一种文化小品、自然写作、博物写作、艺术创作！这令我想起日本作家有川浩的一部书《植物图鉴》和同名电影。《植物图鉴》涉及许多植物名，也讲述了植物的故事，但显然用意不在于植物科普，而在于通过植物表达爱情，提供一种新的自然审美案例。

倩丽善于学习，做事有板有眼、有模有样，在浪漫和理性之间游刃有余。倩丽不是一根筋的天才，从未显现出咄咄逼人的野心，她德智体美全面发展、平静如水，是生态共同体的好成员。她用梵文写了一首小诗《可能性在边界蔓生》，第一节翻译如下：

我不是这所花园中最美的花
但是我的存在证明了这里的多样性
当我来到门前，门内的人没有拒我千里
他告诉我前路艰难，也邀我共同前行

"多样性"，不多也不少，刚刚好。多样性支撑天人系统的稳定性；多样性丰富、可持续、有趣、好玩，还不够吗，这是甚高的标准。

2018 年 12 月 20 日
（冯倩丽.草木十二韵：用植物的名字以《声律
启蒙》的格式写韵诗.北京：中国科学技术出版社，
2019）

第 3 编

博物知本 ——

◎

对推进复兴博物学文化的几点看法

昨天（2017 年 11 月 11 日）晚上，第二届"博物学文化论坛"在商务印书馆落下帷幕。在中国这块土地上，"无用而美好"的博物学真的迎来发展的最好时机。如何进一步推动博物学文化复兴，是大家都非常关心的问题。昨天的会期很满，我是主持人之一，没好意思占用大家的宝贵时间专门发言。会后，在场外谈几点看法。

第一，明确阐述今日复兴博物学文化的背景、动机、意义。此次第二届"博物学文化论坛"手册后面附有精心准备的《博物理念宣言》（以下简称《宣言》）草案，这份简明文件第一稿是我写的，后经过多人长时间网上讨论，做了大量修改。特别感谢张巍巍、倪一农两位先生为此还专门来北京大学就具体观点、修辞进行讨论。从文本表述上可以看出，这里用到的博物学概念，与历史上各种古老的博物学有联系，但与具体哪一个都不同！当然，也与历史较短的"自然教育"不同。会上没有对《宣言》草案进行表决，是希望给大家足够多的时间再讨论、体认、化简和修订，如果可能，将在明年第三届"博物学文化论坛"上表决通过。(2018 年 8 月 18日《宣言》在第三届"博物学文化论坛"表决通过，地点为中国四川成都彭州白鹿上书院，最终文本也称《白鹿宣言》)

第二，越是形势大好，就越要冷静。博物学长久寂寞，此时也不宜突击发展，必须扎扎实实稳步推进。现在已经有不良苗头，比如出现了一批粗制滥造的博物图书（尤以翻译、编译的种类为甚），甚至很畅销（昨天的论坛上已有人批评对法国博物学大师布丰作品的胡乱编译）。复兴博物学，也不要急着教育别人，其实自我教育是最根本的。成年人更宜首先自己博物起来。向学生特别是中小学生传播博物学，宜慎重，不要给学生增加新的负担。

第三，处理博物学与自然科学的关系，这涉及对博物学的定位。此定位处理不好，将严重影响博物学在中国的长远发展。博物学算哪盘菜？这是任何一位首次接触博物学的人首先要问的问题，也的确不容易说清楚。此事我思考了十多年，自己的想法也经历了三个阶段：（1）内部补充：以博物补充数理，作为自然科学四大传统之一的博物学对科学可能仍然有帮助。（2）适当切割：参与人群和目标并不重合，不必只考虑为自然科学服务。（3）平行论：着眼文明长程演化，确立"自性"，借鉴科技进展而不为其左右。实际上，一直是自己说服自己的过程，现在觉得"平行论"虽然大胆但比较恰当，从历史、现在和未来看，都讲得通。理解平行说并不难，打个比方，就像文学与自然科学的关系一样。就学术层面，"博物编史纲领"将提供一个全新的范式（paradigm），应用范围将不限于哲学和史学；此纲领有大量发挥的余地，在此纲领下可以做许多工作。平行论，绝对不意味着不向现代科技学习，相反，必须认真学习、利用，但不能以科技为主导、为目标。

第四，处理好一阶博物与二阶博物的关系。一阶博物红红火火，但是没有二阶博物配合，一阶肯定走不远。现在二阶博物力量显得较弱（学者分属于多个学科领域），也需要向下扎根，不宜空谈。二阶研究从业者最好也把博物融入自己的生活、爱好。我们启动的"博物学文化论坛"刻意安排一阶博物（数量有总体把控）与二阶博物同台交流，希望互相学习或者说彼此适应。长远看，通过交流，双方都会受益。二阶博物讨论与博物相关的历史、文化、社会、经济、哲学问题，学术研究味道更浓，也是高校培养相关专业研究生、授予学位的唯一可行通道。一阶博物即使做得天花乱坠，年轻人也无法借此获得学位。拿不到学位自然在体制化的社会中就不容易获得"岗位"。作为教师，要更多地为有志于博物学的年轻人的就业着想。重要的不是急着创立新的岗位（不是不可以，但非常难），而是想办法在现有的岗位中融入博物因素、博物情怀。

第五，规划博物学图书的出版工作。有四类著作值得优先考虑。一是博物学经典，比如塞奥弗拉斯特、老普林尼、格斯纳、布丰、林奈、德堪多、洪堡、梭罗、缪尔等人的博物学作品，必须有计划地翻译过来。二是中外二阶研究文集和专著。这类书通常不赚钱，容易被出版社忽视，但它们十分重要。比如《清代来华的英国博物学家》《探寻自然的秩序》《发现鸟类》《不列颠博物学家》《新博物学家》《林奈传》和《博物学家》（E. O. 威尔逊自传）等都是非常好的作品。理查德·梅比的《杂草的故事》中国出版商愿意引进，而对他非常优秀的《吉尔伯特·怀特传》却不愿意考虑引入，这就有点小心眼了。（按：《吉尔伯特·怀特传》已于2021年引进出版。）三是地方手册，经济条件较好的地区宜先行动起来。没有本地物种手册，许多事情都不好办。这类手册出版后还要不断更新。要动员有意愿的科学家来编写，他们不愿意做，爱好者就要自己上阵，这事等不得。四是描写本地的大自然及人与自然相处的作品，形式可以多种多样，文学、绘画、笔记、访谈、地方志、校园志、山志、保护区志、河志都可以。这对于了解家乡、热爱家乡，十分重要，不爱家乡何以爱国、爱地球？

第六，利用好现有的体制平台和社会资源，争取自己的发展空间。生态文明、"一带一路"、国家公园等，都与博物学文化有实质性关系。中国自然辩证法研究会下已经批准成立博物学文化专业委员会，商务印书馆也已经出版两期《中国博物学评论》（以书代刊）。高校、研究所、各种基金其实也有许多可以争取的发展空间。

第七，建立良好的激励机制。各种奖项可以更多地考虑博物学作品和相关人物。深圳的"大鹏自然好书奖"非常有远见，不用自己申报而且奖金丰厚，媒体应当多多宣传。一些民间基金会也可以发挥自己的长处，做些善事。

2017年11月12日写于第二届"博物学文化论坛"
落幕之际。刊于《中华读书报》，2017年11月15日

克兰绘制的英国野花

沃尔特·克兰（Walter Crane，1845—1915）这位艺术大师人们并不陌生。他创作了《睡美人》《灰姑娘》《蓝胡子》《四十大盗》《魔法船》《小红帽》《我的母亲》《数字和孩子》《月份歌》《语法歌》《安妮和杰克在伦敦》等著名儿童绘本，当代中国人差不多都读过，特别是年轻母亲们。

克兰作为工艺美术家，在儿童绘本、插画领域有持续的影响力，他甚至有"托儿所艺术家"的称号。如今从幼儿园孩童到大学博士后甚至教授竟然都有人欣赏他的作品。不过，他的艺术成就与政治理想、实践远非如此简单。克兰受林顿（William J. Linton）、罗斯金、莫里斯的影响，已有人提及。克兰也是一名社会活动家，他还受到苏格兰哲学家、教育家卡莱尔（Thomas Carlyle，1795—1881）的影响，于1885年加入费边社（Fabian Society），主张渐进社会主义乌托邦。克兰把自己拿手的两项"手艺"——艺术与教育——有机结合起来，为中产阶级服务，试图改良维多利亚社会。其宣传工具、武器不是论文和演说，而是画笔和雕刻刀。

进入21世纪，教育、艺术史、政治学、视觉文化等领域的学者重新发现了有趣的克兰，其中奥尼尔、凯杰、科达是其中的代表，他们关于克兰的作品和人生发表了重要研究成果。不过，人们似乎并没有从博物学文化的角度欣赏克兰，不得不说这是一个遗憾。

神话、女性、孩子、花、教育是克兰创作的永恒主题，他常能在一部作品中将众元素融合在一起。克兰从1889年到1906年共创作出版了五部关于英国本土花卉的精致图画书，可称之为极具博物情趣的"五部花书"，它们分别是《花神之宴：百花化装舞会》《夏皇后：蔷薇锦标赛》《古老英格兰花园的花卉奇想》《两种墙花描述的花之婚礼》《莎士比亚花园：来自戏剧的花束》。我猜测，当代中国人甚至英语世界许多人对这些著作也并非都熟悉。

首先需明确的一点是，这"五部花书"外表浅显，但没有一定的植物学、博物学、文学基础，其实不容易看懂，因而也很难说它们只是给孩子阅读的。也许就是因为这一点，一般的儿童绘本丛书，不收录这五部书（辽宁师范大学出版社出过一个选集，收录了《花神之宴》，但物种鉴定错误很多）。而在我看来，这些书反而代表了克兰创作的最高成就。

下面仅通过解读《花神之宴》的一小部分来展示克兰的艺术水准和对英国野花的认知。此书共包含 40 幅石板彩印的画面，每幅上一般有两行手写的诗句，画面和文字通常表现一到两种本土植物。"阴沉的冬日即将过去，花神皇后在她的花园漫步，从长睡中唤醒百花仙子：请准时光临今年的快乐节日。"花神皇后（Queen Flora）是这次派对的召集人。百花仙子响应号召，从冬日长眠中睡醒，盛装打扮，迎着春日阳光，纷纷进场。

"雪滴花第一个进场，白色花瓣衬托霜王的勇敢也装点着早春的大地。"Snowdrops 字面意思是"雪滴"，对应的植物俗称"雪莲花"，指石蒜科一类地被植物，早春时节雪还没有完全消融，便已开花。它原产于欧洲中部和高加索地区，现在世界广泛栽培，但是，按中国植物学界的约定，"雪莲花"一词已经用于菊科风毛菊属，于是 Snowdrops 对应于雪滴花属（Galanthus），称雪滴花。此外，汉语发音接近的还有一类称"雪绒花"，对应于菊科的火绒草属（Leontopodium）。从植物学角度讲，上述三个属之间差别非常大，不宜混淆。

接着，"番红花小王子伸出胳膊，用其杯状花被盛取一束阳光"。再下面是石蒜科黄水仙、毛茛科林地银莲花走过来。"林地银莲花在狂风中震颤，这脆弱的心灵之花白里透红。"

第 8 张图描绘的是："The Violet, and the Primrose dame, with modest mien but hearts a flame."中文意思是："香堇姑娘和报春夫人外表端庄，内心如火。"

英语中 Violet 为源于拉丁语"紫色"的一个女孩名字，在维多利亚时代紫色是最美最受欢迎的颜色。在植物学中，Violet 指堇菜科堇菜属植物，在此特指香堇菜（*Viola odorata*）。Primrose 指报春花科报春花属植物，特指野报春（*Primula vulgaris*），也称德国报春。香堇姑娘头顶装饰的和右手所提花篮中盛放着的都是香堇菜的花，右脚鞋上装饰的及画面左下角地面上生长的也是香堇菜。报春夫人右手、胸前、头顶均有野报春的花瓣。

第 9 张说的是草地上的毛茛科驴蹄草，比较好辨识。

第 10 张有一点难，值得细说一下。画面上的句子为："The 'Lady smocks all silver white', /The milkmaids of the meadows bright." 中文大意是"碎米荠以素雅之花铺覆盖草地，挤奶的女工活泼、美丽。"两行英文均点出植物的种类。其中 the milkmaids 指十字花科碎米荠属植物。此画面描述的是草甸碎米荠（*Cardamine pratensis*），也称 Lady's Smock，字面意思是"女士工装"或"女士罩衫"。草甸碎米荠为多年生草本，茎单一，直立，表面有沟棱。总状花序顶生，有花 10 朵左右，花 4 瓣，白色到紫红色。欧洲、亚洲和北美都有分布。细心的读者会看到句子第一行中有引号，表明内容引自别人。引的是谁呢？引的是莎士比亚早期喜剧《爱的徒劳》。故事大意是这样的：国王和三个朝臣发誓不近女色。不料法国国王派公主带三名侍女前来访问，四位男士很快改变主意，纷纷坠入情网。四对男女演出了一系列风流滑稽戏。《爱的徒劳》中的《春之歌》有这样的句子：

> When daisies pied and violets blue,
>
> And lady-smocks all silver-white,
>
> And cuckoo-buds of yellow hue
>
> Do paint the meadows with delight,
>
> The cuckoo then, on every tree,
>
> Mocks married men; for thus sings he,
>
> Cuckoo;
>
> Cuckoo, cuckoo: O word of fear,

Unpleasing to a married ear!

许多词语是双关的，很难翻译。可大致译作："雏菊色杂堇菜蓝，碎米荠花一色白。鳞茎毛茛花黄色，欣然绘景草场前。杜鹃枝头反复叫，活该嘲弄已婚男。布谷布谷真恐怖，绿帽入耳好难堪!"中国人用乌龟、王八、戴绿帽来形容妻子与别人私通，而英国人则用布谷鸟来形容：to be cuckolded。要理解这一点，需知道杜鹃这种鸟的习性：将蛋产在别的鸟的窝中，让别的鸟孵化、喂养。类似地，当下流行词汇"甩锅"，英国人不说"锅"而说山羊：to be made scapegoat（充当替罪羊）。

第 11 张说的是报春花科黄花九轮草（*Primula veris*）和毛茛科草地毛茛（*Ranunculus acris*）。英文用的是 buttercup，理论上可以指多个不同的种，但考虑生境和形态，可以确认特指这个种。

克兰绘制的下一种植物（第 12 种）是天南星科的，有一点植物学知识就能看出来，是哪个种呢？对我们而言，"There Lords and Ladies of the wood, /With shaking spear, and riding hood"，字面意思是"森林的君子和淑女们，手执颤抖的长矛、身着带帽的披风"，似乎没有讲植物。不过，稍做一点功课，结合英国的情况，可以猜测它是斑点疆南星（*Arum maculatum*）。这种植物的一种俗名恰好是 lords-and-ladies！斑点疆南星为多年生草本，高 50 厘米。围绕肉穗花序，外面有佛焰苞（天南星科许多植物都有此特征）。花期 4—5 月，果实 7—8 月成熟。画面中人物腰间的三个系带上的装饰来自其穗状果序上成熟的红果。此植物分布于英国、地中海和北非。克兰把此植物的肉穗花序的长度画得夸张了一些，实际上不超出佛焰苞。

第 13 幅画面写着："Black knight at arms, the white-plumed Thorn; /In pomp the Crown-Imperial borne."可以译作："黑骑士手挽白花黑刺李，皇冠贝母权杖隆重擎起。"从图中看，white-plumed Thorn 是一种先花后叶、有刺的春季开花木本植物，候选者有三类植物：豆科金合欢属，英文名大致对应，但花形完全不符，排除；蔷薇科单柱山楂，英文为 hawthorn，花序不符；蔷薇科黑刺李（*Prunus spinosa*），英文为 blackthorn，原产欧洲、北非和西亚，多分枝、多刺，花单生，白色。克兰画的应该就是它。画面第二种植物十分明确，是百合科皇冠贝母（*Fritillaria imperialis*），又名冠花贝母、帝王贝母。

第 14 幅展示的是百合科郁金香，没有疑问，从花瓣边缘看，可能是鹦鹉郁金香品种。

第 15 幅文字为："Sweet hyacinths their bells did ring, /To swell the music of the Spring."中文意思是："香甜的蓝铃花摇起风铃，令春天的乐曲更加美妙。"有人可能认为是风信子，其实不正确。天门冬科（原百合科）蓝铃花（*Hyacinthoides non-scripta*），英文名为（common）bluebell，也译作野风信子，它不是普通风信子（*Hyacinthus orientalis*）。蓝铃花分布于从西班牙西北部到不列颠群岛的大西洋地区，风信子原分布于土耳其中南部、叙利亚和黎巴嫩的西北部，世界各地均引入栽培。蓝铃花为多年草本，鳞茎球形。花葶顶部弯曲，总状花序，苞片 2，花 5—30 朵，通常生长在一侧，下垂（普通风信子花均匀长在花序轴上，也不下垂）。花冠与苞片均为蓝紫色。花被筒形，花冠长漏斗状，裂片 5，向外反卷。在英国，通常生于古老的林地，花期在 5 月，花芳香。

好了，不用我把 40 张都解说一遍，举以上这些例子，已经能够说明问题。凭一张"化装"植物画和两行诗句，读者能够看出什么？当然，完全不懂画面的内容，也会觉得画得挺棒，人物婀娜多姿、植物栩栩如生，充满了动感。即使不了解内容，收到一张这样的卡片，也会欣喜。可是，如果读者像创作者克兰一样，能够辨识其中的植物，在生活中接触过类似的植物，那么体验会立即上一个层次。看得出来，克兰对英国乡村野生植物非常熟悉，其绘画既浪漫夸张又高度写实，把植物的分类学特征准确地展示出来了，这些作品是浪漫主义与自然主义的完美结合。如果读者有一定博物学知识，甚至可以把植物鉴定到"种"的水平。

那么，克兰为何这样画？是要做科普吗？这是个困难的问题。因为多数人没有这样画！几年前一个偶然机会我第一次接触克兰的这些画作，被惊呆了，我找不到第二例。

有人说他这般创作，是为了他的社会主义教育事业。经过几番解释，当然也说得通。但艺术就是艺术，它源于生活，服务于生活，克兰的绘画首要的是给人美的享受，过度引申可能不合适。重要的不是为了什么，使用者可以自己解读。重要的是这些传世佳作是如何具体创作出来的，它需要怎样的生活体验和艺术修炼？如今，两个极端都大有人在，走写实一路的，画得跟照片一样逼真；走浪漫一线的，天马行空，不着边际。唯独两者结合，难上加难，却也散发着无穷的魅力。

我们生活在"花花世界"中，野花是我们生活的一部分。卡罗尔在《爱丽丝镜中奇遇记》讲："花会说话吗？""与你一样会说"，卷丹（一种漂亮的百合科植物）回应道，"而且声音很大。"

克兰如此喜欢植物，说明他了解大自然，热爱生活，而这或许是其作品在艺术、商业、教育上成功的原因之一。克兰曾说："人们在浏览一本书，抵达一片有插图或装饰画的绿洲，会感觉惬意。坐在棕榈树下小憩，让我们绷紧的思想放松一下，喝一杯别样的智识饮料，或许就能目击我们所追求的思想从中映现出来。因此，一如始于图像，我们也终于图像。"

刊于《文汇报》，2020年4月26日。更多内容可参考《花神之宴》中译本附录"沃尔特·克兰的艺术之路"（北京大学出版社，2020：87—128）

普通人通过博物活动访问大自然的权利和可能性

2019 年元旦我第三次奔赴云南勐海县南糯山探查植物。2019 年全年到勐海县四次，加上 2018 年的两次，到勐海一共是六次，到了 2019 年年底《勐海植物记》终于印出来。虽然自己水平有限，但内心还是高兴、坦然的，相信它能为人们了解当地的植物及生态提供基础性的信息。书中收录的 400 余种植物都是以个人亲自观察、拍摄为基础加以刻画的，而非某类科普书抄来抄去。

这里说的"抄来抄去"是泛指，不意味着都是侵犯知识产权的违规行为，弱一点或者中性一点的表述是"合理搬运"。中外传统科普相当程度上难以避免这类动作。高级一点的，从科学前沿的原创论文、专著上抄，相当多是根据洋文编译；次一等的，是从中文教科书及各种普及性读物上抄；再次一点的，是逮着什么抄什么，比如以信息网络为基础的"剪刀加糨糊"作业。不但抄文字，也大量盗图片。为何说"难以避免"呢？难道许多得奖作品也如此难以避免吗？是的，因为当事人没有亲自做科研，他们不可能获得与科学探究过程有关的原始材料，对于结论的得出过程和意义阐述，相当程度上自己无法进行独立判断，通常要跟随、依附于一线科学家。不"道听途说"怎么办？虽然相机、手机拍照如今变得非常容易，但是获取一张与内容高度匹配的照片，依然要下功夫，非当事人一般做不到。不用别人的照片，上哪找吸引眼球的图片？当然，并不能就此宣布在传统的意义上没法写出好作品，也不能断言只有用自己的语句和图片的才是好作品。

《昆虫之美：勐海寻虫记》《与虫在野》《武汉植物笔记》《初瞳：我和我的野生动物朋友》《博物之旅：山水间的自然笔记》《坛鸟岁时记》等一经出版就获得好评，并勾起许多读者自己参与其中的欲望。它们属于什么类型的作品？在以前或者在现在相当一部分人看来，它们就是科普。因为它们与昆虫学、植物学、动物行为学、地理学、鸟类学有关，却又不是科学家撰写的面向科学共同体的学术专著，理所当然被视为科普。我不完全反对这样归类，但要提醒注意几个区别：这几部书是一种新型的作品，它们虽然与某一门科学有关，重点却不在于普及现成的科学知识，它们均没有以搬运、抄袭科学家的东西为己任！传播现成的前沿科研成果，也不是主要动机。这几部书的作者如何做到不抄袭而展示自然之美和相当有趣的知识呢？也容易搞明白，他们像科学家一样，直接面对大自然。他们走进大自然，与大自然互动，亲自观察、拍摄、手绘；他们的探究不同于科学家，但也不脱离、背离现代科技成果。由于他们一般不从基金会、科研院所拿研究经费，也不需要发表论文。但他们喜欢以自己的方式展现自己看到的大自然，因而也经常出版作品，通常不是以第三人称，而是第一人称。科学家、科普作家的作品通常喜欢用第三人称，以示客观公正，然而李元胜、半夏等都是用第一人称，而且是第一人称单数，即"我看到、我观察、我认为"之类。

人称，只是写作形式，并不是最核心的；也可以从非人类中心论的视角看问题，比如从动物、植物、山、河的视角来写作。但有一条是关键的：亲自探究大自然中的某一类对象。在西方文化中，固定搭配已有两千多年的 natural history 中，前一个词 natural 究竟啥意思？通常以为它是用来限制探究对象的，指博物学关注的仅是自然物。其实并不很准确，历史上西方博物学并非只关注自然物，中国博物学更不用说。我猜想，此形容词除了限制对象之外，可能还包括对探究风格的限定，即它有"自然主义的"含义。至少在古希腊亚里士多德和塞奥弗拉斯特那里，对动植物的探究的确是自然主义的，17—18 世纪以后近现代西方博物学的大发展更是为自然主义所主导。即使考察的对象是鬼怪等虚拟物，探究的方式、手法依然不是超自然的、玄学的，而有相当的自然主义气息。不过，就自然主义而言，博物者做得不彻底，甚至有时故意保留了泛神论、拟人论、超验主义的成分。

一个尖锐的问题摆在面前：不抄袭、不搬运科学家的东西，博物作品还能展示独特的、有科学价值的内容吗？这个提问有点模糊，不好简单地给出是与否的回答。独特性、科学价值是略有不同的要求。博物作品可以做到前者，对于后者有时能做到有时做不到，或者说即使有点科学价值但也不大。可是，博物作品为何要有科学价值？《昆虫之美：勐海寻虫记》《与虫在野》《草木十二韵》等足够有趣，也是非常独特的，具有真正的原创性。但若追问其科学价值，回答将不是很有底气。坦率说除了个别的描述、记录可能超出了科学共同体的把握之外，这些作者的探究对于相关的生态学有一定贡献，若干年过去其描述也许还有环境史、生态史的价值。其实，对科学价值的这类挖掘，并不十分必需。退而言之，即使毫无科学价值（我并不这样认为），这几部书依然是优秀作品，能给人以启发，很有教育意义。还有，它们可能是"长命的"！即5年后、10年后甚至50年后再拿出来，仍然可以阅读，而某些科普书、科技馆的展教作品则极其短命。

复兴博物学包括许多优秀博物学作品的面世，都在主张、展示、证明，在高科技飞速发展的当下，探究大自然并非科学界的专利。人，作为一种源于大自然、存在于大自然的普通动物，必须熟悉自己周围的环境，并在整体上尊重大自然。这是人类作为类，要获得持久生存，必须坚守的原则。在现代社会中，揭示大自然的定律科学家最在行，当仁不让且获得制度性支持，进而关于自然奥秘的一切事情似乎也都是科学家掌握着话语权。诗人、农民、文科生等等，似乎并不了解大自然，并不能探索自然真理。这是一个极大的误解，此偏见表现的是科学世界图景对生活世界图景的碾压、遮蔽。按胡塞尔的说法两个世界中前者并不比后者真实，而且前者的意义是派生的，要始终依赖于后者。科学家在乎科学世界，而博物者与普通百姓一样更在乎生活世界。

在生活世界中能否探究大自然，书写大自然？能，不但能而且是生活所需、文化所需。普通人探究大自然，也是一项权利要求。如果真的失去了这项权利，将意味着什么？意味着生活的方方面面只能听别人的。那样的话，明天天气如何，三聚氰胺奶能不能喝，空气质量怎样，某转基因食品是否安全，癞蛤蟆上街是否预示着灾难，等等，只能听专家的。专家确实专业，但是未必事事清楚，建立在简化模型基础上的推断未必靠谱。除了认知，普通人访问大自然，还有其他许许多多的好处，比如审美、情感方面的。公民博物，可以重申对大自然的访问权，并从中真实获得诸多实惠，亦是其他活动无法取代的。

博物类探究不限于体制外的公众，一些科学家依然活跃于博物传统之中，因为博物传统是自然科学四大传统之一。当下，也存在诸多矛盾。科学界内部，博物类研究者地位不高，也感觉自己生存困难。超出科学界，这些专业博物探究人士（属于科学家）对业余人士（属于普通人）也经常瞧不上眼，觉得后者太肤浅、太不专业，虽然其"上层"同类也以同样的语气羞辱自己。比如某鸟类研究者（属于科学家）很鄙视百姓的观鸟活动，甚至仅仅根据一张照片就指责后者设备不专业，从而推断后者是伪博物者。冷静想一下，同为天下沦落人，相煎何急？业余者不会与你们抢饭碗，想多分一杯羹，宜找数理科学、还原论科学界理论。半夏之《与虫在野》全书的照片都是普通手机拍摄的！设备够用即可。手机也的确能够展示昆虫之趣、昆虫之美，博物活动未必一定要用昂贵的专业设备。半夏虽是生物学专业毕业，但此时只以普通人身份出现；她的作品不是科学、科普作品，但很好。

近期引进版图书中，《活山》《我包罗万象》《江户时期的动植物图谱》《撼动世界史的植物》都是很不错的自然、博物类作品，在阅读中我都有诸多收获。

二阶作品依然相对少，但有几本还是很有特色的，如《班克斯的帝国博物学》《约翰·缪尔传：荒野中的朝圣者》《更遥远的海岸——卡森传》《草木十二韵》《创世记：从细胞到文明，社会的深层起源》《盖娅：地球生命的新视野》《美的进化》《丛中鸟：观鸟的社会史》《动物解放》。这些书对于科学史、环境史、传统文化研究者，都会有启发。二阶探究多些，一阶探究才能走得更顺、更远。

最后，标题中列出了"可能性"，如何论证呢？上述图书的出版以及同类作品不可阻挡，纷至沓来，就是最好的证明。普通人确实有能力访问大自然，人文学者要做的只是"解放"，在"博物＋"框架下提供更多中外相关文化资源和支援。

刊于《中华读书报》，2019 年 12 月 25 日

预测未来与感知未来

关于未来不同的言说

我们处在高度非线性的社会系统中，没人能够准确预测未来，甚至没法说准明天的天气。2019 年有谁预测到今天的新冠病毒灾难？有谁预测了火箭发射会失败？没有。美国人提前知道疫情会在自己的国土上大流行，确诊数达 70—80 万？（截至 2021 年 6 月 26 日下午 6 点，全美共报告新冠病毒感染确诊 33608102 例）谁提前预测到了 2020 年 4 月 20 日纽约商品交易所 5 月交货的轻质原油期货价格罕见跌为负值，收于每桶 −37.63 美元，跌幅为 305.97%？没有。

有人说科幻小说家曾经在作品中十分形象、逼真地讲述过类似灾难。田松几年前就跟我们讲现代社会系统要崩溃。为什么是小说家和哲学家感知到风险，而不是科学家？

科幻作家韩松说："从玛丽·雪莱开始，科幻就写瘟疫。《最后的人》，写整个人类文明被瘟疫灭绝。还有克莱顿的《安德洛墨达菌株》，王晋康老师的《十字》等，表达了对这个问题的高度关注。""通过总结经验和吸取教训，人们重新审视与自然界和其他物种的关系，推动科学启蒙和科学研究，同时会促进社会治理、人文关怀和伦理建设。"

这涉及两大类不同的关于未来的言说。科学上的言说叫科学预测，必须讲得具体，因为系统太复杂，反而不可行。科学的做法必须定量化，必须建模，高度化简，这样一折腾反而不靠谱，远离"生活世界"了。

而文学、哲学甚至神学的言说，有对未来的感知，它不甚准确却也不都是胡说，他们对系统的不稳定性、非线性有切身的领悟。他们隐约知道什么叫正常和不正常、自然和不自然。而我们现在的世界无疑处于亚临界状态，处在危险的边缘。

要培养大家的好感觉，不限于科学，要避免科学主义。

当心高科技带来更多不确定性

我们常常用科学来评估其他一切风险，那么谁来评估科技活动本身的风险？这是一个大问题。它加深了未来世界的不确定性。乌尔里希·贝克就提示科技活动的风险。

韩松在采访中说，科幻作家眼中，最让人担心的是，"实验室人工制造的超级病毒引发的瘟疫。迅速传播，大量致死，无药可抗。人类文明在一周内灭绝"。韩松自己也写过一些有关瘟疫的科幻，包括《非典幸存者联谊会》《艾滋病：一种通过空气传播的疾病》和《医院》三部曲，涉及非典、艾滋病以及实验室病毒外溢等。后者在现实发生的可能性真的很大。

社会系统的"自我实现预言"

在社会系统中，有一种情况叫"自我实现预言"，科学社会学家默顿描述过。未来的世界部分取决于我们希望它是什么样子。这既带来了麻烦，也带来了希望。麻烦之处在于：人的动机、行为影响到自然的进程。比如某著名经济学家今天站出来通过媒体发布其看法，声称某地粮食可能要涨价，结果不久后真的就涨了起来，因为大家都信了他的看法。其实，某地粮食供应本来很充足，短期内不可能涨价。对于整个社会也一样，如果大家都乐观一点，未来就可能光明一点，但也并非百分百，还受其他许多因素的约束。如果大家都觉得某某做法不合理，希望通过社会改良而改变局面，那么未来就可能沿着希望的方向发展，这便是领袖、精英人物的引领作用。坏处自然也来了：过于悲观，可能导致未来很暗淡，经济学中这类例子很多，股市就是一个典型。大家都看跌，那一定跌。

美好社会、合格社会，就是要努力实现好的结局，这便涉及政治协商、权力制约、社会治理。

防患于未然

人这个物种要做大自然的守法公民、共同体的合格成员。比如要明白"塞伦盖蒂法则"，一种反馈的调节机制。一旦超越了权限，非线性耦合，调节可能失效。一个好的社会应当形成某种机制，约束个人（特别是有权、有钱、有技术的人）的行为。

2020 年 4 月 21 日
为某大学的一次座谈准备的提纲

城市分形空间与基础物种数据

　　当今的主流教育，让人们只盯着书本、做抽象的习题，客观上造成学生对周围世界的麻木，这是个大问题。现在开展生态研学，增强生态意识，也只是一个具体的局部目标，更重要的是通过这种活动，提升学生主动学习的能力，培养身心健康的人、有社会责任感的人。

　　"青少年城市生态研学"这个题目非常好，它明确了三件事：青少年，城市，生态研学。第一点讲的是活动主体不是成年人，而是青少年。第二点讲的是活动发生的场所、地理位置不是恩施大峡谷、不是青藏高原或者内蒙古草原，而是城市居住地附近。第三点讲的是自主探究性学习，在导师指导下进行生态调研，当然它不同于职业科学家的研究，也不等同于自上而下的灌输式教育。准确讲，它是一种主动的选择性学习，也不在于一时一课，贵在坚持，融于日常生活之中。下面主要谈谈我对城市当中人与自然互动所形成的空间格局的看法，也会论及开展活动需要的软件条件。

　　1. 人与自然就空间格局看，大致有四种可能的拓扑结构：人属于自然，人面对自然，自然在人之中（此条看似费解，其实很正常，比如人身体内有细菌、水），人与自然分形交织。分形（fractal）是芒德勃罗（B. B. Mandelbrot）发明的一个词，指具有自相似的几何结构，它有极强的概括力、号召力。地球上，自然演化出来的结构，通常是分形的，而人造的结构则未必。四种关系中，在目前的科学技术体系中，得到重视的只是第二种。其实四种关系可以统一用广义的分形空间关系来代表，只是目前人们

242

对此还不习惯，特别是城市规划者对分形不熟悉。有些决策者喜欢地图、规划图上展示出来的欧氏几何整齐性，把城市人为划分出若干规则性的功能区，比如让人们集中住在东北部的 A 区，白天到西南部的 C 区上班，这样的规划难道不是导致城市交通过分拥堵的罪魁祸首？

2. 好的城市规划，应当尽可能使城市地图呈分形结构。因为这种结构才是自然的、高效的（像人体的血液循环系统），更适合城市发挥功能。说到底也符合生态原则。城市中应当有湖泊、小山、河流、草地，反过来树林中草地中也有人烟，公园内部也有房子等人工设施，再进一步房子附近和内部也有自然物。校园周围和内部应当有花草树木。在武汉，自然条件非常好，实际做到这一点不难。要有意识加强分形观念，避免修建过多单一化的广场、大型建筑来人为地造成"人与自然的隔离"。大自然足够广阔、博大，大自然中某处缺了人，则无所谓；但是有人的地方如果缺少自然的因素，则一定会出问题，出大问题，导致恶性循环。

3. 改进人与自然的关系，推动青少年从小感受大自然、培养对大自然的感情和审美情趣非常重要，认识其实还是次要的。地理上、空间上人与自然的关系究竟是怎样的？即使成人，也存在认识上的误区。实际上，自然并不只在遥远的他乡。人与自然事实上是犬牙交错的，也应当如此。培养生态意识，研究生态变迁，也不是一定要到远方做一番工作。城市青少年，就生活在城市中，在课余、日常生活中，就能大量接触自然，在校园中也可以，关键是改变态度，发现身边的大自然，甚至要发现人体内的大自然。就近接触自然、发现自然，也解决了野外活动面临的安全、资金问题。另外，由近及远符合渐进原则，了解社区、家园、家乡，爱自己的出生地，才有可能爱祖国，热爱与保护一般性的"绿水青山"。

4. 青少年的生态研学不宜过分追求野生、向往远方，应当立足于校园、社区、公园就地展开，偶尔外出。培养对平凡生命、自然景观的感受力，关注身边的昆虫、野草、鸟类，记录花开花落等物候变化。博物当中讲究 wonder，惊奇感，这个确实需要培育。雪山上的野花、非洲动物的大迁徙让人动容，不足为奇，它们天然具有珍奇的特征。发现身边平常世界的有趣之处才是本事。

5. 明确了分形空间和在地研学的大前提，城市管理者和科研院所、高校的专家们，应当担负起责任，提供城市生态研学所需要的必要的基础性材料。比如除了编写内容齐全的区域性志书外，要提供城市植物、昆虫（蝴蝶可出专书）、两栖类、鸟类彩色图鉴类手册，最好有多种版本。据我所知，做这些在现在并不存在技术困难，缺少的是关注，是拿出时间和精力用心做，甚至钱也不是根本问题。想做就能做，想做好就能做好，问题是许多地方没想到要做，不认为做这个有多大意义。

6. 基础材料要足够丰富和具体，手册、导览性指示牌要实用、特别具体，避免形式化。可以针对沙湖、东湖、严东湖、南湖、汤逊湖、武汉若干大学校园等做出形式多样的自然图鉴、自然笔记（网络版也很好）。在这方面确实可以向西方发达国家学习。比如英国，市场上有大量自然类、博物类、自然教育类图书，在公园中也能见到大量图文并茂的导览。如伦敦的海德公园，这个公园比较大，有湖有桥有树有草地，当然也有许多来自世界各地的游客。有关方面制作了一批实用的指示牌立在不同的区域，这些牌子通常不高，不影响视线、拍照（这与武汉黄鹤楼景区立着高大的教育游人遵守纪律的牌子形成鲜明对比，那种牌子很煞风景，拍照也很难躲过去。不只武汉，全国各地都一样），牌子上面画着附近容易出没的鸟，标出拉丁学名和俗名，有些还可以介绍点细节。

在中国有多少城市、保护区、风景名胜区、国家公园能提供基础性物种数据、图鉴？国家每年的拨款，可有一定的份额用在这方面？这个要求并不高，但是做不到。特大城市、五星级景区都做不到，短时期内也不想做，这就看出问题的严重性。其实，这个要求并不只是针对青少年生态研学的，而是自身作为一个实体成立的必要条件。一个国家公园、保护区，凭什么成立，凭什么跟国家要钱？难道不需要清晰地罗列基本的物种数据？除保密者外，难道不需要向公众（纳税人）展示、做普及？

7. 缺少称职的在地指导员。武汉这类大城市可能并不缺少植物专家、动物专家、生态专家，但是专家通常并无义务和意识直接服务于市民。这需要解决一个机制问题，先要有个试点。武汉园林局的做法很有效。第一步是园林局的专家与学校对接，第二步是一般高校的专家（教师、研究生、高年级本科生）与普通百姓对接。

8.目标设定。研学可能达成什么样的目标？肯定不是自然科学意义上的创新成果，比如提出什么新理论、发现新物种之类。要把目标制定得朴实、实际一些。重点在于感受、体认，学会观察、记录、整理材料、积累优质数据。

城市中开展博物、自然教育活动或者生态研学活动，有许多共性的问题，需要一个一个地解决，最好有关部门能够针对每一类问题先做出一个示范，然后克隆、改进。榜样的力量很大，希望武汉带个头，在全国做出各种示范。现在自然教育领域热衷于开大会，有时达 2000—4000 人，非常热闹，有这个必要吗？

2018 年 9 月 18 日于武汉，座谈会发言

自然与文明共进退

——点评 2020 年博物图书出版

Covid-19 强化了几乎所有可见与不可见的边界，理性与非理性之边界除外。不过，残酷的疫情也的确让更多人意识到人与自然的矛盾不是抽象的，它直接涉及你我他的生死。在此特殊时刻，自然、博物类图书出版形势怎样呢？以南兆旭先生筹划的"坪山自然博物图书奖"为例，因疫情对各行各业都造成了巨大冲击，发布征集信息那天，大家原以为这一年的相关图书数量不会很大，但结果却是："我们被淹没在油墨味熏天的书海里。很熏，也很幸福。我们共收到来自 59 家出版社、出版机构、公益组织以及专家、读者推荐的 416 本。"（摘自深圳坪山图书馆微信公众号）

1. 引进版二阶作品增多，境界和技法均高出一等

商务印书馆连续多年成为博物类作品的出版大户。熊姣重新翻译了卡森的经典《寂静的春天》，卡森另外几部作品也宜尽快引入。新出的《树木之歌》与《看不见的森林》同样精彩，不得不说文质彬彬的哈斯凯尔教授非常会写作。这次他写的是寻常之物（吉贝、欧榛、豆梨、日本五针松等），极见功夫，瞧一眼书末 14 页之多的参考文献就会知道作者有多努力。比较一下，国内的博物类图书极少列出参考书，这不仅仅显示了形式上的差距。商务印书馆翻译出版的《生命之数：用数学解释生命的存在》

令人爱不释手，作者是我们比较熟悉的斯图尔特（Ian Stewart），他本身是数学家。那么，这本书不是讲数学吗？没错，但同时也在讲博物！当博物学已经在出版界得到认可，就没必要区隔，反而宜主张沟通。斯图尔特的这部书与当年达西·汤普森的《论生长与形式》及特奥多·安德烈·库克的《生命的曲线》属于同一类型。斯图尔特的作品一如既往，简明、优美、充满洞见。

如果在博物系列中列入数学家的作品有些唐突，那么提到古尔德（Stephen J. Gould）这位博物学大佬就非常自然了。商务印书馆出了《刺猬、狐狸与博士的印痕》（不属于"博物沉思录"系列）、《达·芬奇的贝壳山与沃尔姆斯会议》，外研社出了《彼岸》，加上去年6月海南出版社出的《奇妙的生命：六亿年地球生命演化的秘密》，短时间内中国就翻译了他四部书。古尔德的作品融文学、历史、博物学、古生物学于一体，妙不可言，在全球有极高的声誉，却也相当难翻译。尽管现在的译本仍有可推敲之处，但作为读者必须深深感谢诸位译者。说译者积德行善，并不为过，局外人可能不晓得翻译有多辛苦、稿酬与付出多么不成比例。

法国学者雅克·阿塔利的《海洋文明小史》小巧玲珑，信息量巨大。因为这本书，我还到北京的法国文化中心客串了一场海洋博物学讲座。此书的内容几乎可算作海洋开发史、海洋"不文明史"，书中叙述了人类对海洋的持续争夺和大规模污染！原书名直译便是"海洋传"或"海洋志"。海洋题材让我想起2019年9月译林出版社出的古利（Tristan Gooley）的《水的密码》（*How to Read Water*）。广西师范大学出版社今年也推出一部海洋博物书《深蓝SOS：我们和海洋在一起》，作者厄尔（Sylvia A. Earle）是"深海女王"、探险家、海洋学家。这本书文字并不深奥，但书末同样包含13页的参考文献，另有5页的网站链接信息。由此可以看得出来国外做这类书是多么认真，并不因为内容通俗、面向大众而降低标准。或许世界上不同地区"大众读者"之文化水准不相同吧。我的一个观点是，博物书既要"下行"也要"上行"，前者指界面宜友好，后者的境界宜提升。界面不友好不利于文化传播，境界不高是自毁前程。国内市场上大量科普书几十年来套路不变，有的甚至一个劲地"往下带人"，让正常的文化人如何喜欢它们？博物与科普有一定关联，但是现在应强调它们之间的区别，博物正试图恢复与科学平行存在、演化的传统，而非要与科普纠缠不清。广西师范大学出版社还引进了《食物探险者：跑遍全球的植物学家如何改变美国人的饮食》，中译本装帧精美，价格也不菲（108元）。梅里尔（Lynn L. Merrill）撰写的《维多利亚博物浪漫》（中国科学技术出版社）终于快印刷了，它是一部很特别的科学史作品。今年，北京大学出版社还出版了我译注的克兰（Walter Crane）的一部小书《花神之宴：百花化装舞会》。另一本《古园奇幻》也已译毕，尚未找到出版社。

施宾格（Londa Schiebinger）撰写的《植物与帝国：大西洋世界的殖民地生物勘探》是一部非常特别的女性主义科学史、博物学文化作品，全书基本上围绕一种植物洋金凤（*Caesalpinia pulcherrima*）来叙述。此书由四川大学姜虹翻译，中国工人出版社出版。姜虹译出的希黛儿（Ann B. Shteir）的《花神的女儿》近期将由四川人民出版社出版。希望这两部二阶博物学作品的译出能推动国内的相关研究。毕竟历史上中国女性与植物的互动也相当有特色（如《红楼梦》《镜花缘》所示），值得做细致工作，在死板的传统科学史叙述中，这些"生活世界"的内容无法得到公正对待。

2. 原创版稳步发展，形式多样，前景看好

这一年我推荐或作序的博物书就有十几种，有的预计明年才能印出来。

国内原创版在许多方面比不上引进版（外国不是一个国，直接比也不公平），但也很有特色，迄今为止其出版形势仍然符合我多年前的预测。俗话说"不怕慢就怕站"。现在看来，博物原创书必定稳定发展下去，这不是少数人的忽悠，而是建立在销售统计数据上的一种信念。当然，这也建基于对中国百姓生活变好、文化素养提升的憧憬之上。

要特别提及周浙昆的《墨脱植物考察追记》（云南科技出版社）和马克

平主编的《植物博物学讲义》（北京大学出版社）。前者生动补记了 1992 年
9 月到 1993 年 5 月墨脱雅鲁藏布江河谷的越冬植物考察、采集活动，中国
科学家应当更多地书写野外考察过程的图书；后者体现了职业博物学（这
里特指植物科学）与业余博物学相结合的一次有益尝试，马先生高瞻远瞩
充分意识到了公民博物学对于生物多样性保护的重要意义。博物学种子已
经播下，实践与传播的级联（cascade）、反馈架构已经启动。

刘利柱编著的《太行山常见植物野外识别手册》（河北科学技术出版社，
2019 年 11 月）、吴健梅主编的《草木南粤》（分园林篇和山野篇，广东科技
出版社 2019 年 12 月）、张海华的《东钱湖自然笔记》（宁波出版社，2020
年 7 月）和《诗经飞鸟》（宁波出版社，2020 年 10 月）、何频（赵和平）的《蒿
香遍地》（黄山书社，2020 年）都非常值得关注，需要特别指出四位作者都
是业余做相关探究，但水平都不低。

目前的中国，基本动物植物菌物工具书、地方性手册，依然有许多空
白，严重制约着公民博物学实践的开展。有时科学家对自己的家底也不够
清楚，中国境内一些地区的标本采集、野外考察仍有许多工作要做。比较
中国与发达国家的博物学，从基础层面看，这方面的差距十分明显。改进
的办法只能是提醒、呼吁科学家要直接为纳税人服务，除了用洋文多发论
文外也要用母语写些通俗读物，各种动物志、植物志、菌物志、江河湖海
志、保护区志、国家公园志等，没有的要尽早立项、抓紧出版，已有的要
想着及时更新（比如《北京植物志》迟迟不更新），同时博物爱好者也要学
着自力更生，自己撰写实用作品，所谓"自编自用"。一阶博物爱好者、从
业者，也宜适当接触二阶研究，反之亦然，这样才有利于博物事业行稳致
远。从全球视角看，中国人对域外的大自然关注不够，相关中文出版物可
谓稀少。比如我们对周边国家、"一带一路"沿线国家之地质、地理、植
物、动物、风俗、文化，均缺乏足够的了解，光盯着经济或者贸易，是远
远不够的。

家园与远方，都要博物起来。《生物多样性公约》第十五次缔约方大会
将于 2021 年在中国云南昆明举办，同期还会举行《生物安全议定书》《遗

传资源议定书》缔约方会议。公民博物和自然教育，是生物多样性保护、生态文明建设的重要抓手。而做好博物图书的出版，又是基础的基础。在此我也斗胆继续预测：未来三十年，博物图书出版都会保持热度。

刊于《中华读书报》，2020 年 12 月 23 日

儒学与博物学

感谢组委会的邀请，我因为个人身体问题和其他安排不能出席中山市第二届"儒学与博物学论坛"的相关活动，非常遗憾。将儒学与博物学放在一起考虑，极有创意，也有明显的实践指向。张为校长多年来组织开展的多种自然教育、博物活动也充分体现了将二阶理论与一阶实践相结合的眼光和策略。

在我国以及在世界上许多地方，人们在热闹地讨论 STS，其中第一个 S 指科学，第二个 S 指社会，T 指技术。现代科技的突飞猛进，产生了巨大影响，关涉到人自身的发展，也关涉到人以外其他物种、无机界的演化。STS 学科群中最早成熟的学科是科学哲学，然后是科学史、科学社会学和技术哲学，接着诞生了把科学、技术、医学、社会等联系起来研究的综合性学科或学术领域，其中的一个目的就是要理解有如此影响力的科技。各子学科相继登台，人们看到研究范围的扩展，问题的增多和交织，但是其中也有东西在弱化和丢失，比如本体论、自然观问题。在 STS 中，科技、社会都得到了应有的重视，而自然本身却无意中被抛弃，可持续发展、环境教育等对此有一定补充，却未能好好地反思科技。STS 早先其实并不反思科技，后来有不同程度反思，却仍限于学科相关的局部子问题进行讨论，并未明确回到文化、文明、生存层面来反思。推进 STS 和科学史研究的一种建议是，把 STS 扩展为 NSTS，其中 N 指自然（nature）。

现在人文学者或大众能探索大自然吗？这是一个问题。按科学主义或现代性的逻辑，现在直接探索大自然，讨论自然观、本体论，只能依据科学，即从自然科学的角度进行探究，人文学者早已本能地意识到这不是自己的强项，如果还承认有此使命的话。那么这部分工作必然外移，转让给或者被迫交给科学家来做。科学家制造知识，并没时间做这些，于是任务落到了科普工作者头上。一句话，科学和科普将告诉人们大自然如何运作，世界看起来什么样或者说世界图景怎样，哲学以及其他学科都没有太大发言权，也不敢主张自己有任何发言权。但是，大自然的运作、环境、生态、天人系统可持续发展诸问题，无时无刻不涉及什么是自然、自然的本性如何，而这些并非天然归科学管。任何生物都要先通过自己的感官接触、了解外部世界，人本来也如此。在现代社会，普通人（包括人文学者）能够研究大自然吗？换种弱的说法，能够"访问"或者感受大自然吗？依据严格的科学主义观念，回答是不能。只有经由科学这个中介，才能做到。因此，即使大家都同意人们归根结底都生存在自然环境中，普通人与大自然之间的通道也是关闭的。稍弱化一点，可以承认部分主观感受的价值，但其中没有"智识"可言。

这就是重启博物学的现实背景。需要理论思考和现实关注，甚至包括对未来的憧憬，才能意识到这个现实背景。它涉及人为何物，人如何理性地生存的大问题。

儒学与博物学都非常古老，至少与近代科学相比如此。许多人都觉得，儒学与博物学即使在过去曾经非常辉煌现在看也只是过去时，甚至越早抛弃越好。对古董做二阶的学术研究，总能找到若干理由，毕竟它们比某些时髦领域和宏大主题更值得做学术探究。但是，关于儒学与博物学，绝不是多发几篇学术论文、申请更多项目的问题，二阶研究必须与一阶实践紧密结合。这种结合或者由作者本人亲自操作或者作者有意识地将二阶研究应用于一阶实践。

在 19 世纪，恩格斯早就在《自然辩证法》中讨论了人与自然的关系问题，而且给出了极为生动的描述，西方 STS 关注环境问题要比这个晚许多

（通常并不提及优先权）。苏联和中国也沿这本书的名字而发展出一个大学科，此时正在衰落。回想过去的一百多年，有些研究深化了，但是恩格斯提出的核心问题反而不见了。值得注意的是，他说的是自然辩证法，而不是科学辩证法、科技辩证法或者 STS 辩证法。自然哪去了？隐含在其他事物之中，悄悄交给了专业团体。

复兴博物学，就是要延续一个古老的文化传统。说得严重点，只有延续这个传统，人这个物种才是一种合格的动物，然后才有可能成为合格的人。每个人，包括文科生和人文学者，都有感受、探究大自然的权利，并且在此过程中获得洞见，然后将相关洞见运用于对未来的筹划。这种"访问"与某个职业团体的深刻工作同样重要，需互相补充。也唯有如此，才能避免资本和权力对智识活动的绑架而使人过分在乎小尺度算计，而丧失宏观判断力。维系天人系统的可持续生存，是人这个物种的道德义务，如果还原论还有一点道理的话，就需要每个人明确生活态度，选择生活方式，在多尺度上进行价值权衡。

有人会担心，这样呼吁是不是故意把事情对立起来，或者说故意与当今科学过不去？其实完全不是这样。恰恰是因为现代性价值观独断任性、压制多样性以及某些人做得太过分，现在被迫想取得一点点平衡，却很难。坚强、强大、占主流的科技界应当放心，这种争取平衡的努力不会伤及科技共同体，长远看还有利于科技。复兴博物学，是在做加法，并未动了科技界的奶酪。况且，我们鼓励博物爱好者虚心向科学、科学家学习，尽可能了解最新科技进展。比如植物博物学要尽早接触并消化 APG 系统，在现实中应用。

如果说儒学涉及中国人的自性（安身立命）的话，博物学则涉及人这个物种的自性（人是什么东西、究竟想干啥）。复兴传统，任重道远，不是历史实在论意义上的嗜古、视古、复古，而是通过一阶与二阶并重，建构一种新文化。就 NSTS 而言，现在再讨论 N 不是早期西方哲学本体论式的玄学构思，不是自然辩证法界早期的思辨自然观，也不是当代科普意义上的讲故事，而是在主动吸收科技成果基础上融合个体的亲身实践，力图描述出多元的世界图景，理清我们自身与大自然之间的情感、审美和伦理关系。

祝愿中山第二届"儒学与博物学论坛"系列活动圆满成功！

2018 年 10 月 29 日于北京

写给中山市第二届"儒学与博物学论坛"的贺信

为深圳坪山区发展出点主意

感谢吴部长再次提起"浮生常博物，记得去看花"，想不到她一直"记得"。

深圳经济高速发展，政府职能转变非常明显，这些对我来说一点不意外；深圳做得非常棒，与此同时深圳生态保持良好、生物多样性丰富，令人刮目相看。这种局面很不容易，值得关注、值得坚持。

生态文明是中国追求的大目标，中国有能力走出一条不同于一般工业化的新路，深圳肩负示范的重任。在现代城市生活的人类个体，不能只顾及更快更忙更有钱，也要考虑诗意地栖居，尝试慢生活，与大地贴合。什么是好生活？一定是辩证统一，不能是单向撕裂。目前生态文明建设多停留于口号层面，深圳可以具体化一点，走在前面，为全国树立可参照的榜样。从哲学的角度看，现代西方文明虽然很厉害，但只是文明进程中的一个阶段，此阶段并非全是好的，也带有许多恶劣的方面，比如价值观的单一化、人与自然矛盾的激化、资本－权力－科技"铁三角"置天人系统于危险境地等。对深圳坪山区的发展，我的具体建议是：

1. 不宜总是单方面地提创新，文化事业要在传承的基础上有限度地谈创新。如果没有足够的保护和传承，上来就创新，就必然破坏传统、遗忘历史，制造出寿命短暂的无根、无特色的现代性文化垃圾。口号可以是"传承以创新"。刚才郑培凯先生讲的，我深以为然。

2. 在坪山区内完善世界一流水准的步道系统，提供配套服务（如标识和自然博物手册），公民既可以锻炼身体，又可以增长见识、传承地方性知识，促进普通人与大自然的对话。深圳有七娘山、阳台山、塘朗山、梧桐山，坪山也有马峦山，这些地方颇值得开展公民博物活动。

3. 自然博物馆建设宜加强藏品的收集和研究，不能像许多别的地方只停留在硬件建设阶段。盖楼不是目的。要特别注意收集与深圳本地相关的自然物、人与自然互动的遗物。只有做到足够本土化才能跻身世界前列好馆（不同于国家馆、省馆）。

4. 希望坪山区继续做好每年的"坪山自然博物图书奖"评选品牌活动，也可以启动坪山"发现自然"摄影比赛，鼓励公众参与，扩大坪山在全国、全世界的影响力。

2021 年 3 月 26 日

深圳坪山文化智库会议发言（网络在线形式）

科学文化研究的一个修辞策略

语词承载着观念，形式与内容相互配合。讨论科技事物，大概也不例外。科技在现代社会做大，对其关注度也大增，描述科学的手法也多种多样。

科学元勘（science studies）是指对科学技术事物进行元层次的多种探究，包含科学哲学、科学史、科学社会学、科学知识社会学、科学传播学、科学政治学、科学修辞学、科学伦理学等。科学元勘领域近几十年对科学事物、科学文化进行了多层面、多角度的讨论，其修辞策略亦值得关注，这虽然算不上什么十分"本质"的方面，新学人（students）原本对"本质"就不很在意（通常反对本质主义），但也不能说新的修辞不意味着、不展示着什么。我注意到一个现象，早期与实证主义理念相对应，科学史、科学哲学作品的标题通常是偏正结构的名词（*n.* of X）词组或者并列结构的两个名词（*n.*+ *n.*）组合。

到了科学知识社会学（SSK）那里，就开始大量使用动宾结构，用标准的动词加上名词（*v.*+ing+*n.*）作为图书或论文的标题，比如皮克林的《建构夸克》（*Constructing Quarks*），柯林斯的《改变秩序》（*Changing Order*），藤村的《捏造科学》（*Crafting Science*，中译本译作《创立科学》），迈尔斯的《书写生物学》（*Writing Biology*），法伯的《探寻自然的秩序》（*Finding Order in Nature*，严格讲这本不是 SSK 类，只是一般科学史作品），这些都有中译本。再比如 *Knowing Nature*; *Inventing the Indigenous*; *Illustrating the Natural Wonders of the Colonies*; *Enhancing the Scientific Value*; *Possessing*

Nature; Knowing Nature: Art and Science in Philadelphia, 1740-1840; Finding Patterns in Nature。这时，重心就不是单纯的一个名词或两个名词了，而是一个过程。比如在 *Writing Biology* 中，重点没法说是"生物学"还是"书写"，而是"书写生物学"这样一个完整过程。注意，此时表示动宾结构的动词还是普通的动词，即英语中常见的表示动作的动词。

到了博物学史、博物学文化研究，开始使用这样的标题（见《博物学世界》文集等）：*Courting Nature*，*Botanising Women*，*Peopling Natural History*，*Provincialising Global Botany*，*Picturing the Book of Nature*。其中表示动作的词通常只当名词用，如 court（宫廷）、botany（植物学）、people（人，居民，人民）、province（省份，范围，地方）、picture（图画）原本是普通的名词，现在则把它动词化（以前也可以作动词用，但不常见）。*Courting Nature* 想表达的意思是，当时的意大利宫廷发动了或者大量参与了对自然物收集与探究工作，成为当时博物学的一大特色；很难翻译，大致可以翻译为借助宫廷来认识大自然、自然物进入宫廷、自然的宫廷化、宫廷中的大自然。

问题来了，为何会有这样的变化，这种变化反映了什么？

我觉得这些反映了研究理念的变化，以及相应的科学观、自然观的变化。变得更加强调从运动中、过程中来理解作为一个整体的对象（科学、技术、自然物、场所、人与自然的关系）。至于把普通名词动词化，是想改变语言的僵硬、死性，因为通常的语词已经固化了、歪曲了我们欲研究的对象，通过加 ing 可以活化对象。

以上是一点个人体会，欢迎讨论、批评。

2001 年 4 月 5 日初稿，2020 年 3 月 9 日修订

刊于《中华读书报》，2020 年 3 月 18 日

一个鲜活的案例胜过百部著作的论证

人类社会在延续，在前行，在进步。未来是什么样，"进步"到哪里？现在行走、狂奔的道路对吗？现代化只此一条道吗？

2020年突如其来的新冠疫情加重了人们的思索，但远没有达到令众人破除迷信、坚定新信念的程度。

有一年，美国著名科学史家纳伯斯（Ronald Numbers）到访北京大学，经苏贤贵老师介绍，聊到阿米什。我说起中国类似阿米什社会有自己一整套文化。他立即打断："中国怎么是阿米什社会呢？"言下之意，中国追随西方的脚步，步伐甚快，已经变得很现代化了，根本就不像阿米什嘛！我不得不补充："过去曾经是，现在则应当是。"他这才勉强点头。对于"应当"的措辞，他是认可的，但对于过去和当下状况的认知，各有自己的判断，也非三言两语能够说得清。

实际上，直到1999年，我才听说世上有阿米什人，并有机会实际参观了一整天。不过，从那以后，我在许多场合讲起阿米什。有一次中国传媒大学的博士生课请我讲一次，课上我提及阿米什，学生对此话题颇有兴趣，听得很认真，与我进行了多方面的讨论。从1999年开始，我在《中华读书报》《中国科学报》的杂文中几次谈及阿米什，但我不是最早在中国大陆介绍阿米什的人，之前已经有几位在杂文、游记中讨论过。

不过，整体而言，直到今日中文世界中关于阿米什的讨论依然非常少，据我所知，著作只有毕其玉译的诺尔特《阿米什人的历史》（湖北人民出版社，2015）一部，译者还邀请我撰写了中译本序言。除了我写的，期刊上发表的、我有印象的相关文章大致有：

杨直民，《发人深思的"阿米什"农业》，1992 年。

王寅，《美国阿米什文化新探》，2005 年。

梁茂春，《远离现代文明的宗教群体：阿米什人》，2006 年。

王薇薇，《走进阿米什的天空》，2008 年。

宫昊，《阿米什人对当今电视文化的启示》，2008 年。

石方，《穿越阿米什人的农庄》，2008 年。

管宁，《Amish（阿米什）家具制造业》，2008 年。

易兴霞，《美国阿米什人基础教育的特点及其启示》，2010 年。

张薇，《论阿米什人的生存与发展之道》，2010 年。

朱海娜、訾缨，《美国阿米什人生活方式的生态主义解读》，2010 年。

温宪，《阿米什人的现代化困惑》，2011 年。

张小萌，《阿米什：人类文化中的特殊物种》，2011 年。

张振旭，《阿米什人生活在"19 世纪"》，2011 年。

刘宝青，《阿米什文化与美国文化的融合与撞击》，2012 年。

孙超，《阿米什日记》，2012 年。

刘致福，《廊桥一端的阿米什》，2013 年。

寻晶晶，《阿米什社区技术禁忌分析》，2014 年。

徐世红，《透过电影〈阿米什的恩典〉看信仰之美》，2014 年。

张婧文，《美国阿米什的"避世归隐"与庄子的"逍遥游"》，2015 年。

格根塔娜，《美国阿米什人基础教育现状分析》，2015 年。

刘天玮，《简论美国阿米什人教育》，2015 年。

朱海娜，《阿米什文化所反映的深度生态主义》，2015 年。

张祥龙，《儒家通三统的新形式和北美阿米什人的社团生活——不同于现代性的另类生活追求》，2016 年。

盛丹、史玉民，《阿米什人技术选择范式及其文化语境》，2017 年。

高小岩、全美英，《族群规约与无形边界——美国阿米什人社区的公共文化》，2017 年。

　　这份列表肯定不全，但我确实愿意尽可能列出来以向这些作者表示敬意。总体来看，文章不算多，但主要主题还是涉及了如农业、教育、技术、信仰、现代化、生态、传统文化、大众传播、文化比较、可持续生存等。

　　也有几部不错的关于阿米什的电影传播到中国：

《证人》（*Witness*），1985。

《恶魔的游乐场》（*Devil's Playground*），2002。

《阿米什的恩典》（*Amish Grace*），2010。

《规避》（*The Shunning*），2011。

《阿米什：秘密的生活》（*Amish: A Secret Life*），2012。

《走出阿米什》（*Breaking Amish*），电视系列片，2012—2014。

《阿米什人：协力造屋》（*The Amish: Barn Raising Day*），2013。

《回头遇到爱》（*Love Finds You in Charm*），2015。

　　在我的朋友圈中，关注、同情阿米什的不多；我估计，全社会也差不多这个样子，这是由这个时代的"平均世界观"决定的。多数人不知道阿米什，知道了也对其持负面看法。只有个别人对现代性、现代科技发展有所反思，具备了理解阿米什的条件。好友田松对阿米什特别有兴趣，我们为此进行过多次讨论。

　　阿米什社区在现实中的存在，是真正打动我的一个好案例。它与科学知识社会学（SSK）一道使我对现代科学和技术的认知有了根本性变化，最终使我从一名坚定、固执的科学主义者成为一名宽容的非科学主义者。众所周知，MBA课程很讲究案例，可能还要花钱购买相关的案例用来教学。阿米什这个案例值多少钱？无价之宝！这个好案例胜过千言万语，也可以说胜过一百部学术专著的论证。阿米什人至今好好地存活着，实际上回答了许多单纯靠论证无法决断的难题。事后想来，许多争论是不必要的，因为阿米什人已经以行动表明现代化之路如果是不可避免的，也一定可以做到多样性地实现；对于各种文明，如果早晚都是死，那么阿米什人的智慧及阿米什之路则会让文明死得晚一点。

...

...

　　反思、批判现代性的论著不知道有多少了，相比于阿米什社区这个活着的案例，都微不足道：行胜于言。阿米什人主动推迟使用新技术，这一点着实特别，太说明问题了。2015年我曾说过："我们看重阿米什这个案例，并非我们多么欣赏阿米什的传奇故事或者宗教，而是因为他们珍视自己的传统，与流行的'现代性'保持距离。"（《阿米什人的历史》中译本序言）

　　最近我又重读了《阿米什人的历史》，再次体验到用传统的二分法，不足以描述阿米什的理念、生存智慧。阿米什对世俗社会中知识分子倡导的思想解放、技术进步等表现不积极，但并非完全僵化，他们支持"有选择地变化"，其思想观念是适应其生活方式的，并与环境保持和谐关系。相对而言，阿米什的确保守，但与保守相对照的是什么？是进步还是激进？如果是"激进"，那么激进并非总是好事情，激进与风险的提升经常联系在一起，比如在战场在金融投资领域。在通常的历史叙事中"进步"一词已经被用滥了，成了一个被争夺的好标签。能够进行进步叙事，前提之一是提前洞悉了历史进程的大方向。问题是谁能提前做到这一点？历史演化过程有没有方向？从哲学上讲，"保守"并非总是贬义词，即使从科学的眼光看也如此，牛顿就曾讲过科学某种程度上是保守的，因为科学界不会轻易接受变革诉求，除非有充分的道理；保守是为了保证科学大厦的稳定性。现代社会的一大弊端就是无法安顿下来，现代人缺乏耐心，不进行长程思考，对变化表现出强烈的嗜好。用现代性的此番"忙碌"，是难以定义合理性的。学者宜尝试历史学家施拉巴赫（Theron F. Schlabach）在1988年出版的《和平、信仰和民族：十九世纪美国的门诺会和阿米什》（*Peace, Faith, Nation: Mennonites and Amish in Nineteenth-Century America*）中所阐述的历史观：需要暂时把现代人的理念和思维习惯放到一边。我们并非要理想化、美化阿米什的生活而对现代生活进行批判。学者只是需要先跳出思维习惯的桎梏，尝试理解不同的观点，有了这样的心态和准备，才有可能提取阿米什的生存智慧，汲取教益。

　　部分受我的影响，我的硕士生寻晶晶从科学技术哲学的角度研究了阿米什的技术观，她的学位论文标题就是《阿米什社区技术禁忌分析》(2014)。晶晶聪明好学、热爱学术，在校读书期间曾到美国参加阿米什学术会议，结识了一些国外的学者；毕业后多年来又克服多种困难翻译了《阿米什》这部名著，非常不容易。我作为前导师，很愿意推荐寻晶晶翻译的这部作品，我相信它对于中国社会的发展和学术研究有重要参考意义。

关于这本书的具体内容，不用我多言，读者阅读后自有判断。

2020 年 1 月 8 日于北京肖家河

2021 年 1 月 20 日修订

青藏高原"胃"之东南边缘

　　从地形图上看，青藏高原是一只平放的"胃"，塔里木盆地西南侧的克什米尔地区是"胃"的入口，澜沧江中下游一带是"胃"的出口。胃的北侧轮廓是阿尔金山和祁连山，南侧轮廓是冈底斯山脉、喜马拉雅山。所谓的"华西雨屏带"以北偏东40度的条带出现在"胃"的东南边缘。长江上游支流金沙江、雅江、岷江、嘉陵江分别由西北向东南穿过这一雨屏带，将世界屋脊相当一部分降水最终由西向东输运。

　　华西雨屏带地下、地表附近、地上大气层这三部分，在地质学、地貌学、生物多样性、冰川学、气象学、大气物理学等方面都有极鲜明的特点，可以说举世无双，它所呈现于世人的宏观可视形象是多种因素缓慢作用形成的。要特别强调的是不可视的基底层，这里是板块边界。由于板块运动，这里多地震、大地隆起，边缘摩擦等形成了独特的地质构造和地理地貌，内动力地质作用的结果又决定了外动力地质作用的特点，地质地理格局则为这一地带的垂直温差、丰富降雨和极为难得的生物多样性提供了基础。学者通常视这一地区为南侧印度洋板块与北侧亚欧板块的挤压带，但是如果把视野放宽一点，东侧的太平洋板块也要考虑在内。也就是说，此地受三个大板块的同时作用。太平洋板块西端目前划分并不细致，云贵高原、四川盆地和大巴山一带是否属于其板块前缘，地球物理学家将来会给出更明确的结果。

　　综合多种材料，从博物学的角度分析，华西雨屏带地下有三条大断层（隶属于龙门山断裂带）、地形变化突然、多降雨、多灾害、生物多样性极丰富等，都是较大时空尺度自然演化的结果。这里的山体、地表土层、生物多样性极为脆弱，对于扰动颇为敏感。在没有人这个物种介入之时，这一地区无论怎样变化，都是自然的。地震、塌方、泥石流、江河改道等自然而然地发生，谈不上灾害，无所谓好与坏。有人介入之后，在相当长时间内，因为人的力量极有限，人对当地自然环境的影响跟其他物种没有根本性不同，系统整体运作也未显示出明显的差别。但是进入工业社会，特别是经过近几十年的发展、对自然的开发利用，人对当地自然环境的影响是巨大的、不可逆的。此地灾害频发，引起较大关注，其实对于大自然而言，从非人类中心论看来，根本谈不上灾害或者自然灾害，大自然无论怎样变都可从物理、化学、生物上进行解释，并无神秘之处。人类为了自身的利益想利用自然环境，人的作为与自然的运行相互耦合，系统行为变得相当复杂。最主要的方面是，人的参与让系统加速演化，而某些结果可能是人类自己不希望看到的。在这里，因人为扰动而快速演化是关键。

我个人的观点是，从生态安全的角度考虑，宜约束人的扰动强度，避免过快演化。回到前面的地貌比喻，我们有权从容地利用"胃"，但不应该频繁猛烈地刺激"胃"。

2020 年 11 月 11 日

博物学的没用和有用

"野地里蕴涵着这个世界的救赎。""荒野对人的教育意义，胜过多所哈佛大学。"博物学家梭罗为什么会这样说？还有，《瓦尔登湖》的作者，爱默生的弟子梭罗，是博物学家吗？

先说容易的。梭罗是地道的博物学家。博物学家的英文写作naturalist，在这里不作"自然主义者"解。梭罗本人就毕业于哈佛大学。博物学的英文写作 natural history，它是一个古老的词组，不作"自然历史"解，因为其中的 history 是"探究"的意思。同样，《我们的国家公园》作者缪尔、《沙乡年鉴》的作者利奥波德、《寂静的春天》作者卡森、《半个地球：人类家园的生存之战》的作者 E. O. 威尔逊，也都是地道的博物学家。这些脍炙人口的作品给人以启发，但他们的思想远没有成为主流文化，主流教育系统也不推崇相关的理念。

博物学对世界的探究，与科学相比显然不够深刻，在应用上展示出的力量也弱得多。博物学有没有用？取决于人们的世界观和价值观。

在一些人看来，人类进步的历史，是生产力、征服力不断增强的历史，也可以说是不断恶斗的历史。人与人斗、人与大自然斗，乐在其中，招法不断翻新。进步当然是实实在在的，比如人类个体的平均寿命的确大大增加，但这不等于人这个物种的世代繁衍、生存能力实质增强了。突飞猛进的数理高科技，日新月异，与"现代性"为伍，相互支撑。人类千百年来不得不面对的纷争、苦难，现在非但没有消灭，反而因手段、工具的"改进"而加剧，看看叙利亚就明白了；人类赖以生存的环境，在现代化

266

和文明的演化过程中无法跟进人类的脚步，天人系统出现多种不适应。比如不断增加的碳排放将令我们的地球彻底打破平衡，变得不适合生命的延续。在全球全方位竞争、战争模型下，博物学确实没用，即使有也只起辅助作用，算不上根本性的学问。

一些博物学家不认同上述被夸大的现代性进步逻辑及其合理性，模型一变，观念可以翻转。当下的博物学，包含着对现代性的反思。在高度人为化、机械化、智能化、数码化的过程中，博物学家发出微弱的声音，提醒人们：人是自然界的一个普通物种，过分背离大自然，人的日常生活和种族延续将变得不自然；普通人有重新访问大自然（此事不能全部交给专家做）的权利，教育系统应当为此提供方便。与此相关，所谓的自然科学，已经变得不自然，它们不再是自然而然地对世界的探究。现代科学和技术，明显受资本和强权牵引，已将天人系统引向不归路。按陀思妥耶夫斯基的概括，现代性的教条是这样的：你有权利满足你的无限欲望。注意，不是一般的正常欲望，而是不断增加的、越来越不自然的、不合理的欲望。通俗点讲，现代性的价值观鼓励的是"吃一碗倒一碗，甚至用第三碗泼人、糟蹋环境"的奇怪想法。因为已成为"缺省配置"，人们通常并不觉得它奇怪，反而是不认同其想法的被视为奇怪。于是，在较长的一段时间内，人们不知道什么是博物学，重新听到博物学、博物学家，便感觉有些另类。

几千年来，人类社会主要靠博物类知识过活。此类知识多为人类学所描述的"地方性知识"，具有极大的多样性、实用性，并且经过了长久的检验，它们也在缓慢地演化着、生成着。在新中国成立前，博物学在中国还是有一定的地位的，读过书的人也都听说过这个名称。在国外，博物学虽然地位也不高，但是在发达国家的社会中，博物学依然相当发达，那里有种类多样的博物学组织，参与者众，博物出版物更是琳琅满目。

在中国，相当时间内博物学字样已不出现于各级教育的学科名录中，课程体系中也不直接包含博物的内容，言外之意是它们没有力量、不再重要。教师、学生、官员、商人不了解博物学也便理所当然。不过，最近十多年，情况有了一些变化，在许多人的共同努力下，也在新形势的逼迫下，博物学重视进入中国大众视野，博物学图书连续多年成为中国出版界的热门板块。一批优秀博物图书被翻译引进，本土原创者也开始增多。

但是几年下来，也有若干基本概念和理论问题困扰着人们。比如，博物究竟是怎样的一种认知活动？它跟自然科学是什么关系？有了成熟的科学还需要博物吗？古老而肤浅的博物学有未来吗？

早先的理解，倾向于使博物服务于科学，博物成果转化为科学的多少便是衡量某种博物好坏的标尺。北京大学出版社出版的《西方博物学文化》对这类带有普遍性的疑问给出了新回答，而且是有点超出想象的回答。书名带西方两字，并不是暗示只有西方世界才有博物学。只是西方在近现代对世界的影响太大，这部书才重点关注了西方世界的博物学。实际上，世界任何地方都有自己的有特色的博物学，都很有价值。在西方，如今博物学也不表达主流意识形态，但是在西方文化内部，仍然有足够的张力、多样性，只要用心考察，甚至不用特别挖掘，就能找到足够丰富的博物学文化遗产。也许，在不太遥远的将来，在西方内部博物学的地位也会有所提升。此书从亚里士多德，一直说到培根、华莱士、卡森、威尔逊，最后落脚于文明的未来走向。首先，博物认知与科学认知有交叉，但不能互相替代。其次，整体而论，博物探究与科学探究是两件平行的事情，过去、现在皆如此，将来恐怕也如此。两者互从不属，其关系类似于文学与科学的关系。这便是博物学与自然科学的"平行论"。"平行论"看似平常、一点都不激进，此番主动与强势的科技相对切割，细看包含玄机，代表着观念的重大变化，也有明确的实践指向。

文明不会自动向前迈进，需要批判和想象力，更需要协商和实干。人类文明走到今日，依然面临诸多棘手的难题。复兴博物学，吸引公众实践博物学，用意也是深远的，不仅是表面上的看花观鸟户外游玩。但是，没有基本的"观"的感性积淀，哪来的"世界观"？实际工作中，采取"博物+"策略，能丰富人民群众的文化生活，长远看将令天人系统得以喘息，有利于生态环境保护和地球盖娅的延续。

复兴博物学，要与自然科学保持适当的距离，不能太远也不能太近，要不即不离。复兴博物学需要在一阶和二阶两个层面同时推进。一阶探究指实际的人与自然的互动，二阶探究指对上述活动的历史学、社会学、人类学、哲学等层面的研究。一阶探究比较容易理解，相关出版物日渐增多，《我包罗万象》《与虫在野》《武汉植物笔记》《坛鸟岁时记》《初瞳：我和我的野生动物朋友》《活山》等都是近期非常优秀的作品，阅读它们确实能够开阔眼界、增长见识。比较而言，二阶探究的图书相对少了许多，《林奈传》《创造自然：亚历山大·冯·洪堡的科学发现之旅》《动物解放》《更遥远的海岸——卡森传》《约翰·缪尔传：荒野中的朝圣者》《盖娅：地球生命的新视野》《丛中鸟：观鸟的社会史》等是比较突出的二阶好作品，特别值得推荐。一阶工作者，多阅读一些二阶作品，也会获得启发、提升境界。

博物相关出版物的数量和质量，直接影响到社会上博物活动的开展，这几年中国博物类作品出版取得了一些成绩，但由于欠账太多，要补做的还非常多。比如迈向小康社会的中国，也需要启动如美国"彼得森野外指南丛书"（The Peterson Field Guide Series）、英国"柯林斯新博物学家丛书"（Collins New Naturalists Series）一类的重大出版工程。即使在北京、成都、广州、深圳、上海，如今也没有齐全的本地自然手册，比如在北京就很难找到反映本地山川、矿物、生态、蝴蝶、蘑菇、蜘蛛、作物、鱼类的图鉴，《北京植物志》最新版还是1993年的，而且出高价也难以购买到，这跟生态北京、绿色北京建设极不匹配。暂不论全球人类命运共同体及生态文明的大事，就本国经济社会发展而言，不了解一个地方的基本物种、生态信息，环境和生态建设根基就不扎实；不了周边国家、"一带一路"沿线国家的物产与地质信息，我们自己的基建、商贸发展也会受影响。作为第二大经济体，我们对全球各地、各角落自然物的了解差得太远太远，大国之中唯有中国没有国家自然博物馆，发达国家两三百年前做的博物探究，我们要找时间补上而且要做得更有水准、更讲伦理，如果我们也想成为名副其实的发达国家的话。

2019 年 11 月 13 日

你与大自然之间的中介

最近十多年，博物学由一个冷词变得不那么冷，却远说不上热。个中原因极其复杂。我的学生张晓天课余译出的《维多利亚博物浪漫》(*The Romance of Victorian Natural History*) 一书，谈的主要是英国维多利亚时代博物学是个什么样子，有哪些人参与，它与新兴的自然科学之间是什么关系？这部"二阶博物学"作品英文版 1989 年就有了，直到今日才与中国读者见面，它或许有助于读者了解博物学是什么，作为个体的普通人要不要自己尝试博物。

打比方或许更直观，我想到了现代社会无处不在的"中介"。

假如你相中一套二手房，对房子的历史不甚了解，对过户手续不很熟悉，对房产合同用词的法律含义没把握，怎么办？俗话说，专业事让专业人来办。于是你找了房产中介。假如你想办移民，哦，这个得找中介。假如你想找个女朋友，也找中介？过去有媒婆，现在有婚介所，还有各种网络平台。可是谈朋友这件事，你晓得不能全靠中介，至少中介不能代替你判断两人是否"来电"。如果中介说他替你谈了两月，亲自上阵，感觉还不错，推荐你接手并收取中介费，你接受吗？若中介说，通过他的深刻细致"考察"A 姑娘不适合你，转而推荐 B 姑娘，你认可中介的感受力、判断力吗？

好，现在我们把场景转到人与大自然。作为个体的人，生存于大自然之中，个体是非常渺小的，一个个体如何了解大自然？对于任何生命来说，这都是个大问题，攸关生死、生存质量。从出生那一刻起，你就在尝试了解这个世界。但是，现代社会的一个重要标志是，除了儿时有限的东跑西颠、磕磕碰碰外，了解外部世界的绝大部分工作，并不需要亲自进行，体制上早已安排好，每个人都要进学校在特定的环境下学习。学习什么？学习他人、前人已经总结好了的东西，有定律和习题，非常多，学一辈子也学不完。也就是说，在现代社会中，一个人成长过程中，对大自然的直接经验比较少，少到可以忽略不计；间接经验、书本知识比较多，多到不可胜数。一个有教养的人，特别是有科学文化的人，通常是学识渊博的人，讲起地球旋转、宇宙膨胀、引力波探测、基因编辑、量子计算，一套一套的。我认识一位物理学老师，课讲得"贼好"，但他不会也不敢换灯泡，他到北京看多所高校的学生，每次都要回到北京火车站重新出发。

对于大自然的方方面面，普通人已没有话语权。科学，或者科技，在其中充当了中介的角色。它是怎样的中介呢？非常专业，平台支撑一流，颇会营销，提供的知识服务相当客观。科技如何做到这一点？说来话长，略过细节，简言之，它通过几百年的努力，终于上位，成功取代基督宗教而成为现代社会最具话语权的"主体"（agent）。过去，巫师、牧师行使的职责、扮演的角色，现在都转交给科技专家了。这个"中介"相当厉害，绝对不可小觑。明日天气怎样？从北太平庄到海淀路怎么走？这种植物可否食用？空气污染是否严重？那地方风景美不美？这些问题原来都要自己体验一下、试错一番而获得结果。现在简单了，不需要自己劳神，科技这个中介做得很专业，因为有气象台、手机导航、植物化学、环境监测、景观评估等专业部门和人员。

社会分工变细，中介增多，是必定的。但这不意味着人注定要成为分工的奴隶，不意味着必须放弃自己探索、求知的权利。人属于大自然，人与大自然之间构成特殊的关系，一个人不能不尝试以个人的方式感受、亲证这种关系。而现代教育、高科技，恰恰忽略了这一点，而且是故意的。一个强大的力量时刻提示我们：别太把自己当回事，要相信专家的专业知识、意见、判断、感受。

我们今天就处于这样的状态。但是，维多利亚时代不是这样！

《维多利亚博物浪漫》作者梅里尔（Lynn L. Merrill）说，刘易斯（G. H. Lewes）尽管专注于文学评论和哲学，却用两个夏天在海岸线上寻找海洋生物；诗人丁尼生夸耀自己对沃特科姆湾任何微小动植物都具有亲密而充满爱意的了解；小说家兼社会改革家金斯莱（C. Kinsley）同样愿意花时间在海滨愉快地收集无脊椎物种。"无论社会名流还是普通大众，富豪或者穷人，特权阶层或是平民，都是如此。""许多维多利亚时代的人发现，将博物学作为一份休闲方式几乎发展成了一种信条。作为一种爱好，博物学意味着无止境的消遣和无止境的教育，在有用的工作层面这一表层之下还隐藏着娱乐。"（中译本第 2—3 页）"面对大自然令人窒息的丰饶，博物学家享受着永不满足的好奇心和奇妙感。"（第 4 页）那时，芬芳的花朵、潺潺的溪流、飞舞的蝴蝶、嶙峋的山峦，对每一个接触它们的人来说，不只是知识和有用性，还有意义、情感、信仰，它们令自己激动、着迷。生命在大自然中舒展、行走、觅食、奔跑还有猎杀，哪怕是小鸟、小虫一般的生命也能够感受大地的丰饶、流动和风险，人更不用说。它们／他们不用特意声明探究大自然是自己的一项权利，因为它们／他们拥有这种探究能力，也一直顺利地行使着这项天赋权利。社会化的知识当然也重要，那时各种来源的知识能够互相平衡，包括口口、代代相传的知识，包括自己实际摸索出的知识，也包括文化人书写出来的知识。更重要的不是知识本身，而是行为主体是否直接下场操练，知行是否合一。

维多利亚时代，普罗大众所做的千奇百怪的博物学算什么？娱乐、文学、科学？坦率说都沾边，都曾被热情拥抱过，可后来都被抛弃了。如今，多数人并不从自己探究大自然中找乐，找乐要去游戏厅、夜店、影院甚至战场，作家不看世界就能写出 30 集连续剧，科学家现在压根瞧不上百姓的业余博物学。维多利亚时代多样性的博物探索，为近代科学特别是生物学、地质学贡献不菲，这是基本事实。科学史家心有余力之时，自然会照顾到博物学曾经为科学"圣殿"做过一点可怜的贡献。梅里尔作为美国科罗拉多大学的文学博士、文学史研究者旁观了如今学界的施舍，表达了不同的看法："评论家和历史学家通常把博物学掩盖在科学的大标题之下，而这是不幸的。把博物学当作科学对待、期望它在现代意义上是科学的，对博物学而言是一种伤害，也忽略了它的非凡魅力。"（第 5 页）

怎么？不识抬举？现在有学者注意到了博物学的重要性，还把它与科学联系在一起，非常仁慈地认为有些博物学还是不错的，整理以后，去粗取精之后，还是可以归入科学队伍的，即可以化作科学的一部分。吴国盛教授甚至夸张地讲"博物学是完善的科学"。注意，只是少数学者，多数学者甚至根本不把博物学当回事。梅里尔却说这样的做法是对博物学的一种伤害！你想怎样，博物学想怎样？

其实这个问题现在很好回答了。经过多年的思索，包括学术思想的多轮自我斗争，我可以给出一种具有挑战性的"平行论"叙述：历史上的博物学，不是什么科学，它就是它自己。它并不需要依靠别的什么学术而树立自己的地位。博物学包罗万象，它施展各种探究手法，对象遍及大自然中的一切，当然现在看研究的深度可能不够，操纵力也不够强大。那时，具体到维多利亚时代，自然科学，即今日我们从课堂、媒体、实验室、企业与政府了解到的科学，还是小兄弟，刚刚出生，虽然成长迅速，却无法独当一面，更不可能作为一种强大势力站在舞台上吆五喝六。宗教比它强大，博物学也比它资格老得多。达尔文、华莱士、赫胥黎、赫歇尔、莱尔都是博物学家，当博物学家和科学家两个称号摆在面前时，他们首先认同的是前者，那个时代的社会也是这样认同的。可是，一百多年后，博物学（家）被"不公正地遗忘了"。

T.赫胥黎十分看好新崛起的自然科学，也愿意人们称他科学家，在"两种文化"之争中他选择了与阿诺德（M. Arnold）不同的立场，但他还是说过："对于那些没有受过博物学指导的人来说，他在乡野或海边漫步就如同走在一条充满奇妙艺术作品的画廊上，可其中九成他都视若无睹。你应该教他一些博物学知识，再在他手心上放上一本指导什么样的自然物值得细看的图鉴目录。"（125 页）现在的情况是，人们根本没有时间到乡野，重要的是在人工环境下学习和工作。

维多利亚博物学寻求的不全是硬邦邦的知识，"博物学家通过观察，可以将常见之物转变为神话，将平凡无奇升华到无与伦比的层面"（159页）。虽然在英国有自然神学与博物学捆绑的特殊文化背景，但是一般而言，在非基督教地区，人们收集自然物，仔细观察大自然，也会有超越性的精神收获。这种收获是无法完全通过中介获取的。如果有上帝，信徒要亲自见证、聆听、对话，不是通过二道贩子的神职人员。路德的宗教改革，弱化了中介，获得巨大成功。同样，现在在认知领域，在感受大自然方面，也要启动一场改革，我们不敢藐视无处不在的、作为权力话语一部分的"科技中介"，却可以不完全受制于它，保持独立访问大自然的通道畅通。

《维多利亚博物浪漫》内容极为丰富、有趣，以上仅阐释了书中内容的一个侧面。此书可配合另一名著戈斯的《博物罗曼史》（上海交通大学出版社，2018）来阅读。

2021 年 5 月 10 日

刊于《文艺报·凤凰书评》，2021 年 5 月 28 日

以自然为师：兼谈"自然即是美"

感谢北京大学出版社和言几又书店。我跟许多出版社有过合作，其中跟北大社的合作感觉最好。为什么？这里的编辑业务水平高，又非常认真，能够帮我改进书稿，我的下一本书还会与北大社合作。我跟言几又公司之前没打过交道，但是看了一些材料，觉得颇特别。它非常讲究设计，"言几又"三字就来自"设"字。其设计不做作，很自然，这和我们今天的主题相关。

1. 字面讲不通的命题

今天发言，我接受的是命题作文："自然即是美"。这个题目，按字面讲、直接讲，是讲不通的。初看起来，就像说萝卜是白菜一样。

学理工科的都知道"量纲分析"，很多人都读过赵凯华教授《定性与半定量物理学》，其中专门谈到过对称性、量纲分析和数量级估计等。自然的量纲是什么？美的量纲是什么？它们压根不属于一类东西。不是一类东西，如何在其间建立"即是"的关系？还好，我个人相信这个命题，认为它有意义；若非如此，即使我有三寸不烂之舌也不愿意为此卖力。

以前的美学观念是，对于人工作品才谈得上美和丑，对自然的东西说不上这些，但是现在的美学观念发生了变化。不仅仅融入人之创造的东西可以讨论美丑，对没有人参与的、大自然的过程也是可以讨论美丑的。"自然即是美"是一个有趣的、信息量巨大的命题。我曾经说过一句俏皮话"看花就是做哲学"。哲学系的人听了可能气得要死,所以不必当真。可是,这类说法真的有意义。因为断言 A=A 不算本事。当我此时说"话筒"是"话筒"的时候,形式逻辑上肯定是正确的,但这有何用,相当于废话练习。假如说这个"幻灯片遥控器"和"话筒"是一回事,两者"相等"时,此句子就包含着相当的信息量,暂不论对错。一般而言,B 跟 A 不是一个东西,却有人说 B=A,这会给人以启发。"自然即是美"可在这个意义上去解说、辩护。当年的"科技是第一生产力"以及当下的"绿水青山就是金山银山"也类似。它们都是格言,不可作字面分析、量纲分析。不可作字面分析,不等于它们本身没有价值,不等于其造句不反映价值观的重大转变。

先抛开学术论证,从视觉、情感、经验层面检验一下"自然即是美"命题。这页 PPT 展示的是我搜集的几百种贝壳中的几个:金珠宝贝(*Pustularia cicercula lienardi*)、浮标宝螺(*Cypraea asellus*)、蟾海兔螺(*Jenneria pustulata*)、花鹿宝螺(*Cypraea cribraria*)、枣红眼球贝(*Erosaria helvola*)、拉马克眼球贝(*Erosaria lamarckii*)。欣赏它们需要一点生物学知识,就像欣赏交响乐也需要有一定知识一样。即使没有充足的贝类知识,也能感受到这些小贝壳非常精致。不知道你们喜不喜欢贝壳,我是非常喜欢的,甚至胜过喜欢植物。后来放弃了这个爱好,因为它们都是死掉的尸体,在北京不容易看到其活体,我觉得还是看活的植物比较好。但不可否认,贝壳很美,它反映了演化的精致。

这页 PPT 展示的是来自台北 101 大厦的红珊瑚(图略,下同),若做成首饰能卖很多钱。对于它,其实钱不重要,关键是它好不好看,它真的好看。这一页是墨西哥湾暖流示意图,图像按温度加上了颜色,它具有"分形"结构。地球上的洋流系统跟人体的血液系统一样,互相通达,不分国界。这一页是我老家吉林省长白山的一条山沟"十五道沟"中竖立的天然玄武岩节理,不学地质学的人很难理解大自然造出这样的大柱子。这是很常见的石竹科瞿麦,长在高山上其花甚漂亮,长在平地上则一般般,虽然都是一个物种。俗语中"风景如画""巧夺天工",其实都说反了,画作怎能比得了风景，天工能夺得了吗？科技再发达，还无法直接制造生命，但大家都晓得老鼠也能生崽，人的受精卵发育成胎儿根本不需要人主观干预。

例子多得很，不用再举了。总之，只要一个人感觉正常，就会觉得来自大自然的东西是美的，大自然是自足的，但是用语言去描述它，用逻辑推导证明它们，却不容易。自然界中有没有丑的东西？当然有，但是我们可以对此进行"转换"，仔细研究和思考后，自然物中的丑依然可以转化为美！所以，我们不说自然丑只说自然美。而对于人工物和人类事务，就不是这样，通常找不到那种神奇的转换。当我们习惯于二分法思维时，美丑便成对出现。

2. 发现自然与发明自然

大自然是什么？简单来说，大自然是比"自我"还广大的一种存在，这是我暂时给出的一个很一般的界定。我们用任何工具来描述大自然都不够、不充分。在现代社会，描述大自然最好的办法就是自然科学，却也仅仅是勉强为之，因为大自然包含的信息太多、太复杂。

我们假设了、约定了外部自然世界，所感受所谈论的"自然"是关于自然的感觉和观念，虽然人的眼睛很好、大脑很好，但没法直接"看清"大自然，"看到的"也是一种"像"。我们所了解的自然，打个比方，好比是通过"被动雷达"加上"主动雷达"收集来的信息总成。我们收集到的信息在大脑中合成，加上想象，这就有了"自然"观念，它是可变的。这样的自然观念可以是美的，也可以是丑的，但在今天的场合、今年的场合，我们更愿意讲它是美的，我们内心里可以感受到这一点，而不是严格证明。

自然既是自在的，也是创造的。前者是常识，不需要我多说，后者似乎是谬论，却是值得重视的事实。"自然"经常是参照某些东西创造出来的某种东西，不是简单"发现"的；用反映论来讲是"发现"，用建构论来讲是"创造"。这页 PPT 右边是一本很畅销的书 *The Invention of Nature: Alexander von Humboldt's New World*，武尔夫的这本洪堡传英文主书名直译就是《发明自然》；中译本可能觉得直接译"发明"读者接受不了，就折中一下译成了《创造自然》。汉语上人们可能觉得"发明自然"不大对劲，我们从小受的教育是"发现自然"。学了建构论哲学以后，可以想明白："发现自然"和"发明自然"其实是一个意思，"发现"和"发明"是一回事！哪个说法更准确呢？坦率地讲，用"发明"更稳妥。我猜想你们可能不认可这件事，今天也没时间展开细说。这好比工具论（instrumentalism）和实在论（realism）之争，显然前者更宽容、更谦虚，持工具论者并不意味在日常生活中不相信某个东西就在那里。工具论离常识远一些，却可以兼容实在论，反之则不行，这表明比较而言工具论是更好的一种学术概念。当我用"发明自然"的修辞时，是想强调自然观和自然标准是可变的，依时代、依认识水准而变的，并不意味着我们可以随意捏造出一个自然界来。

大自然也是一件伟大的作品，谁的作品？在基督教看来，是上帝的作品；对于无神论者也可以不用宗教语言来解释，比如说它是演化（进化）的结果，用地质演化和生命演化理论可以讨论。演化是漫长的过程，百万年、千万年、数亿年等等，所以大自然这个作品来之不易。不但时间久，而且极为复杂，其复杂度远远超出任何人工物。芯片、航母够复杂的吧，但与一株小草甚至与一种病毒（比如新冠病毒）相比，简直不值一提。我们人类属于大自然，在大自然中算不得怎么特别。人的智慧和技能非常有限，谦虚点总没错，人不应当夸大人的本事，人不宜耍小聪明以"改进"之名随便改造大自然，那样是僭越。

3. 从主体间性到物种间性

不过，我们人这个物种，还是有点能力的。我们接受一定的教育后，可以按照"美的标准"来发现、发明各种美。当我说发明时，要记得不是无条件、胡乱去发明。我们从大自然中看到美，与从张大千、吴冠中等画家的美术作品中看到美，实际过程是一样的。要发挥想象力，要学会欣赏。我们所谓的"美"，不还原于主体和客体某一个具体的端点，美不是西方学术二分法的某一方面。要理解大自然也是一种作品，需要在审美"主体"之间沟通，达成共识。我们欣赏张大千作品，其实也需要与他人分享我们的审美偏好和标准，有的人可能不喜欢其作品，跟他（她）也就没有相关共识。说到底，美是涉及"主体间性"（intersubjectivity）的一种东西，美术作品以及上帝的作品大自然都一样。只是欣赏后者更难一些。理解、鉴赏大自然的作品，光靠人与人之"主体间性"还不够，还要扩展到"物种间性"（interspecies）。提及"物种间性"，就要超出人类中心论的想法，这是有争议的，但是只要我们有足够的想象力，是可以做到的，我们可以与大山、河流、蚂蚁、病毒对话。

当然，这个需要训练、教养。理论背景是什么？博物学家、生态学家早就讨论过"更大的生态共同体"。利奥波德在《沙乡年鉴》中说过的一段话可帮助理解。他不是哲学家，但是他说的话比职业哲学家若干篇论证或许更有说服力。他说："我们滥用土地，是因为我们把土地视为属于我们的某种商品（commodity）。倘若我们把土地视为我们也属于其中的某个共同体（community），那么我们就可能带着热爱和尊重来使用它。"按照我们中国哲学的讲法就是"齐物""齐天"，这里"天"指万物。"齐天"，我们会有什么想法？经齐物的过程，我们可以感受野狼、庄周、纳博科夫的感受；"能思的芦苇"可与浩瀚的宇宙同体。

对应于"自然即是美"，现在环境美学、自然美学上有一个接近的说法——"自然全美"，这是二十多年前我从彭锋老师那里听来的。此想法最早来自卡尔松（Allen Carlson）。第一次听这四个字会觉得非常荒唐，自然怎么能"全美"，"全美"了还剩下什么？但是慢慢想"自然全美"，则非常有道理，这就涉及标准和尺度问题。"自然即是美"涉及美学标准，但不限于美学标准，还有认知的标准。在唯科学主义的时代，一切的标准和准绳都用自然科学来衡量的，这也是我们当今社会的主流价值观。但恰好它是有问题的，应当反思。为什么要反思？科技本身就是重要的风险，现在很多问题是科技带来的，比如核威慑、海洋微塑料积累、人工合成高致病性病毒、抗生素与细菌的军备竞赛等。但是现在普通人对科技批评不得，科技界、科技专家掌握着话语权。如果人文、社会科学不敢反思科学，这个社会就没有希望，人类就没有未来。按照胡塞尔的说法，现在的问题是生活世界和科学世界之间有张力，"科学的危机"表现为自然科学逐渐遗忘其意义基础。这句话要搞懂，很难，要讲一个学期的课才能明白。

人这个物种发展到现在，已经达到很变态的地步。这个世界上有百万、千万的物种，唯有人类这个物种极端傲慢自大，结果是什么？结果首先是把人类自己整惨，当代人权衡一下总体上说还算获益较多，而对后代则完全不同。现在的诸多获益等于窃取了后代的财富，剥夺了他们的权利。这个地球上最后灭绝的肯定不是人，人大概是先期灭绝的一批物种之一。我们此时在言几又这样一家非常美丽的书店来讨论"自然即是美"，是在探讨，在一个更大的空间中怎么安放人类自己，学习怎么欣赏美，怎么找到生活的标准。这个标准不是科技，而是比科技更高的东西，它可以是自然！于是才可以说自然即是美，自然即是合理的！

4. 启蒙运动之后要补上生态启蒙这一课

康德在论及启蒙时说，所谓启蒙便是人类从自己加诸自己的不成熟状态中解脱出来。这个说法非常好。知识分子熟知的启蒙运动完成了多少当初的目标？近代世界的展开过程中，人类由弱到强，变化显著，甚至创造出"人类世"的可怕局面。某种程度上，启蒙的理性算计仅考虑了"种内"的情况。启蒙思想家伏尔泰、卢梭的想法被片面理解、展开。哈佛大学著名教授、媒体宣传的当代最伟大思想家平克（Steven Pinker）教授捍卫的启蒙四要素依然是理性、科学、人文主义、进步。在平克的巨著《当下的启蒙》（*Enlightenment Now: The Case for Reason, Science, Humanism, and*

Progress）中，大自然被作为背景推远！此书没有很好地讨论人类对理性的滥用、未考虑生态问题、未反思人类中心论的教条。全书洋溢着无根据的乐观主义。平克与同校的 E. O. 威尔逊不同，根本没有认真对待大自然，仅仅轻描淡写地提及人对它的污染。平克甚至以小标题写出"高估灾难本身就是一场灾难"，不知他如何看时下的新冠疫情？平克还难以置信地说"生物恐怖主义可能是一种虚幻的威胁"。世界顶尖级思想家对进步的盲目信仰，反而让我们意识到：原来的启蒙仍要进行，但是新的生态启蒙必须开启。

自博物学家林奈以来，人们弄清楚了，人这个物种，只不过是无数物种之一。人是大自然的一小部分，实在太小，人在地球上缓慢演化出来。人（*Homo sapiens*），在自然之中（inside the NATURE）。"在其中"的一种生物（人），来理解大自然，不可避免有形式逻辑的层次缠绕问题，这涉及哥德尔定理。但问题不大，生物从来是试错前行，"完全确定性"是一种理想化建构。作为一个物种，我们体察天地、心师造化、小心翼翼、摸索前行。

对于喊得满天响的创新，我们也要思索，不必盲目创新。更不要对任何打着创新旗号的东西就自动放行。汉语的"自然"是自然而然。道法自然，中国古人讲究天、天然。在中国人看来，自然既是现象也是本质，与"天人合一"相符。西方的自然包含两层意思：（1）本性，（2）与人相对的对象性的某种东西。自然科学是依西方的"自然"观念发展起来的。今天，当我们说某某是"自然的"，相当于说某某是对的、好的、美的、表征了本性的。急于奔跑的人类可以偶尔放慢脚步，反思工业革命、科学革命以来人类以理性、改善、进步之名做过的很多不道德、过分的事情。暂不论种内的杯葛、斗争和大屠杀，人这个物种自身的所谓改进，对于生态系统意味着什么？生态系统是否同样获益？有人可能担心，超出科学主义、人类中心主义，对人类而言这样做会有巨大损失。其实不会有任何损失，反而因为谦恭，我们的视野拓展了，可以获得更多生存机会。

把"自然即是美"这一命题，应用到科技、教育、园林、建筑、生态保育等领域，相信会有启发。宣称"自然即是美"，并不等于自然的东西不能动，不等于人可以无所作为。只要我们的想法和做法是自然的，便是可操作的，从设计层面看仍然是可以设计的，总之要"顺天理而为"。顺应自然的结果是什么？个体的内心会更平衡一点，人类可以活得更久一点，生态系统可以更稳定一点，更可持续一点。

那么，怎么做才是自然的？要通过读书、社会调查、科学探索、博物实践等摸索、感受，不能光靠论证，也不能只听专家的。

最后我们仿照巫术的做法，重复一下我们的信念："自然即是美"。谢谢大家！

2020 年 9 月 20 日在北京中关村言几又书店的主题演讲，根据录音整理。2020 年 11 月 8 日修订

附记：拜登在大选中胜出了。谁当美国总统对我个人没影响，但对地球生态可能有重大影响，之前的特朗普政府正式退出了《巴黎协定》，而拜登声称将再次加入。全球近 200 个国家和地区于 2015 年签署了应对气候变化的《巴黎协定》，并于 2016 年 11 月 4 日正式生效。

从怀特讲起的英伦观鸟文化

中国古人经常提及鸟类:"关关雎鸠,在河之洲";"肃肃鸨翼,集于苞棘";"燕子不禁连夜雨";"墙头语鹊衣犹湿";"上有黄鹂深树鸣";"归雁入胡天";"化作啼鹃带血归";"凤来非我庆,鹗集非吾殃";"胡鹰白锦毛";"鸾鹤群中彩云里,几时曾见喘鸢飞";"鸢鸣萧萧风四起";"鸥鸢恃力夺鹊巢";"梦觉流莺时一声";"野凫眠岸有闲意";"人影渡傍鸥不惊";"谁记飞鹰醉打围";"时有乳鸠相对鸣";"鹳雀今无野燕过";"带得寒鸦两两归"。《博物志》作者张华还写过《鹪鹩赋》,开头便是:"鹪鹩,小鸟也,生于蒿莱之间,长于藩篱之下,翔集寻常之内,而生生之理足矣。"中国古人以及当代人也近距离看过鸟,北京大爷迄今仍喜欢拎着笼子到处遛鸟。

但这些都不算作现代意义的观鸟。观鸟是一种有趣的现代博物活动。"走到户外去,单纯以获得乐趣为目的而看鸟,是一种新颖的现象。"即便在西方,专业观鸟人的出现也是件非常特别的事情,英国知名记者列文(Bernard Levin)曾调侃,他们是"不以食用为目的而追随鸟类的令人难以置信的人"。观鸟,是现代西方社会的一种产物,只是在近几百年时间内才形成。具体讲,精确到一个人物,它始于英国汉普郡小村庄塞耳彭的牧师 G. 怀特,一辈子在自己的家乡走来走去的一位博物学家。

BBC 制片人、作家莫斯的《丛中鸟:观鸟的社会史》正是从怀特非同寻常的观鸟活动讲起的,就像环境史家沃斯特的《自然的经济体系:生态思想史》也从怀特讲起一样。2010 年我偶然在英国牛津的一家小书店里碰到莫斯的书,封面很一般,随手翻了一下,立即被吸引,站在那里读了几章。书中提到了我当时关注的几位学者：艾伦（G. E. Allen）、阿姆斯特朗（P. Amstrong）、戈斯（P. H. Gosse）、缪尔（John Muir）、瑞文（C. E. Raven）。我当即花钱买了书。之后复印了若干册发给学生，在我的博物学文化课上分章讨论过。自然，我也先后向国内的多家出版社推荐，都没有直接拒绝，可也均没了下文。最后，北京大学出版社加以落实购买了翻译版权，2018 年底推出中译本。

我个人觉得这本界面友好、读起来非常轻松的作品出版中译本有着特别的意义，可以用"填补空白"这样的套话形容。

第一，它与科学史有关，当然不是过去人们习惯的数理化硬科学史，而是广义的科学文化史。鸟及观鸟涉及科学技术，这并不难理解。观鸟史和观鸟活动，与科学技术史、技术进步直接相关，比如鸟类学的诞生，猎枪、彩色印刷术、便携式光学望远镜、因特网等技术的进步。研究观鸟的社会史或鸟类学史，自然而然属于广义的科学史，只是做的人极少。美国科学史学会主席法伯写过《发现鸟类：鸟类学的诞生（1760—1850）》（我的学生刘星翻译了此书，上海交通大学出版社 2015 年出版），早就做出了示范。展开思维的翅膀，针对中国古代文化，能否研究或写一本《中国古人对鸟的了解》？毕竟，中国有一大批带鸟字旁的汉字，典籍中对鸟有大量提及。即使做不出席泽宗院士《古新星新表》一类世界知名的学术成果，也会丰富中国古代科技史、古代文化研究。

第二，它通过鸟这类生命切中或者直接反映"人与自然的关系"的变化，这是比科技史更贴切也更要紧的一层。历史学家基思·托马斯（K. V. Thomas）写过一本《人类与自然世界：1500—1800 年间英格兰观念的变化》，用到的主要史料并不来自自然科学和技术，而是诗歌！莫斯的这部观鸟的社会史，也有类似的做法和功用。人这个物种对鸟的态度、利用方式，从一个侧面具体生动地反映人与自然之间的关系，特别是在近现代社会中环境压力增强之时。鸟与人是什么关系？不仅仅是吃其肉，也不仅仅是模仿它设计出飞行器、创作若干神话和文艺作品。鸟是与我们一样的生灵，是人类梦想着克服重力而自由飞翔于天空的榜样。鸟语花香、鸟鸣山更幽。鸟的大小、种类极为多样，鸟的行为、关于鸟的文化实在是丰富多彩。有鸟相伴的人生，才是完整、惬意的人生。

第三，补足当下中国正在兴起的观鸟活动的文化基础。目前中国许多省市成立了观鸟协会，近十几年中观鸟活动和拍鸟活动在中国大陆蓬勃发展，但是也出现了一些匪夷所思的怪现象，比如爱鸟成了害鸟。也就是说，这部域外的鸟文化书，有可能提升我们自己的鸟文化，推动当下的博物学复兴。博物学近几年在中国经常被提及，但它在东方和西方有着怎样的悠久传统，主要内容是什么，如何复兴之？却没有好好讨论。观鸟是人们喜闻乐见且立即能让一部分人痴迷的有益活动，通过观鸟逐渐了解西方的博物学史、人与自然关系史甚至西方文化本身，是一条特别的进路。

费舍尔曾提及，在他熟悉的人当中有一个首相，一个总统，三个国务大臣，一个女佣，两个警察，一个公主，七个工党人士，六个保守党人士，至少六十四个校长，一个火车司机，一个邮递员，都是观鸟者！他们为何观鸟？为何"浪费"大把时间甚至金钱于这种智力水平不很高、几乎没有当今主流社会所认可的任何一项明显收益的活动？

这正是《丛中鸟》这部书要尝试回答的问题。也是值得每个人思考的问题。我们为什么活着，人的生命与鸟何干？也许我们应当问自己这样的一个问题：不是"为什么人们观鸟"，而是"为什么不是每个人都观鸟"。

《丛中鸟》是一部类似好莱坞大片的文艺作品，中英文我都仔细读过，前面还提及在课上与我的研究生逐章讨论过，但我不想在一篇书评中剧透太多内容。无论你观鸟或不观鸟，读后都不会后悔。

我在想另一个问题：即将在北京延庆开幕的 2019 年中国北京世界园艺博览会，能不能从英国的鸟类博览会、切尔西花展和格拉斯顿伯里音乐节借鉴一些做法？

2019 年 3 月 10 日

刊于《深圳特区报》，2019 年 3 月 16 日

论自由的鸟文化

那天生的政治动物啊，
生而自由却自披镣铐，
臣服重力、自宫折腰。

那天生的政治动物啊，
如井底之蛙、吠日蜀犬，
运筹的格局太小太小。

那天生的政治动物啊，
何不化为飞翔的精灵，
管它麻雀金雕、秃鹫鹡鸰。

那天生的政治动物啊，
生命易逝，博物趁早：
看草、听虫、观鸟！

2019 年 3 月 23 日晨

春风吹园杂花开

新冠病毒肆虐，影响到每个人。我的硕士导师这期间患病、住院、去世，最后我也没能见上老人家一眼；我的家人等待做手术，哪家医院都不肯收，好不容易找到一家，临上手术台了还是被医务科突然叫停，因为他们不想担责任。

坦率说，这场灾难的到来，并不令人意外。大约17年前，2003年5月22日新华社播发我的一篇小稿的最后一句是："明天，明年，或者100年以后，可能还有比非典更厉害的东西，人类做好准备了吗？"人类一直没准备好，甚至根本没想准备。

无论如何，病毒并没有改变季节转换。寒冬退去，春天如期而至。

2020年3月27日北大燕园蔷薇科山桃盛开，校园里几乎没有人，我用手机录了15秒钟，播出时才注意到除了悦目花朵，背景鸟鸣声也很自然。山桃花不知道人类遭受的苦难，它也不需要知道。4月4日在紫丁香开花之际，到我们育新花园小区那个特别容易长出各种数目花瓣(其实是裂片)的植株下寻觅，5裂片的今年几秒钟就找到了，随后竟然找到11裂片的，这应当创了我多年观察的记录。4月6日到门头沟看北京"市花"毛茛科槭叶铁线莲，与往年别无二致，那个观察点一株未多一株未少，"崖花"(当地村民的叫法)还是那么楚楚动人。4月7日到北京昌平一个小山沟拜访"老朋友"白头翁，生机盎然，旁边的菊科蚂蚱腿子花比以前还红，那一片山坡好似切尔西的花园。4月10日再访北大校园，报春花科点地梅、十字花科葶苈正在开放，而且比去年多了一些；附近石蒜科薤白连成了片，这几年它快速繁殖起来，任凭园林工人如何清理，显然不再有灭绝的危机；人文学苑东北角的花岗岩步道上，堇菜科紫花地丁蓬勃生长，它们的下一代也必将繁盛。如果人类消失，人工培育的植物大多数也会完蛋，但野花不会，而且一定长得更好。

疫情期间除了上网课，动手翻译了克兰（Walter Crane）的《花神之宴：百花化装舞会》，为这事还网购了一些背景图书。小书是 19 世纪末出版的，名义上是给小孩看的，列在 children's books 之中。进入 21 世纪，研究他的人多起来，但似乎一直没人从博物教育的角度考虑。我稍关注了一下，也瞧了某大学出版社的一个译本。发现了植物名译错颇多，全书一共 40 幅图，一般一图上展示一种植物，个别有两种三种的。不客气点说，译对的少译错的多，这不应该啊。比如克兰写的、画的是白花碎米荠，这本书却译成了酢浆草，也就是说完全不相干，李家的被说成了赵家的。又如阿福花科火炬花译成了车前科毛地黄、鸢尾科射干译成了百合科卷丹、堇菜科香堇菜译成了十字花科紫罗兰，这些都是 A 科植物译成了 B 科植物的。也有错得不太远的，蓝铃花译成了风信子、少女石竹译成了石竹、香忍冬译成了金银花，这些属于科内乱点鸳鸯，但性质不严重。还有，舟形乌头用"迎面走来的老僧"糊弄过去了，根本没有翻译出来。

我也在想两个问题，其一，中国孩子真的好哄吗？其二，克兰这些"画书"（绘本）到底是给谁看的？给孩子？孩子根本看不懂。图片还勉强，图上的两行诗（个别为一行）恐怕连成人都未必完全明白，也许英国的"孩儿妈妈"厉害。但是，这样的书依然有重要的教育意义，它讲述的主要是英国本土植物，少量为来自其他国家的园艺种，图上的诗歌也是押韵的。这些植物基本都有英文俗名，相当多与人文典故有关。孩子读这样的书，当时不全明白，长大后可能一点一点明白。它不是简单的弱智式的教育，而是引导观察和思考的启发性教育。考虑到克兰政治上倾向于社会主义，曾加入费边社，这些也在情理之中。值得注意的是，克兰的书，无论是这本还是其他 4 本"花书"，以及《睡美人》《蓝胡子》《灰姑娘》等，都没有宣传调门甚高的某种主义，那样不适合孩子，其实也不适合所有人。

原来计划今年春季启动沙漠植物调查工作，但现在看，短时间内出不了北京城。

新冠之疫的后果也许刚刚显现，持续多久还未知。疯狂奔跑的人类暂时被迫减速，如果能深刻反省一下，这个春天的一切苦难也许还值。此时，各层面的"甩锅"仍然在进行，多数人没有从生态学来反省人类自身的行为。

2020 年 4 月 12 日

附记：韩愈、王安石、李复都在诗中写过"春风吹园杂花开"，但基本上是谈多喝酒。

市场上肉豆蔻属两种植物的果实

北京市场上作为香料出售的肉豆蔻属（*Myristica*）果实有两种。一种果实近圆形，是正宗的不加修饰词的肉豆蔻（*Myristica fragrans*），市场上俗称"肉蔻"，一般去掉外壳出售。另一种果实长椭球形，称长形肉豆蔻（*Myristica argentea*），市场上俗称"香果"，一般带外壳出售。

卖家极少知道它们是同科同属植物的果实，对它们的称谓也五花八门。但价格差不多。在北京西三旗的三旗百汇商品城，我特意一样选两个，购买了 4 只果实，一并称量，共 4 元钱。砸开了细瞧内部结构，有点类似可可果仁的断面。味道差不多。

它们究竟有多大差别呢？据《长形肉豆蔻 *Myristica argentea* Warb. 化学成分研究》[天然产物研究与开发，2010, 22（6）：987−990; 1011] 和《肉豆蔻与长形肉豆蔻挥发油成分 GC-MS 比较分析》[吉林医药学院学报，2008，29（2）：85−87]，差别不大。肉豆蔻挥发油高些，其中止泻有效成分甲基丁香酚含量也高些。炮制后两者差异缩小。至于毒性成分肉豆蔻醚的含量，长形肉豆蔻则略高；黄樟醚的含量，肉豆蔻高些。

个人看法：作为香料，两种都可以用，但 *Myristica fragrans* 更正宗，即果实较圆的那种好一点。但都不宜多吃，因为有一定毒性。

2018 年 9 月 22 日

燕园的"象"

北京有象吗，北京大学校园中有象吗？有。北京香山有许多，我还带领中央电视台的人去拍摄过；北大校园中也有，第一观察点：北大校园塞万提斯像东北部小桥边的一株树上。第二观察点：北大校园未名湖临湖轩东部耳湖西南角的一株树上。

此象是一种昆虫，但此象非彼象，想一想"白马非马"论。这种象小得很，与巨无霸非洲草原象、西双版纳的亚洲象、寒冷地带曾存在过的猛犸象形成鲜明对比。

此象我以前就观察、拍摄过，北京的山坡上常见。此象喙显著（想一想大象的鼻子吧），由额向前延伸。植食性。喙用于穿刺取食，还能在植物上钻孔（为产卵、出入居所）。此虫子类似于谷象、米象。这种昆虫属于象甲类动物，分类上归鞘翅目象甲科，也称象鼻虫，已知数万种。过去曾是最大的科，现在被膜翅目姬蜂科超过。

学界提及此虫子时，经常用到两组名字：北京枝瘿象（*Coccotorus beijingensis*）和赵氏瘿孔象（*Coccotorus chaoi*）。后者甚至更常见，当年中科院动物所张润志先生（昆虫学博士，研究员，博士生导师）告诉我的就是后者。但严格讲，后者无效，有效命名应当是前者。张先生肯定知道前者，为何他告诉我的却是后者？看到后面就能猜到了。

此象专一性地寄生在植物小叶朴（读 pò）的嫩枝上。在北京每年 4 月中下旬，它开始在小叶朴的嫩枝上啃食并产卵。小叶朴正式名称为黑弹树，学名 *Celtis bungeana*。原来分在榆科，据 APG 改为大麻科。民间也称它

北京枝瘿象（赵氏瘿孔象）及其在黑弹树上制造的虫瘿。棒棒糖状的虫瘿上有一个小的出入孔，天冷时虫子就钻进去，暖和时就爬出来。2021 年 2 月 4 日拍摄

山黄瓜树，为何？因为刚膨大的虫瘿可食，味道如黄瓜。成虫寿命达 240 天，大部分时间待在虫瘿内。因此虫瘿相当于其一代的住房。

此象在中国分布较广，但学界认识它却很晚。命名故事是这样的：新中国成立初期中国科学院动物研究所王林瑶先生便对此虫进行了饲养和详细观察，并请相关分类专家赵养昌进行鉴定。1980 年，赵养昌核对了大英博物馆的已有标本，确认这种象鼻虫为一新种类。但赵先生不久去世，没能完成描述和命名。1989 年 8 月，赵养昌的学生陈元清，为纪念恩师完成论文，将其命名为 *Coccotorus chaoi*（意思是赵氏瘿孔象），并把相关著作投稿到《昆虫学报》，但直至 1993 年 2 月才正式发表。1989 年 11 月，北京

园林学校的林开金和北京市农业学校的李桂秀（四川农业大学毕业生）共同完成了内容相似的论文，投稿给《四川农业大学学报》，论文于 1990 年正式发表，将该昆虫命名为 *Coccotorus beijingensis*（意思是北京枝瘿象）。按《国际动物命名法规》(*International Code of Zoological Nomenclature*) 的优先法则，*Coccotorus beijingensis* 为有效学名，而 *Coccotorus chaoi* 只能算异名。相应地，在中文世界北京枝瘿象是正式名。（参考刘燕，李楠."怪"树长瘤，能吃还有黄瓜味.潍坊晚报，2013-08-27:A5）

至此，故事还没完。北京枝瘿象寄生于黑弹树，还有另一种生物寄生于它身上！这就是瘿孔象刻腹小蜂 (*Ormyrus coccotori*)，另一种更小的昆虫。它不是鞘翅目而是膜翅目的。2004 年中国林业科学研究院姚艳霞和杨钟岐在《芬兰昆虫学》杂志发表寄生于北京枝瘿象幼虫身上的一个昆虫新种：瘿孔象刻腹小蜂，标准化后应当叫枝瘿象刻腹小蜂。起初是两人于 1997 年在山东发现的，2001 年在北京香山公园再次见到了这种寄生蜂，它算作北京枝瘿象的主要天敌。这个发现很有意思，它是目前发现的唯一寄生于象甲科的刻腹小蜂科物种。如何找到呢？"4 月初采集上一年无孔虫瘿进行室内饲养，待刻腹小蜂成虫羽化后，将其放入装有当年新鲜虫瘿的广口瓶内进行饲养，观察其后代的生活习性，待第 1 代小蜂成虫羽化后止。于 7 月初在林间采集新的虫瘿，室内饲养观察第 2 代的生活习性。此外，适时林间采集虫瘿进行解剖，比对室内观察结果。"[姚艳霞，赵岱，杨忠岐.瘿孔象刻腹小蜂（膜翅目：刻腹小蜂科）生物学及其与寄主赵氏瘿孔象的关系.林业科学，2007，43（10）：84]

两种昆虫的羽化孔直径大小不一样，枝瘿象的有 1.8—2.5mm，而刻腹小蜂的有 0.8—1.2mm，可结合解剖判断哪些被寄生过。在 5—8 月间分批进行。刻腹小蜂金绿色，体被白色柔毛，具刻窝。一头小蜂只寄生一只枝瘿象寄主。"小蜂成虫产卵时，先用产卵器刺透寄主虫瘿壁，再将产卵器刺入象甲幼虫体内，分泌毒液将其麻醉，而后将卵产于瘿孔象幼虫的头部后方与胸部相接处，一般 2~3d 幼虫即孵化。幼虫孵化后，用其口钩钩在赵氏瘿孔象幼虫头部后侧，外寄生于寄主幼虫体上，吸食象甲幼虫体液，直至其死亡。"（同上）小蜂产卵所送达的位置极其精准！北京枝瘿象一年发生一代，而刻腹小蜂一年发生两代。雌蜂成虫寿命只有 2—3 天，雄蜂为 4—6 天。

寄生率：在山东为 13.7%，在北京为 30.7%。此小蜂是优势种天敌，对控制枝瘿象种群数量起重要作用。

有的朋友可能会问：明明是小小的昆虫，为何名字叫象？动植物的名字千奇百怪，有的能讲清有的讲不清。如今讲不清的，不等于当初命名时没有道理、理由，相当多是当时没有明确写出来，时间久了，语用信息就遗失了。

植物命名也经常用到象字：象草、象蒲（香蒲科）、象橘（芸香科），皆形容大。

植物名中时常提及动物：龙葵、龙柏、金虎尾、金毛狗（金毛狗科蕨类）、豹子花（百合科）、狼毒、狼耙草、鹿藿（豆科）、鹿药（天门冬科）、山马兰、马钱子、醉马草（禾本科）、驴蹄草、驴欺口、骆驼刺、驼绒藜、羊蹄甲、羊角芹、狗尾草、雪兔子（菊科）、猫乳（鼠李科）、马桑（马桑科）、鸭跖草、蛇床、蛇菰、鹅耳枥、鹅掌楸、鸟足兰、猪殃殃、猪屎豆、水鳖（水鳖科）、木鳖子（葫芦科）、蚁花（番荔枝科）、木蝴蝶（紫葳科）、飞蛾槭、鼠刺、鼠李、毒鼠子（毒鼠子科）、蝇子草、捕蝇草、蚊母草、蚊母树、蚊子草、虾脊兰、鱼木、柳穿鱼。

小结一下整个故事，有四个"目"的物种参与。百姓若能亲自观察并了解其中关系，自然容易超出"人类中心论"看世界。灵长目的人在观察、讨论事件，此其一。荨麻目黑弹树这种植物是一阶寄主（受害方），此其二。鞘翅目北京枝瘿象寄生于黑弹树上，是受益方，此其三。膜翅目枝瘿象刻腹小蜂又寄生于北京枝瘿象（二阶寄主）身上，此其四。如果在"科"的层面看，则这个系统分别涉及：人科、大麻科、象甲科、刻腹小蜂科。反过来，其他物种能观察我们人类吗？人家根本不在乎人类，除非人类破坏了其生存环境。人家根本不会拍照，自然也不会盗图，被发现后也不会以"不盈利"为理由进行狡辩。

非常遗憾的是，在北大的黑弹树上不见非常漂亮的大紫蛱蝶。大紫蛱蝶是日本国蝶，幼虫吃黑弹树，成虫吸食树液。此外黑脉蛱蝶、拟斑脉蛱蝶和猫蛱蝶的幼虫也取食黑弹树。但校园经常喷洒农药，蝴蝶较少。这四种蝴蝶在北大校园未观察到。

最后提几个问题。北京枝瘿象和枝瘿象刻腹小蜂均有6条腿，那么是不是所有昆虫都有6足呢？这涉及逻辑学的必要条件和充分条件。在此可考虑我提出的"双非原则"。提示：第一，虫子中的原尾目、弹尾目、双尾目都是6足，却都不是昆虫。第二，昆虫之幼虫期毛毛虫通常具3对胸足，腹足和尾足大多为5对。第三，蛱蝶科的蝴蝶初看缺少一对足，据说是退化了。

现在已知瘿孔象刻腹小蜂寄生于枝瘿象，除此之外它是否还寄生于别的物种？学界为何仍然经常用赵氏瘿孔象这一异名？黑弹树是完全受害者吗？想一想非洲大地上金合欢与蚂蚁的共生关系。

2021年1月中旬，我上网查询北京大学校园以及北京山上经常见到的一种寄生在植物上的昆虫资料，意外发现了某风景园林网侵犯我个人知识产权的事实。今年1月我只是想核实此物种发表记录，没想到网上突然显现一张我非常熟悉的包含此昆虫和植物的照片，我能肯定那是我拍摄的，但是此照片却保存在其风景园林网服务器上，我跟此网站没有合作关系，也不认识他们。再一找，发现该网站竟然盗用了我数千张植物照片！

2021年2月4日

（尹传红，主编．刘忠范，等．纳米技术就在我们身边．武汉：长江文艺出版社，2021：122-128．刊发时有改动）

拜登与鬼针草

2021 年 1 月 20 日，曾经的副总统拜登（Joe Biden）终于转正，成为第46 任美利坚合众国总统。他的名字令人想起菊科鬼针草属（*Bidens*）植物。两者字形、发音相近，也都有足够的智慧。作为有经验的政客，拜登可能比特朗普更难对付，很可能联合其传统盟友一起来对付崛起的中国。

总统拜登的全名写作 Joseph Robinette Biden Jr.，其中 Biden 源于古法语 boton, 相当于英语的 button。也就是说，其祖先是制作纽扣的人，就如Smith 原义是"使用锤子的人"、指"铁匠"一样。Biden 一词有多个变体，"名字之家"网站给出 22 种示例，其中就包括 Button。人类使用纽扣有悠久的历史，相传波斯人用得较早，到现在已有六千年，而欧洲人使用纽扣则非常晚。

而植物鬼针草属的拉丁词是 *Bidens*，字面意思为 two-teeth，即"两齿牙"的意思。其中 bi- 是"二"的意思；dens 以及植物学中经常出现的 dentis、dentatus、dentifer，还有英语词的词根 dent-（来源于拉丁词），都与"牙"有关。此属植物果实很特别，瘦果条形，成熟时呈放射状着生于头状花盘上。为便于传播，瘦果头部长有芒刺，芒刺上还有小的倒刺毛（retrorsely barbed awns）。衣料、动物皮毛只要碰到瘦果，芒刺就会迅速扎进去，稍稍一动，细小的倒刺毛就会钩住，使相接触的两者牢牢锁住。这时，与倒刺毛、芒刺连接在一起的瘦果就会从花盘上挣脱。动物走到哪里，种子也就被带到了哪里，直到倒刺毛磨损，连锁失效，芒刺及瘦果从动物体脱落，掉在地上，完成种子传播！此属不同种，芒刺数是不同的。比如：（1）小花鬼针草：顶端芒刺 2 枚，具倒刺毛。（2）狼耙草：顶端芒刺通常 2 枚，极少 3—4 枚，两侧具倒刺毛。（3）婆婆针：顶端芒刺 3—4 枚，很少 2 枚的，具倒刺毛。（4）鬼针草：顶端芒刺 3—4 枚，具倒刺毛。这些植物芒刺足够大，容易直接观察到，而倒刺毛非常细小，需要仔细看才能瞧见。用微距拍摄下来，在屏幕上放大观赏，可以看得更清楚些。菊科植物相当"成功"，成员遍天下，其数量仅次于兰科，没有点本事或曰智慧是做不到的。菊科鬼针草属仅仅展示了菊科大家族的一类，其种子的结构是大自然长期演化的结果，显然历时要比纽扣的发明过程久得多。

鬼针草属有效传播种子依赖于三个环节：（1）种子用锐尖刺上某物并锁定，某物可以是动物皮毛或人的衣裤。扎入考验的是芒刺，即所谓的"鬼针"；锁定考验的是倒刺毛，即鬼针上的小刺儿。（2）靠动物长途运输，考

鬼针草属婆婆针的种子。种子一端有 4 条芒刺，芒刺上有小的倒刺毛。刘华杰 2021 年 1 月 19 日绘

验的是韧性，既锁定又有一定活动余地。（3）种子适时脱落，掉入土中。倒刺毛在动物运动中不断磨损而失效。倒刺毛的强度和寿命要恰到好处，不够结实则黏不住，过于结实则挣脱不了。

从起源上看，拜登与鬼针草属两者确实没关系，但是就含义而言还真有点联系，都能使相接触的东西锁在一起。比如美国对中国的关系，既要竞争又得合作。拜登上台后表达了这两层意思，综合了鹰鸽两派。"纽扣"的作用，十分明显，能够将两者连接在一起。对于当代的美国，"纽扣"拜登能否把 divided nation（撕裂的国家）弥合起来？能否重建美国在世界舞台的信誉？美国人民盼望拜登能做到，世界各国也在期盼，这将考验拜登的判断力和智慧。至于鬼针草属植物，全球有 200 多种，在演化中积累了足够的"智慧"，传播得极广。在夏威夷还发生了适应辐射，有的演化成木本植物。

疫情期间，哪也走不了。闲着没事，我画了一下婆婆针的芒刺和其上的倒刺毛。对于了解植物的细节，画画比拍照更管用。画的过程中要细致观察，把照片放大到足够的细节。喜欢植物，不能只对植物拍照，也宜适当画一画。

2021 年 1 月 21 日于肖家河

界定博物绘画

博物绘画（natural history drawing）是众多艺术形式的一种或一类，它强调对自然物（包括动物、植物、菌类、星空、岩石、河流、山脉等）、自然过程、生态系统动态性与完整性的细致观察和宏观层面的探究，在此基础上通过绘画的方式创作出美术作品。在近现代，服务于特定的主体机构（国家、研究所、大学、大企业）、以发展自然科学为主要目的，科学地进行上述过程而获得的相关作品，是对自然世界的科学描绘，它是博物绘画的一种重要形式，但也只是其中的一种。

作为一种艺术形式，博物绘画体现人这个物种与大自然的互动，展示人类个体和群体对外部世界的认知、情感和期盼。博物绘画的历史极其悠久（原始社会就有博物绘画）、艺术家们在不同时期不同背景下也创作了风格多样的优秀作品，其艺术观念以自然主义、现实主义为主，但也能容纳浪漫主义、象征主义、抽象主义、符号主义等其他多种观念。世界各地区广义的艺术家们（职业艺术家只占少数），都为博物绘画做出了贡献，它们也是人类文化的宝贵遗产。展望天人系统可持续生存的未来，改进百姓的日常生活品质，推动生物多样性和民族文化多样性保护，博物绘画均可以扮演重要的角色。

2020 年 5 月 8 日

博物版"四大发明"

"四大发明"如 N 大景点一般，因价值观不同选择也自然不同，并不值得大惊小怪。但是既然人们较真，讨论一下也无妨。

"四大发明"的说法源于 F. 培根关于三大发明印刷、火药和磁石的概括，但培根并未指出这三大发明来自哪（可参考冯立昇、江晓原的论著）。传教士艾约瑟在其 1859 年出版的《中国的宗教》列出印刷术、造纸、指南针和火药这四项重要发明。巴尔福在其 1876 年出版的《远东漫游》一书中沿用上述说法。卡特在 1925 年说："造纸和印刷术，为宗教改革铺平了道路，使教育普及成为可能。火药的使用，消除了封建制度，创立了国民军制。指南针导致发现美洲，从而使世界全局代替欧洲一隅成为历史的舞台。"要特别注意，这里提到的每一项都是讲对西方社会产生了什么影响，并没提及对中国的影响。清华大学科技史暨古文献研究所研究员冯立昇认为，"四大发明"已成为专门名词写进了百科全书，写进了各类教科书，已成为历史文化的常识内容，但在内容界定上仍有不统一的地方。

无论具体表述如何，这"四大发明"的早期概括者均为西方人，是他们从西方社会发展需要的角度提出来的，并未真正考虑中国人自身的发展，也没有考虑人类社会的可持续发展。也就是说，中国人稀里糊涂接受并自以为得意的四大发明，实为洋人观念的具体表现。

现在科技史研究出现多元主义视角，特别是非西方中心论的编史观念、地方性知识的编史观念开始出现，质疑原来的"四大发明"的概括是极其正常的。

依据中华民族自身的发展需要以及考虑人类社会的和平及可持续发展，我本人提出茶叶、陶瓷、丝绸、豆腐的四大发明说法，有足够依据。这四大发明体现了古人多学科的交叉，包含足够的智力，同时是和平、环保、可持续的，它们的确能够体现中国古人的智慧和中华文明的特点。这对于未来宣传中华文明，也是有好处的。

特别是，现在不宜再提火药。火药在中国古代用于节日庆典，而西方人把它用于战争，这是完全不同的定位。关于指南针、印刷术的起源和发展，学界也有争论。造纸确实无大的争议（虽然韩国人也在争），但它算不算四大发明之一，仍然是个人选择的问题，不是非包括在其中不可。火药等在中国古代，对中国人生活的影响微不足道，相反，茶叶、陶瓷、丝绸、豆腐等深入中国人的日常生活。

2018 年 9 月 1 日

双非原则与新冠病毒感染诊断

2019 年末 2020 年初，一场突如其来的新冠病毒感染（早期称"新冠肺炎"）流行病先在武汉爆发，随后的举国"抗疫"成为全球最具影响力的事件，盖过了中美贸易战和叙利亚军事冲突。经过多方努力包括许多人的牺牲，到了 2020 年 3 月 2 日在中国这一局部土地上，"抗疫"似乎看到了曙光，但长远看和全局看许多事情还有待观察。一线医护人员、秩序维护者的工作是极其艰苦、残酷的，不说与死神相伴，也时时面临着身心的折磨。俗话说"站着说话不腰痛""马后炮一打一个准"，"外人"不应当随便议论疫情，更不应针对疫情进行话题消费。不过，抗疫过程中的确有许多方法论问题，略述一二供"局外人"（其实没有局外人）讨论，也不算很大的罪过。

因果推断中的"双非原则"就语句形式而言是这样的："既不充分也不必要或许很重要。"（neither sufficient nor necessary but probably important）有人觉得只是在开玩笑，天下哪有如此奇葩的事情。其实，不但有而且非常多，此原则的提出就是为了提醒我们自己，不要犯或者少犯相关的错误：许多看起来充分、必要或者又充分又必要的关联，实际上经不起严格分析，到头来不得不承认是"双非"的。这只是一个警示性原则，它的成立并不意味着在实践中不可以在概率论的意义上使用某种推断方法。

充分性和必要性都不严格成立

新冠疫情中核酸试剂检测给人突出印象。在传统医疗中并不存在这类检测，它是生物信息时代发明的一种被认为代表先进高科技、非常深刻的疾病诊断手段。它只是一种手段，但显然极为重要，具有相当的优势。相比于传统医学的宏观综合性诊断方式，它确实更加深入，有针对性，对于病因、感染病毒类型等能够给出似乎"判决性"的回答。不过，在科学哲学上，"判决性实验"（crucial experiment）自迪昂（P. Duhem）以来已经被广泛讨论过，结论是它并不像初次接触时显现得那么美好，即并不存在想象的干净利落的判决性。同样，此次对患者新冠病毒的检测也遇到同样的情况。现在医学界一般的看法是，核酸检测呈阳性是判断新冠患者的决定性判据，而其他可观察症状只有参考意义。换句话说，只有还原论意义上一种东西呈阳性才可以说"确诊"。但是，在具体操作过程中，事情要复杂得多。在有明显症状的情况下，对有的人一次就可以确诊，而有的第一次第二次核酸检测均为阴性，经过一段时间再检测则呈阳性，才被判定为新冠病毒感染的真实患者。虽说有一定的延迟，但是直觉上看核酸检测终究还是充分且必要的。充分性、必要性是简单的逻辑概念：

（1）必要性：要想确认疑似患者 A 患病，必须有 A 核酸检测呈阳性的证据。

（2）充分性：对疑似患者 A 进行核酸检测，结果呈阳性，就可判定 A 患病。

先看必要性：如果没有核酸检测阳性，终究是不能断定新冠病毒感染的，这是大家的共同看法，国内外基本上都是这样操作的。再看充分性：不管检测几次，反正最终用它来测试，是能够检测出新冠病毒感染病例的。也就是说，初看起来像那么回事，似乎可以断言"核酸检测对于新冠病毒感染的诊断是充分必要的"。

真的如此吗？非也。正如上面所述，有许多经验证据表明，患者并非在第一次核酸检测中就直接呈阳性，这就说明至少对于那一次操作而言它是不充分的，因为它提供不了明确的信息，或者事后看它反而可能给出了错误的暗示，让病人误以为自己没病。另外，许多证据表明，患者康复出院后（按核酸检测连续呈阴性的标准）若干天，进行复检，又再次呈阳性。甚至在一些人的粪便中也检测出了相关核酸片段。那么，是否可以认定这些人的新冠病毒感染还没有痊愈呢？还有报道指出，对狗进行核酸检测，呈弱阳性。什么叫弱阳性？有还是没有？由此看来，核酸检测并非如想象的、宣传的那样具有十足的充分性。

现在再仔细看必要性。必要性应该难以撼动吧？难道现实中不是把核酸检测呈阳性作为唯一靠谱的指标来诊断的吗？确实如此，但是这也只是理论上、抽象地看如此。在强传染性疫病暴发期间，不同信息在赛跑，时间就是生命，跟平时做学问不一样，容不得反复检验，耽误一小时、一天就会有更多的传染事件发生。实际上，不同检测手法、诊断技术之间是有竞争的，诊断标准也在变化，标准的变化直接导致确诊人数的巨大变化。比如 2020 年 2 月 12 日湖北省新增病例 14840 例，含临床诊断病例 13332 例，比前几天突然大幅增加。实际上疫情在一天之内并没有本质变化。注意，按新的标准这些都算确诊，这表明核酸检测不是必要的，至少在那个时间空间窗口如此！注意，"临床诊断病例"是讲得通的，不但讲得通，而且以前只有这一种诊断。这种诊断符合流行病学史的处理方法。对于症状相符、CT 检查肺部已感染的患者，虽然核酸检测呈阴性或还没做，在 2 月 12 日那个窗口，此人就可以算作确诊病例了。不过，可以猜测到，不会持续很久，诊断标准还要变化。通常，按科学知识社会学（SSK）的思路，患者数与国家宏观政策是匹配的。开始时武汉医护人员、资源、空间极有限，确诊患者数太高难以应对。对数据的处理和预处理有许多办法，当事人并非不知道，而是限于当时的条件有些不能纳入范围。当条件具备，收纳能力显著增强时（方舱医院起了决定性作用），确诊患者数可以提高，而且应当提高。大家都明白一个道理：越早确诊越早得到救治，康复的概率就越高。更重要的是，把疑似患者尽早分离出来，有助于整体控制疫情。于是，当时就实行了"应收尽收"政策，统计曲线上就突然冒了一个大尖。

这种做法有相当的合理性，不需要特别解释。

生物医学只是趋势而非一切

新冠病毒感染的诊断涉及传统临床医学、循证医学和生物医学之间的张力。病毒、核酸、RNA序列肉眼均看不到，一线医生有足够的理由在"赛跑"中根据主诉、病史、宏观观察（对应于中医的望闻问切等）这些"博物类"传统证据，配合半传统的CT成像和不很深入的理化检测，而做出新冠病毒感染诊断，这基本上是传统临床医学加循证医学，不涉及生物医学。这样做有没有可能犯错误？当然可能。但90%或更高一些准确率是可以做到的。有没有这种可能性：别的肺炎被诊断成新冠病毒感染？有，而且对具体的当事人来说也可能很悲惨，因为一旦被诊断成新冠病毒感染，就可能"享受"同类患者的待遇，有可能（不是必然）增加感染的机会，若干天后再检测就可能是真患者了（相当于被动"四姨太效应"）。但是在如此复杂、紧迫的时刻，医生这样的误诊是可以理解的，也是允许的，最重要的是相关诊断过程可以改进。比如，只把它视为初诊，不把它当作终极诊断，同时针对疑似患者也做好彼此防护，避免可能的相互感染。实际中，需要权衡。是要通过等待得出确切结果呢，还是先得到初步判断？其实，无论怎样做，都需要等待，都很难一锤定音。意大利"一号病人"38岁男子马蒂亚在就医多达4次之后才得到确诊，确诊后还没及时通知相关人员感染风险。此延误导致这名超级传播者感染了至少13个人，这一失误导致意大利疫情暴发，并向境外蔓延。类似地，美国本土第15号病患在2月19日就已经处于插管治疗状态且配有呼吸机，但直到2月26日才确诊，既耽误了患者治疗也增加了接触者的风险。

对于强传染性的新冠病毒疫病，为了控制病毒传播速度，减少整体伤害，最重要的不是小心地做出精确的客观分类（classifying），而是快速地做出分组（grouping）或者整理（ordering），并使不同分类群彼此隔离。

博物学经常与分类打交道，不断有人提问分类是客观的还是主观的、林奈的分类到底是自然的还是非自然的。怎么回答呢？简单讲，只要有人参与进来，就不可能是纯粹客观、完全自然的。也就是说完全客观、完全自然的分类根本不存在，即使分支系统学的分类也做不到。对于另一个极端，是不是所有的分类都是主观的、非自然的？也不是，那样叙述容易造成误导。即便某人漫不经心，其分类也有相当的自然基础，也能找出一定的规则，也不是完全主观的。一般的情况介于两个极端之间，其中有好的分类和坏的分类、实用的分类和不实用的分类。对于 SARS、新冠病毒感染这类新型传染病，人们以前掌握的知识非常有限，大家都是摸着石头过河。当获得一定知识后，从控制疫情的角度，最有效的方法是把人群分成若干类别、群组，分类管理。类别不能太少（比如二分）也不能太多（比如十类，那将难以操作）。

核酸检测是指对病毒独特的 RNA 或 DNA 进行识别，在乙肝、丙肝、艾滋病、SARS、MERS 等疾病的检测中发挥了重要作用，在今后的医疗实践中还将扮演重要角色。对于检测试剂提出的要求是：安全性、有效性、质量可控性、及时性、操作便捷性。病毒类体外分子诊断产品，按照常规流程从获得产品注册证到进入临床需经过 2—3 年时间，现在根本等不及。据 1 月 30 日的报道，国家药品监督管理局开辟绿色通道，仅用 4 天就走完流程，允许 4 家企业 4 个新型冠状病毒检测产品上市。2 月 8 日国家药监局医疗器械注册管理司药品稽查专员江德元在回答记者的提问时表示国家药监局审批的 7 家企业的核酸检测产品的前三条都做了肯定回答，但没有提后两条，可能是假定它们都不成问题。不过，实际中并非如此，它们可能不独立出现，但非常重要，也可以单独列出来考核。比如疫病发生了，研制、生产核酸检测试剂需要时间，太慢了肯定不行。"该病毒检测试剂盒是个套盒，首先，检测人员会先用核酸提取试剂盒分离患者标本里的核酸。接着，把提取到的核酸放进检测试剂中，如果测试结果为阴性，患者基本可以排除危险；如果测试结果为阳性，该患者就有危险性。"（明如月，何则伟．揭秘山东首个新冠病毒核酸检测试剂盒，一个多小时就可出结果．齐

鲁网 .2020-01-30）核酸检测产品要有足够的稳定性，取样部位的差异、人员操作熟练程度也影响结果，便于一线人员操作是很实在的要求。这种检测试剂盒并非哪个国家都能快速生产出来并保障供给，比如中国就支援了日本、韩国、朝鲜、伊朗等国。

考虑到此次疫情中核酸检测中假阴性、假阳性、无症状带毒并传播、愈后阴转阳等诸多复杂现象，原来想象的充分必要性，就要打一些折扣。不过，无论如何，"既不充分也不必要或许很重要"第三个关键词还在，即"重要"，现在可以明确"或许"两字可以删除，只保留"重要"即可，但要明白并非全程、同等重要。诊断或确切诊断在抗击疫病的大局中占据什么地位？要慎重评估。当已经确认是一场新的强传染性的流行疾病之后，具体的诊断反而是第二重要的，最重要的是根据宏观可视症状、初诊进行有效分类和管控，因为诊断并不直接导致感染率的降低，而隔离可以做到。

隔离与信息传播

对于传染病，不管背后的细菌、病毒是何种类，隔离都是最基本的策略，越是发达的社会，隔离起来越难。但是必须死死咬住隔离，舍本逐末，可能导致瞎忙活，未能迅速有效阻断病毒扩散反而增加了感染机会，那就是犯罪。一向不被看好的词语"隔离"真的是王道，隔离就是要阻断物质传播和信息传播，其中后者更重要。

如何隔离？隔离要建立在合理分类基础之上。隔离考验科学判别能力、考验行政执行能力。前者涉及科学的不确定性，科学结论的得出有许多前提条件，科学判断具有暂时性。抗疫要依据科学但不能迷信某人某个具体的认知，此次事件中各路专家的表现并不令人满意，亮点不少但奇葩之事也不断出现。

与新冠病毒的博弈，需要习惯从信息时代而非机械（物理）时代的视角看问题。病毒携带信息、消息也携带信息。战略上首先宜明确：不是比杀敌多少（因为没有特效药，短期也不可能研制出来）或者救活多少重症患者，而是比信息传播速度，首要目标是整体上控制住疫情。不仅要估计病毒的当下空间分布，还要看其变化率甚至"二阶导数"。抗疫的效果相当程度上取决于双方信息传播速度的对决。最重要也最有效的措施，理论上看，是提高全民风险意识，加速己方信息传播的同时阻断对方信息传播。在现代社会中"隔离"操作要面对许多麻烦（涉及个人权利和经济、政治风险等），己方内部的信息传播也不会完全通畅（认知、体制等）。其次要迅速权衡、决断、勇于担当，为了整体利益肯定要牺牲部分的利益，不大可能做到人人满意。在现代社会，所有操作都要满足最低伦理、法律条件，满足此要求后可回旋的空间还是很大的，在 A 国可以做的在 B 国可能不能做。在同一国家 M 地可做的在 N 地可能不能做。参与抗疫的各级人员都应当有一定的自由意志和担当性，在服从大局的前提下优化局部系统的运作。

2020 年 3 月 2 日初稿

刊于《中华读书报》，2020 年 3 月 11 日

对 19 部图书的简明推荐语[*]

刘华杰

1.《植物探险家：11 位植物学家的科考纪实》

抛开扩张、掠夺的时代因子，猎花人对植物的深情，对自然之美的探寻、欣赏，累积着丰富的博物文化。猎花人的故事或许可以提示某些中国年轻人开启自己的博物人生。（2013 年 3 月 1 日）

2.《缤纷的生命》

当代杰出的演化论学者、普利策奖两度得主威尔逊教授，在此生动讲述生物多样性的内涵与意义，形成与维持，以及其与环境伦理的关系。《缤纷的生命》彰显了当代博物学家的宏大视野和令人钦佩的学术抱负，它是当之无愧的经典。（2016 年 4 月 5 日）

3.《生命的未来》

伟大的博物学家、科学家、思想家威尔逊真正打通了科学与人文。《生命的未来》虚拟与梭罗的通信，精准阐述生态危机，正视转基因技术的风险和挪用自然资本的后果，等等。此书应是推荐给中国社会大众的最好科普读物。（2016 年 4 月 5 日）

---

* 一些出版社推出新书之前请我撰写简要推荐语。这里有 19 种，应当还有一些，我没有特意整理。"推荐语"通常会印在封底上。应该说图书都不错，不好的，我不会答应写，会找个理由推掉。

4.《深圳大学城风物志·草木篇》

复兴博物学文化，重点是基于兴趣，关注在地具体的天人系统，脚踏实地观察、记录。超群老师的博物实践平凡质朴，但意义重大。希望在不久的将来，各地的社区、校园、大学城、度假区、保护区、国家公园等都能有自己的物种、生态手册。（2017 年 6 月 6 日）

5.《半个地球：人类家园的生存之战》

大博物学家威尔逊也是科学家，而且是有学识、有远见、负责任的那种科学家。他的思想不用说，千年一见，他的文字也愈发晓畅、隽永。"半个地球"是一项各层面主体均可操作的方法论性提示。（2017 年 10 月 10 日）

6.《美的进化：被遗忘的达尔文配偶选择理论如何塑造了动物世界以及我们》

大张旗鼓地谈论一般动物"美的品位"和审美能力，并非荒诞或肤浅。这样做是想复活达尔文的一种几乎被遗忘的"审美演化"解释方式。只要放弃人类中心主义的教条，这一切就顺理成章。另一方面，演化适应总是局部适应并且有多个维度，并不存在单一的终极适应，于是自然选择与性选择未必矛盾。鸟类学家普鲁姆（Richard O. Prum）重温并放大了博物学家达尔文与华莱士之间的有趣争论，提醒人们再次关注大自然的多样性和演化的复杂性。从科学知识社会学（SSK）角度看，他对审美的强调，也是对当下泛滥的物质、强力、操纵范式的一种回应。（2018 年 12 月 2 日）

7."中国名山观花手册"丛书

针对具体山脉、草坡、湿地等编写植物手册非常必要也很实用。每部书收录物种数适中，参照简洁描述和精彩照片，读者可用排除法识别本地的特色植物。这类手册出到几十种上百种，可覆盖各种植被类型，将为中国人了解家乡及全国的植物提供实质性帮助。（2018 年 12 月 25 日）

9.《飞跃高原》

"植物人""鸟人"是对喜欢植物、喜欢鸟类达到一定程度之人的自嘲称谓。在这样一个视时间如金钱、视金钱如性命的现代性社会里，"鸟人"难当，"女鸟人"更不易。三湘妹子肖辉跃观鸟、护鸟、写鸟三位一体，非常不一般。她让我想起作为男性的张华、格雷(Edward Grey)、怀特(Gilbert White)和扎西桑俄，更让我想起作为女性的巴伯(Mary Elizabeth Barber)、皮特(Frances Pitt)、埃里克森(Rica Erickson)和劳伦斯(Louise de Kiriline Lawrence)，他们都是爱鸟的博物学家。女性在博物学的历史上扮演了十分重要的角色，且不说胡秀英、梅里安、卡森、古道尔这些响当当的名字，仅维多利亚时代就有多少女性拥抱大自然并以她们的行动深深影响着下一代。在尝试复兴博物学的今日，如肖辉跃一样的女性，必将起到示范作用，鼓励更多的女人和男人在拨打利益的算盘珠时尝试超越人类中心主义。试着走进更大的共同体，人这个物种并不会损失什么，丢弃的只是狭隘。(2019 年 6 月 1 日)

10.《洪泽湖生物多样性的现状及历史研究》

洪泽湖是我国五大淡水湖之一，我读小学时就听说过它的大名，却一直没有机会亲临，太湖倒是去过多次。蒋老师的这部大书是了不起的洪泽湖传记、洪泽湖博物志。内容极为丰富，文献引证全面。全书既有精确的科学调查和统计，又有界面友好的人文描绘，体现了多学科的深度融合。书中关于鱼类和鸟类的部分令我印象深刻，学到许多知识，可以说大开眼界。对于植物，书中说洪泽湖原来有花蔺但后来很难找见了，这对我触动很大，因为花蔺在北京还是比较容易见到的，未来会怎样？这部书提示，各地的研究者可以学习蒋老师此书的宽广视野，撰写并出版中国各大湖泊的生物多样性专著，更好地服务广大民众和生态文明建设。这类著作，既有科研价值也有文化、教育价值，可以令当地人充分了解家乡、热爱家乡，生发出保护之情并开展保护行动。(2019 年 6 月 27 日)

11.《水的密码》

《水的密码》是地道的当代水博物书。它吸收了各门科学，但超出了科学，它尝试从各种角度了解水。阅读它，用书中描述的态度和方法观照生活中的其他事物，我们对世界定会有完全不同的体验和理解。(2019 年 8 月 1 日)

12.《石像、神庙与失落的文明：改写世界文明史的玛雅发现之旅》

《石像、神庙与失落的文明》原名《石头丛林：斯蒂芬斯和卡瑟伍德的探险与发现失落的玛雅文明》(*Jungle of Stone: The Extraordinary Journey of John L. Stephens and Frederick Catherwood, and the Discovery of the Lost Civilization of the Maya*)，为中美洲失落文明、探险史、殖民开发史提供了一种优美、引人入胜的描述。中文世界中讲述中南美洲故事的图书相对匮乏，新冠疫情后中国人到中南美洲旅游，行前阅读此书会有巨大收获。(2020年2月10日)

13.《水果史话》

水果带给苍生的，不只是肉体本能上的满足，还带来了独特的精神愉悦和文化熏陶。大众植物学不妨从餐桌植物学开始，而餐桌植物学最好从果蔬的分科以及它们的掌故开始。(2020年3月20日)

14.《餐桌上的浪漫史》

食色，性也。对人和植物均如此，因为人和植物都是生命，都要进食和繁衍后代，而人这一个物种对植物界诸多物种具有很强的依赖性。"能好怎"（能吃吗、好吃吗、怎么吃的简称）通常是形容吃客的，并且包含贬义。在不违法规和伦理的情况下，吃出美味，吃出情色，其实并非坏事；师法大自然，吃出知识，吃出智慧，就值得提倡了。《餐桌上的浪漫史》是部好玩的书、长知识的书，名副其实；它提醒忙碌的我们关注食物的来源、生活的品质和大地的生态。(2020年9月1日)

15.《如何解决复杂问题》

用达尔文以来演化生物学概括出来的规则或算法，来形象地解说人类的创造行为，在方法论上的确向前迈出了一大步。它比直接应用基于力学、天文学、物理学的传统科学哲学更加可信。不过，创造的最奇特之处在于，总是能够超出归纳、预期、算法。(2020年11月6日)

16.《花神的女儿》

传统上人们心照不宣：近现代自然科学是男人的事业，以理性、客观、进步为核心特征；女性参与者本来就不算多，能写入标准科学史和教科书的少之又少。早期女性主义者对此耿耿于怀，却没有好的办法。当科学观和文明观发生变化后，形势便彻底改变了，挖掘出来的史料让人吓了一大跳。基于政治正确的社会性别研究进路由细节到整体逐渐展开，最终描绘了人类文明进程中更令人信服的可能场景。曲爱丽（Gail Alexandra Cook）1994 年研究卢梭的博士论文和安·希黛儿 1996 年的这部经典作品在上个世纪末对我个人打开博物学文化的思路起到了关键作用。历史上那些无法收敛到当代科学的诸多努力，为何一定要往科学殿堂上扯呢？只有当科学主义还盛行时，那才是唯一的成圣通道。在日渐宽容的科学史写作更不用说科学文化、博物学文化写作中，那些无法登堂入室的内容有了新的安放家园。希黛儿用翔实证据展示女性为植物学、博物学文化贡献良多，让人们重新正视人类与植物交互的多样性，也启发我们拨乱反正，反思科学世界图景，以实际行动丰富我们的生活世界。翻译这样一部作品是非常吃苦的。感谢姜虹的辛勤劳动，这部经典作品出版 24 年后终于有了中译本。（2020 年 11 月 16 日）

17.《家门口的植物课》

衣食住行样样与植物有关。生活中你容易躲开人以外的其他动物，却难以躲开各种植物。其实，干吗要躲着呢？一日三餐里有植物，花盆中、小区、学校、马路边、公园还有山上，植物丰富多彩，它们伴随我们成长，是我们生活的一部分。跟随史军博士，日积月累，你不经意间就可以了解身边的许多植物，让它们成为自己的朋友。关于植物，你了解得越多，便越会欣赏它们，知道如何使用和保护它们。史老师很节制，并没有一个劲地灌输海量知识，而是随着季节的变换，挑选出一部分常见又有典型意义的植物，讲述一些有趣的故事。这部书是个引子，诱惑小朋友对植物产生兴趣。小朋友的兴趣可比什么都珍贵；兴趣自带能量，一旦启动，拦都拦不住。而万千植物，以及史军老师的讲解，值得小朋友对此产生兴趣。（2021 年 4 月 7 日）

18.《我们星球上的生命：我一生的目击证词与未来憧憬》

荒野的复杂、精致和优美，胜过任何技术建造，过去、现在和未来均如此。这是大卫·爱登堡的信念，也是我的信念。爱登堡用一生的经历见证了这颗星球的神奇，以及理性最无理之处：依托可怜智识的贪得无厌。"若是我明明看到了危险却一声不响，我会非常内疚。"爱登堡用朴素的语言、硬核的数据和人格的魅力展示，人类因技术能力而致命地自负，危险在迅速累积，前景暗淡；人类世诸生命的未来取决人类能否放下增长执念、重返自然之道。"野化自然"，其实是让人类超越智人物种的局限，再次解放自己的心灵。每位知识精英都应当读读这本书！（2021 年 4 月 25 日）

19.《人类：一部充满希望的历史》

这正是我在寻找的书。作者布雷格曼（Rutger Bregman）提到媒介的差异放大，通常放大恶。按道金斯等一干人的主流解释，自私是出发点，是解释的原点，然后从中推导出一点点可怜的利他行为。我对此非常不以为然，也因此觉得"老道"的哲学很一般。人既自私也利他，不可能还原为某一个。全利他，毫不利己专门利人，是胡扯。全自私，则首先侮辱了母爱(不限于人类)，其次则误读了生命的本性。走在街上遇到一个人，他(她)是骗子并刚好打算骗你的概率有多大，按性恶说是百分之百，按一般的理性主义分析是 50%，而实际上我们都知道，那是小概率事件。（2021 年 5 月 28 日）

粽叶芦：从生物多样性的角度看

2021 年 6 月 23 日在河北省崇礼区密苑云顶滑雪场的漩花梁上看花时，收到勐海县委宣传部小腊的微信。为配合 2021 年在昆明召开的 COP15（《生物多样性公约》第十五次缔约方大会），她委婉地让我帮忙，希望结合我对勐海植物曾做过的一点考察写点什么，每日一篇，由"勐海发布"公众号连续刊发出来。

如果不是最近生了怪病，我会爽快答应下来。可是，如果全部回绝，更不合适，在勐海时小腊对我帮助很大。于是折中一下，决定先试写几篇。勐海植物那么多，5000 多种，应该先选什么来写呢？这是个问题。选特有种、濒危种、入侵种？都有道理。一分钟后，我决定了，先说说粽叶芦吧，一种在当地再普通不过的禾本科植物。它是一种野草，但对于《生物多样性公约》COP15 话题而言，我觉得说说它非常合适，迄今我还没见谁面向公众专门讲它。如果人们能够认识、欣赏这样一个普通物种，生物多样性的学术讨论和文化传播，也不算空对空。本地人可加深印象，将俗名与学名、正规名对应起来（在勐海本地，人们广泛利用这种植物，但绝大部分人根本不知道植物志上称它"粽叶芦"）；外地人若提前了解一点，将来到勐海旅行有机会碰到时不至于太生分。

我在《勐海植物记》中曾记下一段话："中午赶到勐海镇东部的曼板村，佐连江先生带我在村里看住户栽种的海船，还讲述了扫把草（粽叶芦）的功用。不过，此时我还无法体会这种禾本科植物有多丰富、重要。"（北京大学出版社，2020：151）

只有几行字，但包含的细节不少 (这也是我的博物杂记所刻意追求的，希望 50 年后依然有人可以读它)，得先交代一下。2018 年 9 月 4 日，这是为 "勐海五书" 之一的植物卷而进行的预备性考察快结束的一天。8 月 27 日我到达西双版纳州的勐海县，专程为写这本植物书而来。当时是此行的倒数第二天，9 月 5 日一早就要返回北京。

"曼板村" 在哪? 在勐海县勐海镇东部，离县城不远，路边有一些有特色的饭馆。等着吃饭的过程中，我习惯性地在附近瞎转。此移民村中栽了某柿、某胡颓子、澳洲坚果、白簕、"海船" 等，村边有一口井，路边的草地上金斑蝶飞来飞去。佐连江人称 "小佐"，县委宣传部刘应枚部长的部下，摄影技术一流，担任县摄影协会的主席。"海船"，一种植物的当地名称，对应于紫葳科木蝴蝶。接下来便是主角 "粽叶芦"，当地名 "扫把草"，可以猜测它的茎秆和花序可用来扎扫帚。作为一名北方佬，刚来勐海考察植物，我对粽叶芦没什么印象，根本不认识它。其学名曾写作 *Thysanolaena maxima* (《中国植物志》)，后来修订为 *Thysanolaena latifolia* (FOC)，这都是回到北京后才查到的。它是单种属植物，禾本科粽叶芦属中仅此一种。那么，当地人知道它的名字吗? 通常只知道植物的本地俗名，"扫把草" 就是其一，这类俗名一般是按它在当地的用途称谓的。我接触了许多当地关心植物的人，他们通常不知道植物的科属种分类，这大大限制了对外交流。

植物志列出的粽叶芦分布地为 "亚洲热带"，具体地方包括许多，在中国有广东、广西、贵州、海南、台湾、云南; 域外有孟加拉国、不丹、柬埔寨、印度、印度尼西亚、老挝、马来西亚、缅甸、尼泊尔、新几内亚、菲律宾、斯里兰卡、泰国、越南等。也就是说，它并不稀奇，许多国家有，中国许多省份也有，虽然我们北方没有。有必要专门讲这样一种植物吗?

在许多人看来，若排序的话，排 500 种、1000 种甚至 2000 种恐怕也轮不到它! 但在我个人的排序中，它排在前头。我无法用三言两语讲透其中的道理，只想提示: 在 "生物多样性" 主题下，讨论这样一种既特别 (欧洲没有，样子等也有特点）又不太"怪异"（相当于"太特别"，我无法找到一个更合适的大众词汇来刻画）的物种，是没问题的。简单理由是，许多人知道它、利用它，祖祖辈辈与之打交道，它成为当地人日常生活的一部分。它是当地"社区"的一成员（member），即人与物之"共同体"的一部分。我接触勐海县的一年多时间里，每次上山几乎都要反复见到它，遇不到就不正常了。在路边就成簇生长，一大团或一大片，山坡上更多。在通风良好的土塄边，它长得尤其壮实。它经常与同科的类芦（*Neyraudia reynaudiana*）长在一起。

粽叶芦有什么用？结合在勐海我了解到的情况，至少有如下用途：

1. 刚才已提及，做扫把！这个功能，越来越弱化，现在还有多少人在用天然植物做扫帚？恐怕很少了。在东北人们曾用豆科的胡枝子（*Lespedeza bicolor*）和苋科的地肤（*Kochia scoparia*），南方曾用某种竹子。

2. 用它的叶子包粽子，这正好符合植物志上的中文正规名"粽叶芦"。"芦"字暗示，植株外形有点像芦苇（*Phragmites australis*）或芦竹（*Arundo donax*）。在勐海，用来包粽子的植物叶片有许多，其中常用的一种是天门冬科大花蜘蛛抱蛋（*Aspidistra tonkinensis*）的叶，在苏湖、贺松、布朗山都容易找见。

3. 其大型圆锥花序的下部可用来加工成盖帘、晾晒东西的日用器皿等。成品呈瓦棱状，利于通风、走水。

4. 佐连江告诉我，有一种昆虫与它共生，准确点说是虫子寄生在此野草的茎秆中，当地人把此虫子作美味食用。我对此很好奇，也想亲自观察一下、品尝一下。特意寻找过，却没找到，季节不对或者方法不对头。小佐答应我，找机会让我见识一下。千百年来，没有什么比食物对百姓更加重要，况且此虫能提供优质的蛋白质。迄今，勐海让我留恋的一条，便是我还想着这种"扫把虫"！2021年"勐海五书"将出齐，县里邀我南下，我想提一个条件：请准备一下，让我看看扫把虫，知道它是哪一科的，从而加深对此植物以及它们所构成的生态系统的理解。其实那是借口，我实际上想知道此虫的味道！

5. 它具有非常特别的生态功能。棕叶芦在勐海分布极其广泛，根深叶茂，多种生境都有它的身影。因为它一直在那，年复一年自然地生长着，我们可能不觉得它有多伟大，没发现它为当地做了多大贡献。可是一旦它变少，处于濒危状态，其曾扮演的角色就会引起我们注意，功利心强烈的人类才会感觉到它很重要。但是，《生物多样性公约》COP15等活动，是要人们提前行动，在这些植物还处于正常状况下，理解它们在整个地方生态系统中的作用，在日常生活、生产中合理利用、可持续利用它们。

6. 它的生物量或植物量还不错，可有意识把它作为一种资源植物，尝试像种庄稼一样栽种。可考虑用其茎叶造纸，或用于建筑、化工业。园艺界和农业界可以关注一下。

7. 美学功能。把它作为一种相当不错的园艺植物进行驯化，栽种到许多场景中，比如城市公园、步道、废矿场、学校、社区。

显然，它不止这些功能、用途。但列出这些已经足够了，足以让人尊重这种不起眼的野草。

在我看来，对于普通百姓来说，野草棕叶芦之意义，远大于植物分类学家特别重视的特有种之意义。特有种当然重要，但是它们可能很稀少，法律法规限制对其利用。特有种对科学、科学家相关性更强，对于发表论文、生物多样性评估及长远利用都是重要的，但对百姓而言可能不是这样。那么，媒体介绍植物时，主要应当讲述哪些植物，如何讲呢？这还真应琢磨一下。至少不能只盯着特有种、濒危种大讲特讲。如果只是那样的话，反而可能提醒了一些"坏人"，加剧了破坏。有的人专门选稀有的东西糟蹋（采标本、采摘、盗挖），美其名曰"热爱"。媒体等还容易走一种极端，以为"外来的和尚会念经"，对本土优秀物种不闻不问，用相当多的精力宣传人家的好东西（外来种），比如在行道树和花园植物的选择上。

综合一下，"生物多样性"虽是近几十年内全球范围才兴起的概念，但它并不玄奥。如字面所示，它是在强调"多样"，但单纯多样并没有表达清楚意思，它也内在地包含着"稳定适应"的想法，它也有人文的内涵。"多植树多种草"，并不一定有利于生物多样性保育，还要看栽的是什么树，种的是什么草。虽不可一概而论，但本土物种对于生物多样性保育是极其重要的。要优先识别、保护本土植物，做到可持续利用。

下一个应该讲谁呢？壳斗科湄公锥可能是重点考虑的对象。

2021 年 6 月 24 日

"勐海发布"微信号同日发布

科学传播的角色划分与再混合

在中国，科学传播是由传统科普演化出的一个概念。先由高校一批"科学文化人"提出，当时遭受保守派、正统派的激烈批评，十几年过后逐渐被磨圆，近乎成为"科普"的同义词。现在它竟然为一些人提职称提供了方便。科学传播要解决的主要问题是，在科技日益发达并广泛渗透到生活各个方面之时，公民如何更多获益同时减少风险。具体讲包括推动公众更多地了解科学知识和方法，同时知道科技的运作方式，以及局限性等。

20 多年过去了，如何评估此番努力？应当说效果还是有的。估计此次会议上会有人专门总结，我主要想说一下存在的问题。在具体国情下，科学传播进路对科学的反思不受一些人的欢迎，在现有体制下无法展开；在实践层面做得也够理想，主体通常高高在上，缺乏与实际科学和社会的结合，对社会的影响很有限。现状大家心里都有数，也不是短期内能改变的。

就我个人而言，在过去的 20 多年中做了一点理论思考。先考虑了科学传播之公民视角、公民立场问题 [刘华杰 . 论科普的立场与科学传播的信条 . 自然辩证法研究 . 2004，（8）：76-80；刘华杰 . 科学传播的三种模型与三个阶段 . 科普研究 . 2009，（2）：10-18]，后来发现还不够，又提出"第零层面""第四主体"的考虑 [刘华杰 . 论科学传播系统的"第四主体" . 科学与社会 . 2011，（4）：106-111]。现在看，仍有进一步阐发和推演的可能性。但"批判的武器"不能代替"武器的批判"。

科技越发达，人们是否就越了解大自然，越能尊重大自然，令今人系统持续得更长久？难以得出明确的答案。这样的发问，就像当年江晓原教授温柔却直指要害的发问"科学可不可以被研究"一样，本身就渗透着观念，表达着对"缺省配置"的质疑。如果一般意义上推进的科学和科学传播（包括我们自己做的工作）也无助于普通人真正了解大自然（个体面对的不是无边无际的大自然，只是其中一小部分），就要考虑改进。

科学传播之前取得理论突破的前提是学界之角色划分。没有科学史、科学哲学、科学文化的长期准备、熏陶，不可能有那样的突破。那些保守人士之所以固守城池，跟他们所处的时代和学术背景有关，也可以说其社会角色大致确定（不是完全决定）了思想走向。历史地看，"角色划分"是必要的，今后依然要尽可能推动新角色之出现。但是成也萧何败也萧何，"角色划分"走到一定程度，就造成"割裂"：不得不承认，当下国际范围学院派的理论研究变成了某种"纯学术"，与现实科学、百姓生活、大自然实际演化脱节的学术。它当然依然有存在的合理性，一个社会总是需要一些人做这类工作，但是时间不等人，空对空可能误事。现实中普通人面对的是科学知识和科技产品越来越多，应接不暇，同时自己与大自然隔膜起来，个体与大自然间被竖起一面越来越厚的墙。

科学之发达并没有同步地改进人与自然之关系，有时甚至相反地让人们远离大自然。如果此判断可以部分确认，那么就可能需要启动另一项工作："角色划分"的逆过程，实施"武器的批判"。即科学传播学人应当"降阶"，正视大地，直接探究大自然并号召百姓也这样做！这怎么可能？这不是无视现代社会基本的职业分工吗？

分工是必要的，但涉及探究大自然这件事比较特殊。研究大自然，在近200年间似乎是自然科学家的专职工作，人文学者不屑于做或者不能做，百姓也做不了，其实仍然可以做而且必须做。如何可能？还是要变革我们自己的科学观！重新看待具体的人与科学、与大自然的关系。作为普通人，必须尊重科学、了解相当一部分科学（特别是与自己日常生活相关的东西），但是对于科学家描述的世界图景，不必照单收纳，要用自己"可怜的"切身经验来确认甚至否定其中的一部分。此时，波兰尼提出的个人知识、个人致知（personal knowing）就有发挥的舞台了。科学之所以能够得出漂亮的结果,与其方法论有莫大的关系,不做简化、不敢化简,肯定做不出好科学,但是这般的好科学也歪曲了实际,通常只注重局部线性区的状况,同时也部分遗忘其"生活世界"之意义基础。重提"个人致知",通过亲临和交互,恢复那些被删除、被化简掉的真实性线索,可以令人类个体在天人系统互动中拥有的"真实性"具有足够的丰富度,而不是停留在干巴巴的科学定律、一般性结论上。

"角色划分"的逆过程,相当于角色的重新混合。"重新混合"并不意味着之前的划分不再起任何作用。角色混合,暗示普通人要做科学家所做的工作?部分是这样。现在有非常时髦的"公民科学"提法和实践,似乎正好响应了上述主张,但是我恰好并不看重这一进路。"公民科学"的动机不是我想要的,它依然以科学(家)为中心,它根本上是让百姓(爱好者、业余人士)成为外围组织,成为廉价、免费甚至倒贴的打工者。而我设想的可能性是,公民做若干科学探究,为自己服务。出于自己的兴趣,为了自己的目标奋斗,最终使全社会处于一种更好的状态。这是对过去相当长时间已经习惯了的、不断加剧的社会分工的一种挑战,也将挑战教育体制和科研体制。

难度很大,阻力很大,如何操作?上面说了要再次变革我们的科学观。第一,公民应当觉悟起来,明确权利,让已有的科学为自己服务。第二,根据个人偏好选择科学体系、科学知识的一部分,努力学习并使用。此过程宜采取自然主义的态度,不视科学为神圣之物,从需求角度对待它,就像日常生活中到超市购买东西一样,"我花钱我受益"。第三,通过投票或发起倡议,影响科技的未来发展方向、学科设置、投入,包括优先研发某些方面、延迟或禁止研发某些方面。第四,亲自操练,直接访问大自然,并在此过程中生产知识!这是最关键的一步。"无知的百姓"(相对于职业科学家共同体,人文社会科学工作者和一般公民都是无知的,这样说没有贬义)怎么可能在现代社会自己生产知识?这是一个迫切需要阐发的问题。第五,在自己操练的基础上,带动周边(在网络时代,已经突破原有真实的地理圈子)有类似兴趣的人一起认知大自然,体验快乐,丰富生活，推动生物多样性保护和天人系统可持续生存。

上述几个方面虽然联系在一起，但最具新意的仅一条，即第四条。我不急于回应疑虑，愿意先回顾马丁·路德（Martin Luther，1483—1546）的宗教改革。如果我们理解了此项改革当时面对的问题和事后的伟大意义，就可能部分认同我的思路。这个论题比较复杂，我也只能做初步描述，用意也不限于科学传播领域[刘华杰.回到恩格斯：焦点从科技回到大自然.自然辩证法研究.2020，36（1）：11-16]。2017年我在中国人民大学的一次讨论中公开讨论了这一想法。

这样一来，"科学传播"的内涵也将发生变化，它也内在地包含着对当下各国都热衷的激烈竞争的、投入巨大的职业化科技创新体制的不满。在此无法展开，它主要属于文明批判或科学社会学、知识社会学的探讨内容（参见2021年5月16日我在"大学沙龙"第128期的报告《为何要破除创新神话？》）。田松专门讲过"科学传播"不等于"科学＋传播"[田松.科学传播：一个新兴的学术领域.新闻与传播研究，2007，(2)：81-90]，确实它从来不是如此。如果硬要那样机械地理解的话，对其中的"加法"要做广义算符理解，其间的"相加"仅表示一种关系，它不只是1+2=3的"加"，它可能是1+2=12的"加"或者0+0=8的"加"。此时，科学传播与科学创新不再是原来"一体两翼"或"两轮"的结构，而是一个分形混杂体（我到处使用分形概念.确实很偏爱它，因为它比目前流行的概念能更简洁地阐发诸多结构问题、本体论问题）。这个混杂体，既广泛传播、运用知识，也自己生产知识。科学界内部有科学传播，不是秘密，一直在进行，只是圈子小。我们这里关注的不是这个。读者可能已经迫不及待地想问：你能生产什么样的知识？言外之意，完全不看好。

首先是社会学、人类学意义上的地方性知识。此地方性知识不是原来纯粹意义上的原始、边远、自然状态的地方性知识（顺便一提，地方性知识也具有某种普遍性，通常意义上的非地方性知识也具有某种特殊性、地方性），而是与当代科学甚至前沿科学结合的地方性知识。它不可能是高等级实验室出产的那类知识，但也不是无足轻重的知识。比如，可以通过学习、借鉴有关科学成果，自己对家乡的地质、水文、植物、动物、菌类、生态进行有效的个人化的探索，通常是长期的观察和探究，在此过程中通过"个人致知"一定能够生产出大量有意义的知识。在过去的 20 多年中，我个人做过若干试验：尝试了解我身边、我喜欢的植物，有没有新发现呢？你可能马上问：发现了几个新物种？告诉你：零个！迄今我没有发表任何新物种，但是依然可以大胆地说，我个人收获巨大，看到了科学家没有看到的许多方面，纠正了若干认知，我的记录丰富了生物多样性描述，它们确实有可能成为某种有用的资料（可参考《檀岛花事》《燕园草木补》《青山草木》《勐海植物记》《崇礼博物散记》）。我撰写的有关北京延庆睡菜（*Menyanthes trifoliata*）这种本土植物（《北京植物志》还未收入，现在却眼瞧着它走向灭绝）的杂文，发表在中国科学院的科学期刊《生物多样性》上，对科学界和北京市提出了批评，反响还好；我也带新华社的记者到经过环境整治的北京市永定河部分区段观察入侵的三裂叶豚草，在其视频节目中批评有关部门的做法。《青山草木》是为一座山编写的植物记录，这座山是吉林松花湖万科滑雪场所在地，在中国还没有人做过类似工作。《勐海植物记》是针对生物多样性热点地区西双版纳傣族自治州的一个县分布的野生植物进行多角度的描写，面向的是普通读者，但调查与分类完全按照科学的标准进行。中国植物学家多得很，却没有人做过这样的工作。社会是否需要这样的图书？当然非常需要，此书出版后也受到欢迎。勐海县为何会找到我来撰写？之前也算积累了一点点信用，又有朋友推荐。我个人做了什么并不重要，我做得也不够好，只是结合兴趣拿自己做了试验。我能做的，别人也能做、做得更好。推广开来，可在全国数百个县市撰写相关的博物志，让科学真正融入自己的生活（这话听起来是不是耳熟？但含义可能有区别）。它们是不是科学传播？肯定不是原来意义上的科学传播，却是我希望科学传播领域之未来发展可以延伸出的一个分支。

2021 年 10 月 15 日

自然以自由：博物与审美

感谢田松教授的邀请。深圳是一个美丽的地方，非常适合公众博物；北京这个季节已很难博物，因防火不让上山。今天我分享的主题是"自然以自由：博物学与审美"，标题似乎怪怪的，特别是正标题。最近十几年，博物学在中国有了点地位，为何要做博物学，好像没有说透。

为什么要做科学，曾有人这样作答："Science is like sex; it has practical uses, but that's not why we do it." 类似地，可以说："Natural history is like dress; it has practical uses, but naturally and historically that's not why we dress up every day." 也就是说，有原初实用的考虑也有别的考虑，如审美。

博物学想干什么？我的回答是，在最高层面上说是为了自由。为了个人的自由，也为了全人类的自由，今天的自由和明天的自由。自由问题的讨论与政治学和哲学关系密切。我在哲学系工作，哲学通常与抽象概念和论证打交道，而博物非常具体、肤浅，哲学工作者怎么会关注博物学文化？强版本的回应是，反问一句：老子是哲学系毕业的？《道德经》的论证按学院派分析哲学的要求合格吗？哲学史上诸多大人物的东西又如何呢？次强版本的回应可用宋人李唐的句子："云里烟村雨里滩，看之容易作之难。早知不入时人眼，多买燕脂画牡丹。"

博物学历史悠久，现在我们讨论的博物学主要是基于当下的现实而建构出来的，时空纵横两个维度都要考虑（重启博物与19世纪关注时间演化到20世纪中叶再次重视时空分布之大背景有关，相当于对自然与社会现象中空间维度的新自觉，这在千年尺度上呼应了historia的古义。这种努力与布罗代尔的"地理—历史"概念一致）。什么是博物学？通常有一种本质主义的理解，觉得"博物"必有某种本质，找到它们便理解了博物。但是，我们现在不大相信本质主义，而愿意采用建构论。

"纯"哲学家关心博物学的并非个例，如亚里士多德、培根、休谟、洛克、康德、叔本华、阿多诺、罗蒂等，时间有限，不能展开叙述。今天从"中间"切入。切入点是 18 世纪中叶的康德，其三大批判涉及认知、实践、判断力，跟博物也可对应起来，后者与博物审美有关。1755 年刚获得硕士学位的康德 31 岁，在一部小册子中提出他理解的博物学，同时也阐述了其一生中一直关注的一个大问题：如何协调自然与人为之间的关系。此书在中国有很多译本，我手上有三个译本，书名竟然没有一个译得恰当！本来康德的书名 *Allgemeine Naturgeschichte und Theorie des Himmels*（对应的英文为 *Universal Natural History and Theory of the Heavens*）与博物学有关，却被译没了，这也间接说明现在学术话语中博物学被边缘化的程度。1957年洪谦的文章《康德的星云假说的哲学意义——读〈自然通史与天体理论〉的一些理解》、1972 年上海人民出版社的《宇宙发展史概论》、2001 年上海译文出版社的《宇宙发展史概论》、2003 年中国人民大学出版社的《康德著作全集》第 1 卷中《一般自然史与天体理论》、2009 年《中国国家天文》上的文章《康德安息之地：俄罗斯柯尼斯堡大教堂》、2014 年上海人民出版社的《康德传》、2016 年北京大学出版社的《宇宙发展史概论》等给出的相关译名，都不准确。为何这样？猜测是译者不熟悉西方世界具有悠久历史的natural history 文化传统所致。康德的学术显然与这个传统相联通。康德此一作品是关于天体的，直译大约是《天体之万有博物学与理论》。

康德博物学的想法明显延续了法国大博物学家布丰的研究，要借助牛顿力学的新进展而发展布丰的博物学，康德在书中也提及布丰的名字。

康德在这部书中表达了什么想法呢？不同人看到了自己想要的东西！比如相当多人看到了后来被称作"康德—拉普拉斯星云假说"的东西，把它视为一项超前的科学创新。单从博物学而论，康德在此提出的思想虽然沿着有两千多年历史的西方博物学走来，却与以往有所不同。第一，他借用了数理成果讨论博物学，具体讲是牛顿力学。康德虽然借用了牛顿的数理成果，但是他并没有受制于它，而是实实在在超越了它。康德除了用万有引力，还构造了一种排斥力。其实排斥力在当时并非什么科学概念。牛顿力学也根本没有那样的概念。第二，他热衷于自然物的时间演化，特别是生成、衰亡过程，以前西方博物学基本不讨论时间演化问题。确切说，康德受布丰的影响才这样做的。这样做的一个宏观后果是，博物学考虑的问题又多了一个维度。恩格斯非常重视康德1755年这部书，在《自然辩证法》中对其评价甚高。按理说，单凭这一点不应当把书名译错。早在康德之前，博物学中的转变（transformation）已经发生。我手边有1981年圣母大学出版社出版的一部文集《从博物学到自然史》（*From Natural History to the History of Nature*）。此文集特别引用了1710年伦敦出版的 *Lexicon Technicum* 关于 natural history 的总结："Natural History is a Description of any of the Natural Products of the Earth, Water or Air, such as Beasts, Birds, Fishes, Metals, Minerals, Fossils, together with Phaenomena as at any time appear in the material world."（拼写、大小写皆依原文）这意味着，在18世纪初 natural history 探究的范围有了变化，既包含横向维度也包含纵向维度。当然，这不等于说从此名称就变了，名称没有变，只是探究的内容拓展了，这恰好为拒斥本质主义提供了一个案例。另一方面，文集的标题也说明 natural history 和 the history of nature 是两回事。

康德的基本想法，学哲学的都知道：人给自然立法，大自然表现出某种合目的性。康德采用的是思辨哲学、主体性哲学、建构论或者现象学的思路。此思路与博物、自然物审美有重要关联。在1755年这部书中以及在其他地方，康德想表达的自然事物运行满足一定的自然科学规律，与其人类学、主体性哲学并不矛盾。按照康德的意思，自然科学规律也并非大自然自己所独有，并非其自身的性质，而是人来建构规律。其认识论和美学是相关的，对于审美而言，是人来发掘出美、建构美。自然美从来不是自然自身的美，而是人与自然相互作用之系统的美。人必须在物理上、物质上遵从自然律，同时在审美上发挥主体性。要说清楚这一点，就要用到其

"合目的性"法宝!

康德构思了宇宙生成、演化的宏大图景,将认知和审美结合在一起,他感受到了一种特殊的愉悦。《天体之万有博物学与理论》最后一段较好地描述了他的体验:"事实上,如果我们让自己的心灵对这样的考察和上述的东西思索一番,那么,在晴朗的夜晚遥望繁星密布的天穹,就会是只有高贵的灵魂才能感到的一种享受。"(康德.康德著作全集:第1卷.李秋零,译.北京:中国人民大学出版社,2003:342)

后来,环境美学家伯林特(Arnold Berleant)批评康德美的"无关切性"(大意指对美的评判无关乎道德、有用性,只涉及对象之外在形式是否令人愉悦),在我看来可能批得不准确,没有抓住要点,或者说歪曲了康德的美学。康德讲自然合目的性的逻辑表象时,提到两种表述方法:(1)纯粹主观的概念之前的直接把握,(2)客观的与认知相联系的概念性理解。至少后者不是真的"无关切"。康德的学说有人类中心论的特征。但是,审美与认知一样,具有超越性,并且一直在追求更大的超越性。沿此道路前行,仍然可以打通人类中心论与非人类中心论。我觉得,康德认识论或康德美学依然是一个较好的起点,没必要否定它。康德的想法在中国也有相应的东西。比如我们看看《庄子》:"天地有大美而不言,四时有明法而不议,万物有成理而不说。圣人者,原天地之美而达万物之理,是故至人无为,大圣不作,观于天地之谓也。"审美的人生,是系物又不系物,是逍遥游。注意不是不用物,必须用。借物而不依附于物,博物不丧志。物物而不物于物,处物而不伤,"不伤物者,物亦不能伤也"。庄子的描述不亚于康德的叙述,但是它不是建立在批判哲学体系之上。

用康德或庄子的美学思想讨论博物审美非常合适。借助博物学,对审美可给出新的刻画,这个"新"就美学本身而言可能并无太多新意,因为美学界相关抽象讨论已经很多了,做美学研究的学人对康德的判断力批判十分熟悉。我是美学外行,想解读出新东西不容易。审美是对当下主流关切(旨趣、利益)部分超越而获得的快感。完全超越是不可能的(因而并非完全"无关切"),一点也不超越那也就太"实在",根本谈不上审美。

观念与认知相关并处于不断演化中。美展现的是主客矛盾突然和解之愉悦，指用主体之光照射实存因果网络而获得的"非挂碍"状态，发生于表象系统的自由追求。要强调的是表象系统，而非自然物、艺术品本身。此过程被大脑瞬间处理成（想象为）使自然律服务、兼容自由意志，大自然和艺术作品表现出拟人化的"合目的性"。博物审美的用意是，天人无碍，各得自在。博物美学代表着美学在人类世的新的演化。

这样的想法没有实践意义，只是哲学工作者的一种思想操练？不是。去年我在河北一座高山上拍过一张照片。这个山头上植被原来长得很好，现在却被钻上无数的"眼"（植树的坑）。为啥？人要改造大自然，要美化、绿化它。栽一遍，树死掉，再栽一遍，锲而不舍。政绩工程是也。动机很好，不能说这些人天生就坏，只是其认知有问题，特别是审美有问题，他们不了解什么是对的、美的。那样的高山顶部，不适合栽树，只适合本地野草生长。我们讨论博物审美，有强烈的现实背景，并非只出于纯学术的考虑。

博物美学的学术依据是什么？即用什么来支撑它？简单讲，要通过博物活动理解大自然，于是达尔文的演化论成为最重要的基础理论。离开演化论讨论博物学、讨论博物美学，就不恰当了。演化论、判断力批判、（新）博物学是抓手。康德说，"美是一对象合目的性的形式"，"花是自由的自然美"，一朵花被视为美的，因为觉察它具有一定的合目的性，而当我们判定这合目的性时，却不能联系到任何目的（康德．判断力批判：上卷．宗白华，译．北京：商务印书馆，1987：67-76）。不能孤立地理解这段描述。康德将美划分为"自由美"和"附庸美"，两者都是重要的。前者不以对象的概念为前提，即不需要了解对象应该是什么，后者则依赖于概念所包含的完满性，是附属于概念的。严格讲两者都无法脱离认知，通常的审美既纯粹（判断者对于目的毫无概念或者在判断里把它抽象掉）又不纯粹，两者合起来既考虑了"眼前的"东西也考虑了"思想里的"东西。理解博物审美过程，要打破一些思维定式，比如反映论、数理还原的想法以及审美过程的人为划分。

　　研究大自然，理解大自然，建构论的思路更讲得通。我们能看到什么，与我们想到什么有关。严格讲，是我们去看、去揭示大自然，因而用词不再是"发现"大自然而是"发明"大自然。依照康德的主体性哲学，可以大胆地用"发明"，发明或发现大自然，都是可以的。

　　通过博物致知，不断探究大自然，便有可能延续超越过程，在更大的共同体中进行审美操作。哲学家已经提出了"主体间性"（intersubjectivity）的概念，这还不够，在人类世的今日，可努力达成新 IP、新 IT。IP 指种间性（Interspecies），IT 指物间性（Interthings），后一个词是我造的。通过新 IP 和 IT，可尝试与念青唐古拉山脉、松花江、牧女珍眼蝶、猪牙花、沙门氏菌、新冠病毒等对话，想象一种非人类中心论。人也是物，即"人物"，在"物间"，人处物而不伤。由博物达到齐物，由齐物达到齐天，这便是博物审美。这些是在想象中完成的，不是在"实存"而是在"表象"中做成的，想象力标识着一个人的道行、审美能力。

　　这当然不是一蹴而就的，需要不断修炼甚至终身学习。此学习的目的不同于单纯增长知识。哈耶克早就说过，"陶醉于知识增长的人往往会变成自由的敌人"。对知识也要进行选择。更重要的是通过学习增长见识，提升超越能力，扩展自我，在更大的空间中安放好自我。体察天地，心师造化，宜小心翼翼摸索前行，不必盲目创新。具体讲，操作上可以采用古代的"多识"传统。钱穆在《论语新解》曾说："对天地间鸟兽草木之名能多熟识，此小言之。若大言之，则俯仰之间，万物一体，鸢飞鱼跃，道无不在，可以渐跻于化境，岂止多识其名而已。孔子教人多识于鸟兽草木之名者，乃所以广大其心，导达其仁。"《诗经》有"六义"，大家都熟悉。我也曾阐发过"赋比兴的认知含义"，即把它们贯通起来理解，类似的认知与审美也是一体的。现在可采取"博物 +"策略，不管是官员还是职员、CEO、教师、商人、导游、设计师，都可以在自己的职业生涯中融入博物因素，增加审美的内容。

　　此过程可以提升人生的境界。冯友兰有一个说法，他在《新原人》中提出"人生四境界说"，包含自然、功利、道德、天地四步。这是一种直升式的线性发展进路，两端开放，下不见底，上不着顶。它割裂了本来的关联性，还导致一定程度难以提升的局面。不知"返"，因而无法启动"道之运行"。现实中，人是复杂的动物以及超越动物的动物，人同时具有上述四个可能状态，可以让它们动起来、转起来，不是简单地一次性地升级。我稍微改了一下，变开环为闭环。加上返回来的循环。没有"返"的话，"道"转不起来。根据道家学说，人生是不断修炼的过程，不是单线爬高过程。

最后，关于博物绘画为何不受重视的问题，我认为与"编史学"有关，涉及"科学编史学"和"文明编史学"。博物学被忽视，博物绘画在美术史中也没有地位，两者原因是类似的。我们可以从"科学编史学"中借鉴一些方法，来研究一下艺术编史学，为博物绘画争取地位，比如重写美术史。科学编史学讨论已经比较多了，有大量材料可参考。

限于时间，有些主题今天不能展开了。小结一下，我的看法是：人类博物过程同时包含认知和审美。西方近现代博物学和博物绘画取得惊人成就，但西方的东西也只是一类，除此之外还有许多类型，中国也有自己的博物学和博物绘画。博物绘画不仅仅是"拍摄""复制"大自然，但也不能走极端。修习博物学，可以提升人生境界，改变生存环境。可从科学编史学借鉴经验，批判性地考察艺术编史学。博物审美，在物的基础上超越，旨趣在于天人无碍。面对现代性的压迫，可考虑一个新命题"自然以自由"，它不同于一般的自由观。康德美学是我们很好的出发点，这一切是想通过自然、保持自然而获得自由。

2021 年 11 月 27 日

南方科技大学"博物美学论坛"，发言整理稿

第 4 编

砥砺争鸣 ——

◎

凭什么相信引力波检测的结果？

春节期间，科学家证实了引力波存在的消息迅速传遍各种媒体，民众争相转发、讨论，仿佛大家都非常热爱物理学。

激光干涉引力波天文台（LIGO）的数据意味着什么？爱因斯坦的预言又一次被证实了吗？

当年爱丁顿的观测，据说完美证实了爱因斯坦的广义相对论，但科学史家事后的分析表明并非如此。当时人们（科学家、媒体、百姓）太希望那是真的了，那次日食观测结果误差被大大低估（涉及温差、底版质量、数据的取舍等），因而不能算"证明"。一个问题立即浮出：媒介和大众凭什么相信科学家的新闻发布？为什么更相信这次而不是那一次？科学家20世纪60年代就宣布探测到了引力波。注意那可不是一般的"民科"宣布的。

圈外人士有办法"理性"地判别"事实"吗？坦率地说，不容易或者几乎不可能。那么圈内人士能吗？科学知识社会学（SSK）学者柯林斯（Harry Collins）为此研究了引力波检测科学共同体十余年（在 NFS 的长期资助下），出版过近 900 页的引力波探测社会史著作 *Gravity's Shadow: The Search for Gravitational Waves*。结论是什么，到底有没有引力波？这事别问 SSK 学者和科学哲学家，而应当问科学家。说到底，涉及科学信念问题，信则有不信则无！2016 年 2 月中国农历春节期间，科学家和媒体这一回的宣布又如何呢？其实与以前没有本质不同。

据报道，物理学家探测到（实际上是推测到）由两个黑洞合并产生的一个时间极短的引力波信号，持续不到 1 秒。此信号经 13 亿光年的长距离旅行，于 2015 年 9 月 14 日到达地球，恰好被刚改造升级的 LIGO 的两个探测器以 7 毫秒的时间差先后捕捉到。讲得非常生动，好像就在叙述自家后院梨树上一片树叶落到了地上。问题是，谁是"说明项"，谁是"被说明项"？LIGO 的数据证实了两个黑洞相撞还是黑洞的相撞证明了引力波？其实是互证的解释学循环。此检验可重复吗？不可以，没听说那是很久以前发生的事吗，现在原"标本"已经不在了，只好等下一个事件。

一个多月前就有人放出风来（用的词是 rumour），老爱（爱因斯坦）100 年前的预言最近将被最终证实。这样便皆大欢喜，对谁都有个交代（对科神老爱，对资助方，对媒体的无限期盼）。再往前追溯，去年秋天就有人试探性地宣布过结果，《自然》杂志 2015 年 9 月 30 日的文章"Has giant LIGO experiment seen gravitational waves？"就提到那则 rumour。文章也提到团队当时正准备分析数据，着手写一篇论文，并将 vote to decide whether to announce it。但是如何排除 false signal？如何进行双盲检验？该文章在此关键处特别提到一个人，即前面说到的社会学家柯林斯。科学前沿为何要社会学家掺和其中？其实，如今的大科学本来就是科学与社会的"分形体"，你中有我，我中有你。这不仅仅涉及经费、职称评定等所谓"外在"（严格讲不是外在，而是内在）诸事项，实验设计，数据的获得、重复、认可，论文的撰写、发表等都是与社会过程不可分离的自然科学过程，不好再说何为内何为外。结论是：我们不知道科学家做对了还是做错了，不知道他们是否诚实。摆在面前的选择是，相信或者不相信。当然有程度不同的区分。在大科学时代，我们获得的相当多知识，都基于我们相信科学家，而不是基于我们自己理解了并检验过了他们的结果。公众根本没法检验，科学家的检验也会面临《改变秩序》一书中讲到的效应。那么怎样做才是理性的听众、合格的听众？这涉及你如何理解"理性"。另外，LIGO 的实验设计有重大创新吗？没有。"迈克尔逊—莫雷干涉实验"是 19 世纪的设计，只不过现在精度高了，花钱更多了。

社会科学中有"自我实验预言"一说，自然科学当然也是如此，只不过用理论和技术伪装得更精致一些，常人看不出来。科学哲学中不是讲证伪吗？但严格证伪一个伟大的理论是非常难的，特别是需要时间。数据和信念都起作用。科学和社会都需要秩序，爱因斯坦 100 年前给出了一幅令人动心的大理论，此理论描绘了科学家需要的特别秩序。爱丁顿的观测以及今日的 LIGO 实验结果被迅速接受、传播，都符合对这一秩序的渴望。

有人会说了，你在说风凉话，对 LIGO 的结果你相信不相信吧？其实我信不信完全不重要。姑妄听之，权当 CCTV 春节晚会的一则补料吧。"那么，你反科学并终将为此付出代价！"怎么会呢？科学如果真强大，根本不在乎我一个人反不反；科学如果脆弱到怕某个人反对，那是另一回事了。具体科学的有趣性之一就在于，我们可以相信也可以不相信，你可以两方面下注。

2016 年 2 月 12 日

附记：此篇在我的新浪博客贴出不久就有十几万点击，远超出预期。同时收获若干谩骂，这倒在意料之中。在极度缺乏科学精神和人文精神的国度里，只允许无条件地相信被高举的"科学"。此博客后来被多家媒体转载，如：大学科普.2016,10（4）：64–65。

技术风险转移

　　"漏油"这件事好像跟哲学没有关系。不过，中国绿发会关注的问题既有具体的也有抽象的，有盯着眼前的也有着眼长远的，有就事论事的也有举一反三的。延长石油公司输油管污染案彰显了当代技术风险转移的普遍性问题，需要从技术哲学、风险管理、立法等层面考虑，而且越早考虑越好。

一、技术创新主体和企业自身的风险管控

　　根据主诉方叙述，2013年2月份发现管道漏油。漏油究竟发生在什么时间，一共漏了多少，漏了几次，有无内外勾结，现在这些基本事实似乎还不够清楚，需要第三方进一步侦查、鉴定、评估。从后来附近村里打井出现那么多"汽油"的情况可以判断，漏油极有可能不是发生在2013年，应当更早，漏油程度也远比现在描述的厉害得多。

　　利用新型科技开办企业谋利，同时有收益和风险两个方面，一般而言行为主体只愿意得到收益而想着法把风险外部化。而作为政府和相关公民，想法可能不太一样。比如，大型水库修建、风电、自动驾驶、GMO食品、矿山与石油开采、计算机生产与销售等行业都不同程度存在风险隐藏、风险稀释转嫁、风险行政规避的问题，这类问题积累到一定程度将使一小部分主体受益而群体和天人系统受损。时间有限，我只提一下大举开

发风电的事情。华北最近十多年时间里，在诸多草原和高山顶部竖起了大量风机，为安放风机而修路对环境破坏非常严重，也大大改变了原有的自然景观。高山草甸土壤形成不易，数百万年间才形成了薄薄的一层，此土层对于生态和环境极为重要。修建风电设施对生态的破坏是显然的、严重的。国家的确获得了一些"清洁"能源，但清洁两字是要打引号的。相关收益直接进入了具体公司。国家有多大的收益，当地老百姓有多大的收益，破坏优美景观应当如何赔偿，子孙后代的利益谁来代表？发出的"清洁"电能用来做什么了？好像不需要问，实则不然，比如用它来挖比特币就有问题。

悲观地讲，原则上这也是"现代性"的顽疾、文明的代价，我们日夜、一生一世为之奋斗的文明事业前景暗淡。乐观地看，文明是可以重新构想的，只能说此时的文明范式有毛病，聪明的人类有可能克服这些毛病而创造出新的文明形态。

延长石油公司在答辩状中强调的一个重要方面是，致污行为并非公司主观意愿也基本上与己无关，他们认为是不可控的他人的偷盗行为导致的，自己也是受害方。这是完全不可接受的，虽然初听起来还有几分道理。之所以人们还多少同情公司，是由于传统观念造成的。在风险社会中，我们的观念必须有相应的变化。按新的理念，延长石油公司责无旁贷！根据是什么？因为公司未能就收益与风险这两者做出整体性的、制度性的安排，具体一点，公司早就知道输油管输油效率高（能提高利润率）但同时管道的破损有可能造成环境污染，那么公司就有责任在两者之间保持平衡，事先就应当制订可行的办法自己保卫输油管的安全运行，不能只指望由政府（公安局）来维护治安、防止偷油。这样一来，公司是第一责任人，必须无条件先期做出赔偿。其实道理也非常简单，举一个例子人们就可以转变理念。比如某主体是生产特种危险化学品或者杀人武器的企业，那么此企业有责任在任何情况下保护危险原材料、中间品、成品处于公共安全状态，即在原料的采购、生产、成品运输和销售各个环节自己或者委托第三方押运、保安，出了任何问题自己都难逃干系。有人说了，这样的主体毕竟很特殊，延长石油公司跟它不一样。其实没有什么不一样，仅仅是程度不同而已，要改变的是人们的心理定势和立法观念，不能再纵容谋利的企业在"欠风险管控"下危险运行了。

这类问题很重要，确实不限于石油开采、运输、加工这一类企业，在许多行业中都存在，在一些新兴的所谓高科技创新企业中更是存在。比如，最近喊得很响的自动驾驶技术，中国已经开通一条允许自动驾驶车辆上路的高速路。有人说风险并不比想象的大，但是人们之所以担心，不只是看风险大小本身，还看风险的认领状态。自动驾驶技术的提供方很容易通过各种办法规避风险，比如某某事故是因为不可抗力，因而自己可以不担责，这样便鼓励了更多劣质技术、不成熟技术的推出。"不可抗力"的范围要严格界定，最好事先枚举，不能泛泛而论。在现代社会中，许多标着因不可抗力导致的灾难，其实都可以避免，它们通常是人祸而不是天灾。"不可抗力"的措辞通常只对企业、政府有利而对用户、环境、生态不利，即对强势方有利而对弱势方不利。国家主管部门应当提高技术准入门槛，当风险管控或者风险划分不明的技术进入应用领域时，要严格把关，少一项技术少一个企业没什么了不得的，但不宜随意降低标准。此外，立法层面要更加严格化，特别是涉及对环境、生态之潜在影响的技术和企业运营，要在立法上分清责任，让技术创新主体、企业自己充分意识到必须严格要求自己，减少风险外溢、公地悲剧。

这会不会减弱技术创新动力，影响企业的活力？短期看，按低目标看，的确会如此。但是，中国现在追求的不再只是短期效益和低目标，生态文明看重大的时空尺度下的可持续生存。标准高一些，技术创新人员才会想得更周全一些。"保护生态就是发展生产力。"延长石油的输油管是企业生产运营谋利的一部分，是整个社会生产力的一部分，不能只看到、只关心它正常运行时带来的好处，当它出现问题就把责任外推，人人外推污染会推没了吗？不会的，污染还在，还会加重。所以，要倒过来看问题，如果对这家延长石油公司限制生产或关闭，它也就少污染环境了，实际上也是在发挥生产力的功能。人们总觉得产能过剩先是好事，其次才是坏事。其实没有先后，出现产能过剩，本身就是大问题，就意味着供需不平衡，就意味人这个物种要过度折腾环境，要破坏生态。国家、联合国、环保机构要意识到，出现产能过剩的，更要特别监督其环保状况。其实，某些企业关闭了，对整个社会来说可能是有利于生产力总体发展的（先污染后治理是瞎折腾，把两次的折腾都计入生产力之贡献了）。那么，为了整个社会的利益，在法律框架内，依法实施处罚甚至关闭，都是基本选项。

二、污染量化评估和污染的时空大尺度监察

这不是新问题，早就遇到了，但是操作中一直没有处理好。首先还是法律观念滞后的问题，导致无法严格按条文进行实际操作。

污染通常是快速的，治污通常是缓慢的，这与热力学第二定律有关。既然有定律指导，立法上就要事先充分考虑到治污的艰难性。与此相关，还有污染之生态后果的延迟性，不良后果通常要很久才能显现出来。考虑这两难，对污染行为的处罚要分两部分：一是当下小尺度评估的直接赔偿，二是对大尺度长远不良影响的赔偿。后者应当是前者的两倍或者数倍，至少不能低于前者。因为后者难以在当下准确测度，可以通过国库预缴的办法，多退少补。

2020 年 9 月 4 日
在中国绿发会法律部主办的"延长石油输油管
漏油污染事件和公益诉讼案件研讨会"上的发言，
陈雨整理

莫被模糊的历史幻象遮蔽了现实

当前中国经济的超速（不仅仅是高速）发展相当程度上是以环境极度恶化为条件的，这已经为可持续发展埋下了巨大的隐患。加强环境和资源保护，在保证就业和社会稳定的条件下适当降低发展速度，优化发展模式，切实维护中华子孙后代的利益，是有识之士正在探讨的问题。

《新京报》2005 年 2 月 1 日刊出的葛剑雄先生的文章《人的尊严是第一位的》，却对当前多种渠道的环境保护提出了质疑，令人多少有些奇怪。该文论据和论证均十分松散，观念上也仍然停留在前"可持续发展观"阶段，远落后于时代；该文也显示，葛先生对于环境伦理学缺乏基本了解。

以"人的尊严"来质疑敬畏自然以及环境保护的合理性，我认为没道理。"人的尊严是第一位"，这种说法从人类中心主义的角度看是一句十足的废话（相当于说 1=1），而从非人类中心主义的角度看则根本不成立。

如果此文并非出自学者之手，本不必理会。

首先需要指出，葛氏参与此次"敬畏自然"是否反科学之讨论，已经改变了原来何祚庥、方舟子等人的语境。何、方等人说的是"态度 X 是反科学的"，而葛氏说的是"态度 X 是否有道理"，其中 X = "敬畏自然"。这两者当然有关系，但不是一回事。

葛氏全文基本上利用老本行——历史——方面的事实来阐明貌似平衡的观点。

如果做语言分析的话，葛先生可谓滴水不漏，各个方面、可能性都说了。这种叙事策略可以保证事后辩论有广阔游刃空间，但是从波普尔的"可证伪性"角度看，这样的陈述信息量颇小。全文多处出现这类陈述，也许葛先生充分考虑了可能的争议。

尽管如此，读者仍然可以从葛先生的表述语气上猜测到他真正想说、想强调的是什么。葛先生想表达的可能是：环保如果不是完全无用，也是用处不大的。不但如此，环保的某些信念和做法也是有严重问题的。先生的文章不算长，但提出的理由却不少，至少包括如下几条：

1. 古已有之论。这与作者的历史学身份是相符的。这条说的是，许多环境灾难在工业革命之前就有了，人的因素是不重要的："地球上出现的各种异常变化，包括近年来的各种灾害，根本的原因还在自然本身，在绝大多数情况下，人类活动只是加剧了自然的变化。"

2. 无效论。"在自然面前，人类并不缺乏敬畏，但母亲未必领情。"比如，人们敬畏过或者正在敬畏自然，但效果并不明显。

3. 倒退论。认为迄今为止的发展模式与"进步"相关联，而敬畏可能引向倒退："在可以预见的未来，人类能放弃这些进步，退回到野蛮时代吗？"

4. 无法操作论。葛先生最有"创意"的想法似乎是提出一种质疑："某些环保人士和生态伦理学家能代表自然或生态吗？"言外之意，敬畏自然、非人类中心主义等不可操作。

5. 顾不上论。先生依然认同"为了发展可以暂时不顾生态、环境"，但先生没有说得这么清晰："我们还必须面对残酷的现实，在这个地球上，多少人挣扎在死亡的边缘，多少人还没有解决温饱。"

我认为上述五条都似是而非。第一条，一半正确一半错误，我们现在讨论的环境问题并非古已有之，在相当程度上是由人类大规模生产活动造成的。对于同一历史，可以有不同的解读、建构。考虑的时空尺度不同，结论也会不一样。

第二条本身并不构成论证，可能反而说明环保、敬畏做得不够。当前中国许多恶性环境事件的出现，并不是"不缺乏敬畏"，而是胆大包天。前两天央视还报道某地采金矿，将大量含有汞的废水直接倒入山谷小溪，进而流入大江大河。而当地倾倒毒水者，无一不知汞有毒、无一不知这会严重污染环境。云南前几年引起轰动的大量砍伐红豆杉事件，恰好与当地居民敬畏自然之观念的淡化有关，在城市文化、洋人文化涌入那里之前，当地的红豆杉保存得很好。

第三条，敬畏并非直接阻碍发展，也不是不作为，只是对发展提出了一些限制条件。应有所为，有所不为。人类纵使不能放弃某些恶习，也不意味着不能向往某种理想生活。敬畏可能引出对荒野的尊重，并不意味着一定"退回到野蛮"。敬畏可能包含了宗教、信仰的成分，但这与人类早期的自然崇拜毕竟不同。在许多少数民族地区，宗教因素确实仍然起着很大作用，但我们作为知识分子心里都清楚，宗教并不等同于愚昧、落后。不信宗教者改信宗教，或者环境保护采取、利用了某些宗教因素，都是可以理解的，与倒退不能画等号。敬畏之心，不仅仅连带着自然，也关系到对道德律、国家根本大法的态度。

第四条提出谁代表的问题，新鲜也不新鲜。洛克以来的政治思想史讲的一个主题就是它。严格说没有完美地解决，但确实提出了许多机智可行的办法。由历史进行归纳，没有任何理由限制伦理主体的扩展。利奥波德在《土地伦理》中讲的故事也许不用我再引述一遍。即使不知道利奥波德或者知道了而不喜欢他，那么对于英美政治思想史，总还是比较熟悉吧？

最后一条，是"发展恒有理派"的常用辩护策略，它与伦理学的基本考虑相矛盾，它预先假定了只有一种解决办法。当前，许多人确实没有解决温饱问题，但这并不能论证"先发展、先污染后治理的道路"就是合理的，只表明那样做是有缘由的。比如，某人违背公认的道德或者法律，通常是有理由的，即其行为存在某种因果链条，但这丝毫不能证明行为本身是正当的，即由"是"推不出"应当"。环境破坏最严重的地方，并不是那些温饱最成问题的地方，通常是中等发达程度的地区，我国的淮河流域没有解决温饱吗？是那里的人很疯狂，受到了蛊惑，梦想着快速得到更多，其无限的欲望没有得到必要的约束。此次海啸发生地，红树林等一定程度上能减轻灾害的自然条件，已遭受破坏，这些地区显然是旅游最为发达的地区，而不是基本吃穿尚无着落的地区。海啸的确在人类之前就存在，但现代化过程中的人们自以为是、蔑视海啸的存在，才使如今的人员和财产损失加重。海啸一直在发生着，人类从来没有真正"克服"它，只是人类在思想观念上不再敬畏它而已。在 20 世纪 70 年代以前，由于人的因素造成的环境破坏在中国是相对少的、个别的。"大跃进"式修梯田属于特例，而此特例恰好反映了改天换地大无畏精神的盲目性。

地球上现有的生产能力，足以养活更多的人，但仍然有无数的穷人过着饥寒交迫的生活。这种局面不是通过再度开荒、破坏环境所能解决的，即使再有一个地球也是不够的，照样有穷人。富人占有、消费、垄断着更多的资源，导致穷人更穷（绝对贫困也许会减少，但没有迹象表明相对贫困也会减少）。如恩格斯所讲，我们不能只盯着进一步向大自然索取，而要尝试变革我们的生产关系、社会制度。

葛先生的文章由上述五条论据，推出了"人的尊严是第一位"的新口号，我认为没有任何说服力。这个口号并不错，但安错了地方，在该用的地方葛先生却没有用，真是个遗憾，是知识分子的遗憾。

其实葛先生对环境保护的奇特观点早在 1997 年就有表露，在《我看21 世纪的自然环境》一文中，先生的观点是：（1）地球早晚都要完蛋，但我们现在已经知道这个过程很漫长，时间是用 10 亿年的尺度在计量的。（2）其中人类的历史也就一万多年。（3）人类未来的历史再增加一个世纪或者十个世纪，这些时间加起来与地球的历史相比，仍然是微小的一瞬间。（4）因此，完全不必担心地球在此期间有什么突变。葛先生的结论是："21 世纪的自然环境不会威胁人类的生存和发展，人类对可能出现的灾难和困难不能没有准备，但也不必过虑。"（中华读书报.1997-09-17；王洪波，马建波，编.跨越鸿沟：文化视野里的科学.福州：福建教育出版社，2002：291-293）在 1997 年的文章中，葛先生也没有提供系统论证，倒是根据大自然变化的近似的周期性，象征性地解释地球变暖未必是事实，即使是，也没有超过历史上的峰值。葛先生还举例商朝后期中国气候如何如何，然而"中国历史不是也延续下来了吗？何况我们现在适应气候的能力已经大大提高，气候变暖也非完全是坏事!"葛先生也指出，在工业生产到来之前，地球上就发生过比今天更大的洪水、干旱、地震，人类不是也挺过来了吗，何况现在人类还有能力进行调解、控制自然。

关于资源问题，葛先生当时十分乐观，相信依靠科技进步可以提高资源的利用率和再生率，"如果这样，地球上的资源完全可以满足未来的需求"。葛先生的观点完全是人类中心主义的。即使从人类中心主义的角度来看，从历史（地球历史和人类历史）的角度看，葛先生的观点也是非常成问题的。

人类的可持续发展，不是只需考虑一个世纪或者几个世纪，而要考虑相当长的时间。科学上没有证据表明，地球的历史是完全周期性重演的，地球早期的生命是厌氧型的，后来才有类似人这种喜氧型的生物。大尺度地球的历史没有表现出什么明显的周期性，历史是单向的，时间有箭头。人类在地球上的出现是一次性的、偶然的。如果退回到 30 亿年前，让地球的生命重新演化一遍，再次演化出人类的可能性几乎是零，即人类的出现是不可几的。但是，在有人类的历史当中，人与自然就结成了一体化的生态系统，人类的发展历程极大地影响着环境，反过来环境的变迁也部分决定了伟大文明的兴衰，1991 年出版的庞廷（Clive Pontineg）的《绿色世界史》（*A Green History of the World: The Environment and the Collapse of Great Civilization*）提供了许多案例（如复活节岛的教训）和详尽的数据。我想作为历史学家的葛先生肯定注意到了庞廷的著作。

可以看出，七年多来，葛先生关于环境问题的观点几乎是一致的，如果不算歪曲的话，我对其概括就是：环境由于人的活动（特别是工业社会以来的生产活动）变坏或者变得值得警惕，是没有根据的；从历史学的角度看，人类、某个文明或者国家的兴衰与环境变迁没有太大关系，环境保护的作用十分有限。

但是，以中国当前环境恶化的速度计，如果现在不做出选择、不加倍努力保护我们的环境的话，中国大地也许用不了一个世纪或者几个世纪就会变得不适合人的生存。也许葛先生看到的尽是优美的环境，或者以为当前的破坏性发展完全无碍，即使有问题也不是大问题。但是，核战争、"核冬天"、砍伐森林导致水土流失、违法施工、空气污染等等，确实威胁着人类或者其某个部分的现实生存。不幸的是，中国的环境正在恶化，中国的百姓甚至知识分子仍然没有充分意识到环境保护的紧迫性。我也是乐观派，但不是盲目乐观派，未来的好坏取决于今天我们如何做。

回到《新京报》上的文章，葛先生有自己的理由对未来保持乐观，自己也有理由对敬畏自然的观念给出评论，但是有一点值得指出：葛先生未能证明他人不该敬畏自然。同样，我此时的辩白也没有证明敬畏自然很正确，即使对于环境保护，敬畏自然也不是唯一的通道。归根结底，敬不敬畏自然只是一种态度，一种信念。你信你的，我信我的。你为你的信念辩护，我为我的信念辩护。但是作为一名学者，在表述自己的观点时，还是要尽可能阐明环境保护工作的积极作用，不要给人一种错误的印象：环境保护不重要，做不做未来都一样。葛先生说："顺应自然的前提是探索自然的奥妙，掌握自然变化的规律，这既需要正确的理念，更离不开科学技术。"这是许多人的习惯性说法，其实与历史不符，也与现实不符。人类现有的历史中，在99%的历史时间中过着采集、狩猎的非农业、非工业化的生活，那时也有一些技术，但没有现代意义上的科学。现在世上的动物、植物，也没有自己的科学，却也能极好地顺应自然（演化论讲了许多这方面的故事），其适应性比人类还强（人类也许属于其中相当不适应的一小部分）。相反，人类，以现代科技武装起来的人类，虽然掌握了几条牛顿定律还有其他一些定律，不断制造着花样翻新的杀伤性武器，打算快速地杀死同类，也不断地干着违反自然、灭绝其他生灵的坏事。懂得科学技术与否，与能否倾听自然、顺应自然，没有明显的正相关性，却有许多反相关的例子。

中国的社会公正问题和环境问题均已经相当严重，也许正出于如此紧迫的现实考虑，中央才提出了"坚持以人为本，树立全面、协调、可持续的发展观"。落实这一观念，可以靠科学技术，也可以靠其他办法（包括非科学的方法。注意非科学不等于反科学），最好是各尽所能。重视"人的尊严"，就要考虑到多数人的尊严、可持续的尊严。如果让大尺度的、模糊的历史幻象遮蔽了当前少数利益集团以发展之名侵害公共利益、损害多数人的尊严，我宁可不要那抽象的第一位的"人的尊严"。

刊于《科技中国》2005 年第 3 期第 64—67 页

植树也可能破坏生态

对某部门来说，过去砍树是在搞破坏，现在栽树可能仍然是在搞破坏。但在每一时段内，无论砍树还是栽树，行为都被高度认可，堂堂正正。

在现代语境下"植树"似乎政治正确。人们在不同场合时常栽树，栽树从来不只是个科学问题。在这里，我也不想只从科学上谈，还要扯上哲学、博物学。

与通常直接面对"怎样把树植好"不同，先要发问：为何要植树？这两者是相关的，但后者更基本，它决定着前者。总有些糊涂人，不大考虑为何要植树的根本性问题，只知道拼命植更多树。

在论证植树之好处前，宜重温一下砍树的好处！当年人们理直气壮地认为，砍树是在做善事。砍得越多，人们的生活会过得越好，因为砍得多，生产能力就强，工农业生产和生活就更方便。那时，谁砍得多砍得快，谁就能得到奖励！后来形势变了。砍树不再天然有理，社会开始号召植树了，林业局的主要任务由砍树变成了植树和保护树木。

容易想到，植树有很多不同的目的。在相当一段时间里，想通过植树而获得直接好处（通常是经济利益，偶尔也会考虑观赏价值），用其材于工农业生产是首先要考虑的。比如，造一片林子，等树长大了，砍伐它们，可建房、造纸、烧炭。又如，在山坡栽上树，让它们结果子，果子收获后可卖钱。再比如，在公园、社区里或道路边上栽上既容易生长又"好看的"树木，用来绿化、美化人们经常光顾的场所。除了这些，传统上植树也有考虑长远的，比如为了区域生态，防沙固土蓄水等。但相对于前面所述的功能，通常是次要的。

在相当长时期内，砍树和植树，都是为了方便人类的短期需求，形而上学假定没有变。

植树造林，基本是在"人定胜天"的框架下实施的，操作上容易演化为"速成论""唯生产论"，即它更多地考虑了短期目标而忽略了长远目标；也容易扭曲人与自然的关系，显示出人之不自量力。当中国走向小康社会，生产和生活都步入新层次新境界时，当工业文明的优点和弊端都显露无遗时，就要更多地从天人系统可持续生存的角度考虑问题了。

生态问题在我们国家谈了好久，但是过去谈和现在谈有所区别，因为生态之重要性根本不一样。

在建设生态文明的大格局下，中国社会发展面对的主要矛盾发生了根本性的转变，此时生态是第一位的。各方面的发展都要服从于生态保护。高层甚至发声："保护好生态就是发展生产力。"当生态排在生产之前时，植树这件事的诸多争议就容易说清楚了。为什么要植树？在哪里植树？植什么样的树？本土种和外来种如何处理？植树还是种草？

除了少数情况，现在植树主要考虑的是生态，试图恢复那些被人为破坏了的生态。这种恢复是在考虑大自然恢复力的条件下，人工协助大自然来进行的，而不是撇开大自然另外搞一套。现在人们经常说"修复地球""修复生态"，我认为用词非常有问题，显得太狂妄，人类有何本事谈"修复"？应当是少干扰少折腾，让大自然自己一点一点恢复，人类最多能辅助做一点事情。

如果高估了人类的理性和能力，就容易再次犯大错。现在转变观念十分关键，理论上和现实中存在这样的可能性：有些植树活动有可能是错误的，生态上不正确的；植 A 树和植 B 树可能发生矛盾。也就是说，植树、植树造林，不再具有天然正确性！现在要具体问题具体分析，行为主体不应当再以笼统的"植树"而要求得到纳税人的无条件支持。

在北京、河北、内蒙古的高速路、国道、省道、乡道边大量栽种外来种漆树科火炬树，这种荒唐的破坏大地景观的行为早就应制止了。火炬树确实有其优点，某种意义上某些时候也显现出一丝美，但是综合考虑，其缺点远远大于优点。如果说起初人们不知道，引种时没有深思熟虑，那么过了几十年，反对声音越来越多，这件事应该有个了结了。结论是：根本没必要大规模引进这个外来入侵种，过去的做法是头脑简单化加部分崇洋媚外的结果。火炬树仍然可以在特定场合下栽培、研究，但是绝对不能再不分青红皂白地全方位使用。火炬树是个极端的例子，与此类似但不那么明显的其他种树行为也要逐一检讨，比如杂交杨、悬铃木、银杏、美国红栎、银白械要不要在大范围内一股脑地栽种？栽种它们是为取其材、取其生长速度、取其美，还是取其有利于当地生态？恐怕都很难清楚回答。那么为何现在许多城市几乎协调一致地只栽种少数几种行道树？是因为它们最适合当地的生态，是不二之选吗？非也。是因为恰好有相应的苗木供应，使用它们手到擒来，绿化团队操作起来方便，经济上划算而已。呈现这类问题的，绝对不只是上述少数物种。通过调查可以发现，当下中国普遍存在"南苗北移""洋苗中植"的情况。近几十年的商业化苗木生意首先在南方发展起来，北方自己的苗圃发展缓慢并且商业化程度不够，导致绿化工程实施时选择余地不大，特别是几乎无法从本地获得本土苗木。有些道理人们也不是不懂，无奈无米下锅，找不到可供应的当地苗木。要特别指出一点，其中不懂行且爱面子的部分领导扮演了很坏的角色，他们追求立竿见影的绿化效果，通常喜欢高大且好看的树木，哪怕它们只成活几年几月甚至几天，如北京西三旗的街道上栽种了许多荷花玉兰，无一成活。附和长官意志、糊弄领导、拍马屁在现实植树造林运动中屡见不鲜。

河北张家口大量的高山草地上为何整齐地挖坑，反反复复地栽种松苗？是因为原来那里就长着松树，还是因为那里适合松树生长，栽了松树以后就更有利于生态？都不是！在那里，海拔1900—2100米的高山顶部通常不适合任何高大树木生长，这不是哪个人哪门学科规定的，是大自然百万年上亿年长期适应的结果。从谷歌地图上看一下，在崇礼、沽源、赤城、张北许多地区，特别是汗海梁、四道梁、棋盘梁和草原天路东段，原来生长得好好的高山草地，都被打了一排一排的眼儿（人工挖的植树坑），实地考察也印证那些坑里歪歪扭扭植上了弱小的松属、冷杉属小苗。我并非想指责植树不认真、对成活率耿耿于怀（已有人公开批评这方面的事情），树苗活不活不是关键，那只是个经济问题。要害在于，在那里（高山顶部）种树就是破坏生态！树种不活反而保护了生态。

张家口地区许多山坡被成功地植上人工林，外表看确实长势喜人。但是，那里该不该种树，该种哪些树种？这才是关键。多年实地考察证实，那里的人工林中，生物多样性极低！低到不及自然状态下的任何山坡的生物多样性。许多远观贫瘠、物种较少的干燥山坡，其实生物多样性很丰富，各个物种之间在长期自然演化过程中彼此适应得很不错。张家口也有大片天然桦树林，林下生物多性也不很高，但比人工林强百倍。白桦是自然生长的，经过了长期严酷考验。从用材的角度看，那些费劲费钱栽种的人工林是好的，植那些树是有功劳的。可是，从保护生物多样性的角度、从生态保育的角度看，上述行为是可疑的甚至根本上背道而驰。什么"道"？大自然之"道"。那里是林场吗？国家的规划是希望那里出产木材吗？非也。国家希望那里天人系统永续、生态保持良好、生物多样性丰富。作为环首都生态保护圈的一部分，在那里多产木材从来不是主要考虑。

难道那里根本不需要植树？我可没有这样说。只是说不要乱植树。

那些因为开矿、修路、建滑雪场、盖房子、打隧道、放牧、种菜、旅游开发等人为活动而破坏的山体，需要局部补偿性植树、种草，注意不是只有植树。个别因山洪、泥石流、塌方、滑坡等导致的"自然缺陷"，也可以适当修补。坦率说"自然缺陷"是相对的，是人类中心主义视角下的判断。如果说起它们有什么危害的话，源头往往也跟人的活动有关，在华北和青藏高原，山坡草地被雨水冲出很深的沟壑，往往与开垦农田和过度放牧有关。在张家口崇礼一带泥石流、塌方、滑坡其实很少出现。因此，在那里的高山上通常并不需要劳神、费钱而植树。

有关部门总得做点什么以显示有所作为吧？是的，该做的要做，但不该做的不宜做。该做的就是把因人为干扰而导致的偏离纠正过来，测定偏与不偏的"标准"是大自然的正常状态和正常演化过程。比如，那里野草长得好的山坡，就不要折腾了，不要用推土机把它们全部翻掉再播种上某些人喜欢的外地草种。可惜，阎家坪、富龙小镇就那样干过，不以为耻反以为荣。

最近，中国滑雪业发展迅速，2013年全国有500家滑雪场，2019年是770家，据我所知，普遍存在生态补偿不足的问题。此"生态补偿"还不是指因具体的滑雪场的兴建和运营在较大范围内给区域生态带来损害因而要求一定的经济补偿的事情，那些是理论上应当做的事，但实际上很难办。我指的是，从滑雪场自己利益考虑，为了防止山洪和雨水冲击雪道、为了景区环境美观等，应当进行了小范围环境修补，有效地进行绿化，如多栽种鸢尾科马蔺之类。其实，也不是当事人不想做，而是动力不足或者不知道怎么做。真正想做时，因为不会选择物种或者购买不到所需要的当地苗木和草种，而无法具体实施。这导致诸多滑雪场与环境不协调，非常难看，抗击灾害的能力也较弱。

道路与河流两旁、公园里总要栽些有特色的树吧？确实应当栽，问题是栽什么树？把人家的好东西直接拿来，据为己有？这是通行的省事的办法，未必省钱，但可以让某些部门和公司有利可图。从博物学、生态学的角度考虑，不应当那样做，而是应当仔细研究，从本地物种中挑选适合的种类来栽种。外地的物种不是绝对不可以考虑，但要排在后面，而且要严格限制数量。"本地优先"是个基本原则，它不同于"美国优先"。"本地优先"是一条基于生态学、博物学而概括出来的原则。其道理容易讲清楚，即当地生长的物种在长期自然演化过程中适应了环境，物种间彼此也适应，它们形成一种牢固的生态共同体，这个共同体中成员一般不可能单独良好地存活。具体而言，所谓的"适应"包括与菌物、土壤空隙度和酸碱度、温度、湿度、气候、物种之间的多方面的适应。在这样的背景下，从本土种中选育出来的园林、园艺物种，相对而言容易成活，照料它们的成本也较低。再综合就地取材等其他因素，长远看选择本土物种来植树、绿化，最合理、最划算。但短期看未必，因为长期以来人们不大重视本土物种，知识、技术、产业准备不足。要速成，做不到。

具体而言，张家口地区山坡上应当栽什么树，如果非要栽种的话？据我考察，可考虑如下当地物种：锦鸡儿属植物、沙棘、华北驼绒藜、花楸、山楂、六道木、榛、黑果枸子、毛榛、山杏、山荆子、卫矛、胡桃楸、柳叶鼠李、冻绿、美丽茶藨子、刺果茶藨子、美蔷薇、榆树、大果榆、虎榛子、稠李、灌木铁线莲、绣线菊属植物、小檗属植物等。可少量栽种白桦、蒙古栎、五角枫（色木槭）、东北杏、刺榆、春榆、青杨、山杨、樟子松、落叶松、油松、丁香属植物等。不宜千篇一律栽松属植物。对于干旱的陡坡，甚至可以考虑栽种菊科的山蒿（*Artemisia brachyloba*），它是一种半灌木或灌木状草本植物，对于张家口地区生态起着重要作用。

如果北京要进行绿化植树或者生态植树，我推荐如下种类：青檀、侧柏、柘、山桃、山杏、蒙古栎、酸枣、山楂、小叶桦、君迁子、花楸、平基槭、胡桃楸、榆树、毛黄栌、油松等，不建议使用刺槐、毛白杨、荷花玉兰、玉兰、悬铃木、槐、美国红桦、水杉等。但是，目前在北京难以购买到青檀、柘、蒙古栎、山楂、小叶桦的小苗。

这不是简单换些物种的事情，而是要改变观念。在传统植树造林运动中，沙棘、虎榛子、六道木、黑果枸子、柳叶鼠李、美蔷薇、刺果茶藨子、灌木铁线莲等根本不会被考虑。从用材角度看，虎榛子、六道木、黑果枸子、柳叶鼠李、美蔷薇等根本不成材，然而这类灌木或小灌木对当地植物生态系统贡献巨大。可是如果真要栽种我所推荐的物种，现在根本找不到供苗单位，因为没有人做这个利国利民的产业！

真要让"大好河山"（张家口大境门门楣上高维岳书写的四字匾额）保持"绿水青山"，就要扩大视野，以自然为本、为标准，来重新思考植树造林活动。

2020 年 10 月 12 日

科技创新与智力军备竞赛谈判

六十年，对于人类历史而言，不算短也不算长。大约两代半的时光，足够人们想很多事、做许多事。但是要让人们在这么短的时间里长记性，深刻总结经验教训，时长恐怕还不够。

斯诺（C. P. Snow）讲的两种文化的矛盾，在 1959 年时已经比较明显，在那之前就已经有所表现。此矛盾是诸多现象的反映，代表着长久以来不同文化传统之间的差异和冲突。抽象出两种文化，只是一种简化的手法。未必只是"两种"文化，但讲两种逻辑上对比明显，比较容易发挥。之后又有人谈第三种文化等，实际上其中的两种、三种不是定数。自伽利略、笛卡儿以来的近现代社会中，一种新的描写自然、解说自然、操纵自然、改造人类的理论和方法出现了，横扫一切，所向披靡，取得了人类认知的正统地位。后人把这种趋势简单地称为科学推进、科学促进。在非常宏观的层面上看，近现代与中世纪有什么差别？差别就在于科学取代了基督教，是全方位的取代。这里面有诸多简化的说法，必须交代一下。其中的科学并不是指全部科学，只是指其中占主导地位的自然科学和数学方法。所涉及的人群范围、地理，也并不是真正的全部人口和全球，但涉及了绝大部分。相关的近代诸多变化中，科学扮演的角色越来越突出，于是在两种文化或多种文化中，角色是不对称的，科学文化一枝独秀。

科学一枝独秀，并非如普通百姓直接观察到谁在风光、红火，而是知识分子、企业家、政治家从思想史、文化史的思考中辨识出来的。百姓无法直接看出科学，他们看到的是表象，比如明星的表演、声光电的表现。

对于文化的冲突，他们追踪不到其中的科学成分。科学技术思想、理念，对于大众只是诸多界面不够友好、自己无法切入并表现自己的事物之一。

这有什么奇怪的？百姓不是专家，当然不了解科学内容、地位以及对日常生活的渗入。但是，这就是问题的麻烦之处。两种文化或多种文化中，科学已经"分形地"（fractally）浸入社会的方方面面：教学、建筑、交通、媒介、食品、健康及日常生活的其他方面。斯诺当初抱怨的现象，有了改进还是变得恶化？斯诺考虑的两个对话代表科学家和人文学者，在这一甲子中，都已更多地使用科技；纳税人对科技创新的主动或被动支出达到了空前的程度；而人文领域在此期间并没有得到等比例的资金和舆论支持，对此科学家还有什么不满足的？实际上，多数科学家依然不满，比1959年时更加不满！他们觉得人文学者依然不够了解科学，不够支持科学，觉得整个社会的科学化程度还差得远，甚至局部有倒退；在他们眼中民众愚昧无知。

从局外人的角度观察，科学在这六十年中也有许多新变化。首先是基础理论、基本原理没有太大的变革，但其他方面进展迅速。在我们这个时代，通常说的科学指科技，科学与科技这两种表述在我们这个时代没有根本差异，科学与技术深度结合；为了描述这种现象，科学社会学家造了一个不太流行的词"技科"（technoscience）。这些容易理解，重大科学定律的推出带有相当的不可预见性，一个甲子可能太短了，不足以说明什么。但是，科学在原有的原理所开拓的方向和应用方面迅速推进，无孔不入，也可以说成绩斐然。这足以表明基础科学成就持久有效、后劲十足，科学上的发现、发明一旦做出，就是不可逆的，而人类和其他动物、植物、菌物及无机界，都要被迫面对人类的科技创新。

此创新深刻地影响到了他们、它们。影响到什么程度？远比人们想象的要厉害，以至于地质学家提出"人类世"的概念，再加倍折腾下去，盖娅系统承受不了。生态环境问题，主要就是由于科技的发展造成的，从演化论角度看它是差异演化的结果，即人的演化与周围环境的演化不同步、双方感觉越来越不适应。

并非所有打着科技旗号的创新都是应当推崇的，不幸的是目前大部分创新"机心"太重。依靠科技，保护和治理环境，目前只是小打小闹，宏观上可以忽略不计。有了问题，科技界并未感觉到有什么不对劲，反而激发了斗志，因为问题对于科技从来不是问题，反而是进一步加速发展的理由、动力。其他领域，也多少沾染了这类自我打气的精神胜利法，但远不如科技界。"不知止"，在人文学者看来是有问题的，当然只是一小部分，因为大部分人文学者也不知不觉被科技化了，虽然在对方看来化得还不够。圣雄甘地说过一句话："There is more to life than increasing its speed."最早我是在伦敦地铁上看到的。我想，甘地说得非常有道理，这句话就充分表现了两种文化在今日的张力。简单、平和的用词，却表现出了对某种趋势的不认同，人为何要如此折腾？更快更高更强，究竟是为了什么？显然不是如我们的祖先那样为了获取食物而锻炼自己，让自己强壮、跑得快从而能活下去、生活得好一点。我们今日追求的若干竞技指标已经脱离原始的自然背景，成为一种为了指标本身而给自己不断加码的新型游戏（game），一部分人在此游戏中获得快感或者剩余快感（参照剩余价值而言）。

不知止，也就不知耻，即不要脸。"止"，是动态的平衡，不是指固定不变。部分人文学者呼吁的不是停下来，实际上也不应该停下来，而是适当减速。慢下脚步，才能做到动态平衡。追求平衡，是一种正当要求，而非过分的诉求。然而，现代性的逻辑与这种平衡矛盾，科技与现代性为伍，提供了现代性的基本价值观。

武器、电脑、手机快速升级，后两者几乎是近六十年中最近三十年里特有的现象，但以科技为基础的快速升级，绝不是现代性社会中可以简单避免的事情，因为不对称的两种文化中独大的一方坚决不同意。在最近的中美贸易冲突特别是华为事件中，人们似乎能更多地看到科技扮演的角色。关于科技，人们常常有诸多逻辑上不相容的叙述框架，一方面说它客观之至，另一方面说它主观之至。实际上，科技是人的科技，没有人，特别是没有其中的一部分人，就不会有诸多竞赛、冲动、兴奋。

智力军备竞赛好不好？人们的看法很不同。科学主义者认为比较好，觉得还应当加油。部分人主学者则认为不够好，因为它持续打破平衡，让人们疲于奔命。这些人文学者反智吗、非理性吗？恐怕不是，智力、理性这些概念并不能总在"小尺度算计"上使用。

观念不同怎么办？

有些事情可以通过谈判部分解决、暂时解决、推迟激烈爆发，就像面对核军备竞赛时，人们可以坐下来谈判一样。世上本无核武器，是人造出了它们，是少数国家为了特别的目的造出了它们。核军备竞赛充满了智力，也有快感，但毕竟不是闹着玩的，玩到一定程度大家都感觉有必要缓和一下。谈，不等于一次就谈成了；谈成了，不等于不会撕毁协议，还要反复谈。对于核以外的"致毁性"不很强的其他智力竞赛，也要谈，谈的难度更大。

谈，判断的主角是谁？科学家还是人文学者？当下，他们都没有资格，他们都是劳力、苦力、受雇用者，最多在背后为谈判提供若干论据、数据、理论。研发新型民主和谈判理论，对人这种动物来说，可能是现实需求，需要有智慧的大政治家出马。

文化冲突的缓和，不仅仅涉及知识问题，还涉及好的全球民主手法。这便是半个多世纪前"斯诺演讲"让我思考的事情。现在不是推波助澜的时候！

刊于《中国科学报》，2019 年 7 月 12 日

破除科技创新神话

科技有无尽的前沿，现在各国都强调科技创新，甚至把它打造成了一种神话。"科技创新神话"的预设有两点，可具体化为 4 条：

1. 进步性假定（progress hypothesis）：

1.1 科技创新在价值观上总是正面的、善的，代表着进步。

2. 单调性假定（monotonicity hypothesis）：

2.1 科技创新对己方总是有利，可相对地削弱竞争对手。

2.2 对己方的各个成员而言，收益趋势保持一致。

2.3 持续的科技创新会提升全人类的整体生存能力。

上述四条预设都是可质疑的，简述如下：

1.1A 没法证明创新总是好的。从功利后果看，现实中存在坏的创新。这表明"进步性预设"并非总是成立。

2.1A 近期和长期要综合考虑，与财力等匹配才有可能做到，否则可能拖垮自己。比如苏联。

2.2A 反例甚多，行业可能重新洗牌，有起有落。比如互联网的兴起。

2.3A 人类生存能力不仅仅取决于自身，还要考虑生态。如果创新破坏了生态，则生存能力反而降低。后三条表明"单调性预设"并非总是成立。

"人类世"的科技、权力、资本成为牵引"天人系统"快速变化的"三驾马车"，它们作用于整个星球，具有超国界性、超族群性。对于后两者学界数百年来早有警觉，已有充分反思、批判，而对于前者，由于它披着客观性的外衣，作为手段极其有效，在社会发展中扮演的复杂角色直到近来才逐渐显露，因而学者对其本性和习性仍停留在幼稚理解阶段，对其风险性缺乏足够感知。依据胡塞尔的现象学，现代科技塑造的是高度简化后的物质与精神相统一的世界图景，它虽客观却不够真实和自然，相反"生活世界"十分复杂且真实，科学的危机表现为对"生活世界"之意义基础的遗忘、背叛。科技创新自有其正面价值，却并非万能钥匙，它也常常火上浇油，徒增焦虑、加速社会节奏。在达尔文式创新和弗兰肯斯坦式创新的分类中，当今科技创新多属于后者，它常异化发展，放大系统差异，导致大范围的不适应，气候变化问题只是这些不适应的表现之一，也令恐怖主义成为挥之不去的永恒阴影。天人系统共同体和人类命运共同体若想避免自毁，必须想办法约束科技的创新速率。怎么办？哲学的主要任务不是马后炮地解释和掉书袋，而要提前介入。主讲人想讨论：（1）人文学术如何在充分了解现代科学性质、方法的基础上反思、批判它们，提升全社会对科技创新风险的感知能力？（2）可否在科学传播系统中引入超国家结构，倡导新型学术良知？（3）从伦理上抬高科技职业准入门槛，推行职业宣誓制度（类似《希波克拉底誓言》）和国际立法。（4）通过全球合作，提高透明度，公示介入先进武器及其他高风险项目研发者的名单。难点是，能否清晰划界，谁来划界？现在难做，何时能做？（5）可否通过复兴平行于自然科学的、古老的博物之学而推动相关难题的部分解决？

美东时间 2021 年 5 月 16 日，9:00；北京时间
2021 年 5 月 16 日，21:00
"大学沙龙"第 128 期线上直播之内容提要

"看花就是做哲学"

2020 年 9 月 20 日，在言几又书店主办的"自然即是美"主题论坛上，为了完成主办方交给的任务：用 10 分钟"解释自然即是美"，我也顺便提了一句"看花就是做哲学"。

多年前，在一次演讲的答问环节，有人问："你的专业是哲学，为何用大量时间到处走、观察植物，撰写有关植物的图书？"大家都知道，在那样的短时间互动场合，听众通常并非真的想知道主讲人的精确想法和态度，你也不可能长篇大论展开阐述，人们其实想听到预期之外的、印象深刻的简洁表述。我研究过传播学，对传播套路略知一二。我稍想了几秒钟，回复说："看花就是做哲学！"这句话被迅速传开，当然不是因为有道理，而是觉得它荒谬。

事后有人当真问我，希望解释一下。这有什么好解释的。据说当年有人请毛泽东解释一下其诗词中某些字句的真实含义，因为大家意见不同，无法说服对方。毛没有解释。他暗示，对于诗词，要读者自己领会，作者自己不宜出面解释。当然，我不是毛，没那么大的"气场"和架势。但不想直接解释的态度，却是一样的，因为一解释就没意思了。

20 世纪 90 年代，哲学界有人说"哲学即论证"，还出版过相应的图书或者杂志。你可思考过，"爱智慧"的哲学真的就是论证？《道德经》采用的是合格的逻辑论证吗？显然不是，哲学如果等同于论证，哲学就沦为逻辑证明或者别的证明了，说得难听点就是语词狡辩、耍嘴皮子。就前者而言，有关论证的功夫和严谨程度，哲学能比过数理逻辑或者纯数学？如果比不上，要逻辑和数学就结了，不必麻烦哲学了。哲学和论证压根儿不在一个层次上，也不是一类东西，最多分析派的少数哲学家会同情（不是接受）相关想法。非分析派也可以从"哲学即论证"中提取有益信息，针对中国人的做哲学方式，强调"论证"之极端重要性，一点也不过；在哲学教学和哲学写作中加强"论证"，也是十分必要的。

但是，不能讲过头了。

佛教中有个经典故事"佛陀拈花惟迦叶微笑"。摩诃迦叶自己修行很好，理解力强，自然能悟出别人不理解的道理。诗句、格言，是不能做量纲分析、字面解释的。

有人可能说了，别胡扯，能简单解释一下"看花就是做哲学"吗？

偏不。

听者、读者有几分修行，便能理解几分内容层面。那么，哪种理解是对的呢？你认为对，就对；你认为不对，就不对。我不能裁判，也无权裁判。你认为"看花就是做哲学"有一定道理、给人以启发，那就如此；如果你认为它荒唐，它就荒唐。你的观点也可能变化，比如由有道理变成了荒唐，或者反过来，由荒唐变成了有道理。显然，这些都是有语境、有条件的，不能是凭空"辩证法"（变戏法）。

2020 年 10 月 9 日

布什科技政策报告的解释空间

1945年夏天第二次世界大战快要结束时，美国"科学研究与发展办公室"负责人布什（Vannevar Bush，1890—1974）给罗斯福总统呈送了一份报告。此报告影响了后来美国甚至全世界的科技政策走向和全球智力竞争生态，时常被讨论、援引，用来解释、说明各种主张。不可思议的是，用它甚至可以同时论证相反的主张 A 和非 A。此报告具有某种魔力，几乎当事人的任何主张都能从中找到根据。

这份出名的报告标题是 *Science: The Endless Frontier*，中译本题为《科学：没有止境的前沿》或《科学：无尽的前沿》。除了定冠词，标题有三个实词，其中 science 在 19 世纪获得了初步定义，启蒙之后它在现代社会成为一种最活跃的智识力量。第二个词 endless 为形容词，没完没了、没止境、无尽的意思。frontier 则是指前线、前沿、边疆，在这里采取的是比喻用法，与美国的历史进程有关。值得注意的是，那时以及后来许多学者愿意用 frontier 描述美国历史、精神气质及国家未来。

发现新边疆

2004 年 11 月 25 日范岱年先生赠送我一本他主持翻译的《科学：没有止境的前沿》（商务印书馆，2004）；2021 年 6 月末，中信出版集团编辑孙宇寄我两本崔传刚的新译本，后者的第三部分其实是 10 位中国人对布什报告的解读，书名为《科学：无尽的前沿》。两个译本所依据的英文版不同，一个是全本一个是编订过的节译本。

布什的报告为何被重新翻译出版？因为重要，在美国本土它也被一再重新出版。尤其是在人们想要用它说事情的时候。表面上无涉个人事情，而是国家、民族、地球、宇宙层面的大事；其实，这只是看起来如此，"变焦"地看（这是我推荐的看待历史事件的一种重要的方法论），它涉及各个层面，最终也会影响所有人。

把科学比作类似真实土地的未知前沿，即边疆，是个很美国化、非常近期的事情。只是到了最近，美国开始用科技拓殖新疆土。美国是超级大国，横行于世，20 世纪以来美国开拓边疆的战略和雄心并没有消失而是转移了，其统治野心并没有熄灭，手法更高明罢了，在这一点上远超出其原宗主国大英帝国。土地很难长期霸占，英联邦和苏联最终还不是解体了。

美国历史学家特纳（Frederick J. Turner，1861—1932）专门提炼出"边疆论题"（frontier thesis），用以形容美国这个国家的形成，其民主追求、荒野精神、西进、个体主义以及美式进步等。在特纳的时代，美国史相当程度是向西部殖民、西部大开发的历史。北美存有自由土地（free land），但是在持续减少，美国人向西定居不断推进，这一系列过程再现了美国发展史的一个阶段。

1893 年 7 月 12 日在芝加哥美国历史学会的会议上，特纳宣读的论文《美国历史中边疆的意义》总结道："边疆的生活条件，形塑了极其重要的智识特征。从殖民时代开始到现在，各处边地的旅行者作品描述了某些共同特征，虽然后来特征有所软化，但仍然在其起源地生存了下来，甚至在更高层面社会组织建立之后仍得以存留。其结果是，它们成就了美国智识的显著特点。粗鲁和力量结合着敏锐和好奇；务实而富创新的思维能够迅速找到用武之地；对物质性事物的专业性攫取虽缺少斯文却强而有力，足以实现其宏伟目标；不安分而紧张的能量；居支配地位的为善也为恶的个体主义，以及与自由相伴的躁动和活力——这些都是边地特征。"但是，在 19 世纪末，与自由的土地直接关联的"边疆"抵达了一定的限度。"在美洲被发现四个世纪之后的现在，在制宪一百多年的时段末期，边疆已逝，并且随此之消失，美国历史的第一个时期也就结束了。"

19世纪下半叶，美国知识界的主流心态比较乐观、自信，表现出某种荒野精神、牛仔气质。伴随着对新大陆的全面深入认知，也对思想上的开拓寄予厚望。早在特纳之前，新大陆的知识分子就已变得愈加自信。只需要看看爱默生（1803—1882）的《美国学者》和惠特曼（1819—1892）的《草叶集》，就可以充分感受到。前者相当于美国思想文化领域的《独立宣言》，后者流淌着蓬勃向上的激情。美利坚合众国处于上升通道，相比而言，欧洲老牌帝国在走下坡路。

美利坚一路觉醒、前行，追求自性和自我，不曾半路停下来。当然，今日美国又是另一番情形。

自由而好动的美国人不会安顿下来，必然寻找新的"前线""边疆"。到哪寻找呢？海外，比如到太平洋探险，也小有收获，比如将夏威夷王国变成自己的一个州。再比如，J. 洛克等人到中国来探险。这跟当年西进的刘易斯和克拉克远征意思一样，只不过由本土扩展到全球，创新不大，欧洲老牌帝国早就这么做了。地球就这么大，严格说其物质空间、资源是有限的，前沿不可能无限推进。在19世纪末和20世纪上半叶，这类实物边疆趋于消失，该进入的差不多都进入了，未知之地至少无法连成完整的"前线"了。随着二战的即将结束，美国人要寻找新的替代性追求。在回应罗斯福总统的询问时，布什描绘了新愿景，给出一个重要选项：科学，一种特殊的智力追求，它本身具有无穷的广度和深度，是值得开拓的新疆域。它是一种"高大上"的智力边疆，永不可彻底征服，许多志同道合者可参与其中，而且看起来前景不错。土地、山河有限，而科技无限，需要的是好好规划，给予足够的资助，设立良好的运作体制。

历史材料的解释可能性

布什报告已经成为一份重要的历史文献，事后人们对它有许多不同的解释，涉及的议题非常多。科技政策研究专家关注它很自然，决策者关注它也说得过去，现在企业家、一般文化人、未来学家也关注它。

在此报告之后，美国科技飞速发展，这是事实。于是人们想当然地连缀起简单的因果关系：因为此报告，美国科技强大了。这样的关联，不能说全都错了，因为宏观上简化地看，大致是这个样子。但是它不能作为一种严格命题而成立，那样建构起来的因果关系很可疑。美国科技在 20 世纪大发展，称霸全球，这是基本事实，其原因是复杂的，包括多种因素，布什的报告起多大作用，见仁见智。之所以要反对那类简化，是因为有人暗示，某某也想撰写一份顶尖级的报告，呈送上级领导，没准儿也能产生类似的效应。这种想法在文学作品中可以展开，在现实中恐怕会遇到许多约束。历史是否可以复制？

再具体一点，有人根据布什报告中的只言片语（也许在他们看来证据多极了），强调基础科学在科技政策规划中的重要性。这个听起来不错，因为基础科学经常受到忽略。援引著名报告的成功案例，便有可能说服主管部门，在拨款上适当注意倾斜，不要让从事基础研究的队伍日子过得太艰难。我本人也赞同，公共资金宜多支持一下基础研究。不过，我的理由是，它们基本没用，至少短期内没啥用，然而此无用可能蕴涵着长远的用途、更大的用途。但直接提"有用"性质就变了，还是提"无用"来做理由较好。有些人想当"高参"，非常自然，但是能否从布什报告中得到证据支持呢？我觉得十分可疑！布什报告的确多处提及基础科学的重要性，但是通过细致对比，可以发现基础科学在他的建议报告中并不是焦点，也很难得出结论：布什本人及报告本身最强调基础科学。打个比方，简化而言，布什叙述了一个"流水线"隐喻 PQRST（大约相当于田松讲的"科技产业污废链"的前半部分。字母的含义不必深究，可以只把它们当作代号)，情形可能是这样的：在他心目中 R 是最重要的，是流水线的中心环节，而为了把这个中心任务做好，需要把之后的愿景阐发清楚（涉及ST），也需要把前驱、前提条件（涉及PQ）准备好。基础科学在流水线中相当于什么呢？大概相当于P或Q（严格讲Q更准确，因为基础科学之前还有其他重要的东西），应用科学和技术开发对应于R，它大概是布什及其报告最在乎的方面，这与他的经历、身份也相符。"基础研究导致新知识"，"这提供科学的新资本，它创造出知识储备，由此一定可以获得知识的实际应用。新的产品和新的工艺流程并不是一出现就完全成熟的。它们是建立在新的原理和新的观念基础之上，而这些新原理和新观念又是在科学的最纯粹领域中的研究工作中艰辛地开发出来的"（阿特金森1980年语，见商务印书馆译本第8页），从这样的论述中我们从中能得出什么判断？重视基础研究，这没有问题。问题是为何重视。焦点是什么，完全可以构造不一样的主张：应用技术是第一重要的，"实用主义"才是硬道理，为了它人们要做精心准备，比如适当关注一下影响到应用发挥的基础研究！这跟"基础研究是第一位的"的主张完全不同。

　　与此相关还涉及布什报告与军事的复杂关系。当时二战即将结束，科技的军事应用处于弱化状态，罗斯福总统给布什的任务也是淡化未来科技的军事应用，但是不可能没有这一部分。也许动机是好的，但事情的发展却与罗斯福、布什个人的想法以及报告的字面表述不同，甚至走向反面。布什报告影响美国，与冷战的大背景脱不了干系。今日，新冷战有重启的可能性，也许正是因为这一点布什报告又引起热议。

　　布什1945年提交的报告，并没有立即产生效果，5年后美国《国家科学基金会法案》出台，事情才有实质进展。布什为基金会制订的预算相当节制，第一年预算是3350万美元，而实际得到的是350万美元，相当于十分之一；第五年预算为1.225亿美元，实际上只有1600万美元。可以看到，本来不算多，操作中又大大缩水。后来的预算确实增加了，而且是快速增加。因为什么？因为大家的共识：重视基础研究？太天真了！第一次大规模增加是在1957年，为何是这一年？因为这一年发生了严重刺激美国人的事件，苏联的一项科技行动（人造地球卫星上天）深深地刺痛了美国，二战后两大国正处于竞争之中。1957 年美国国会为科学基金会的年度拨款是 4000 万美元，接着 1959 年是 1.34 亿美元，到了 1968 年是 5 亿美元，70 年代达到 10 亿美元。钱不能直接说话却能提示一些信息。实际预算告诉我们真实原因。科技研发预算不断增加，蛋糕做大了，确实有相当一部分流向了基础研究，但是比例如何、地位如何，要有清醒的认识，不能自说自话。

最后，回到无限边疆的隐喻，谈谈布什报告的解释空间。现在各国都重视科技创新，提出通过创新驱动全社会各个方面的发展。建设创新型社会，显然要重视科技事业整体，在此整体中，也要重视基础研究和基础教育，但一切的一切还瞄准着应用导致的实力、竞争力而展开，因为大家还在用战争模型、博弈论来思考全球未来发展议题。这个基本现代性理念没有变，如果说有变化，是变得更加实在、抓住了要害，把钱用在了刀刃上，这样做效率高。但问题是，如此人工加速催化的科技给人类不同族群、给地球带来了什么？仅就前者而论，科技对人这个物种的影响也是分层次分阶级的，这涉及公共问题、民主的运作方式（参见中信出版社译本第 38—39 页）。"良好的科学和成功的民主面临着相似的困境。两者的真正困难都不在于技术问题，而在于寻求和接受证据及其对个人派系或族群立场及至对个人成见或痴心妄想的潜在挑战。科学家必须承担起他们的责任，他们要为公共利益而行动，对赋予他们工作许可的公民负责，并允许非科学家在公民活动中贡献力量，参与科学的教育和传播。"这段话说得非常准确、透亮，直指核心。但是，现实如何？近期的前景如何？恐怕都难遂人愿。科学家并非总是具有足够的人文素养和伦理操守，其行为已经证明他们有时不可信赖，他们经常过多考虑眼前急需而对长远后果缺乏责任担当。每个野心家都想利用科技杠杆敲竹杠！委婉的说法是"撬动历史"以及"用科技绘就美好未来"。科技必须得到治理。谁来治理，怎么治理？这是巨大的难题，人类必须面对的难题。

半个多世纪过去了，人类现在面临双重任务：一是发展实用科技和教育，用来解决日常生活中的一般性问题，从而改进普通大众的生存状态；二是理解现代科技，通过参与，用自己的投票权影响科技政策，做到平衡发展，维持天人系统的可持续性生存。两者对于普通人来说都非常困难，因为科技问题高度专门化，普通人根本搞不懂，经常被"明白人"忽悠。相比于第一方面，公众对第二方面热情不高，它通常由知识分子来打理。但知识分子也不都可信。

全球范围的"创新神话"已经启动，它将带给世界什么？不会只是你想要的。

科技发展和创新的速度是不是越快越好？要看你是谁，站在什么立场上看问题，你的利益所在。科技发展和创新有无公共性？有一些，必须寻找它们，扩大它们，约束另外一些可能的影响。

2021 年 7 月 1 日

该文删节版以《这份科技政策报告，真的拥有

无限解释力？》为题刊于 2021 年 8 月 11 日《新京

报·书评周刊》

植物园选址的蹩脚论证

2022 年 1 月 4 日晚，许多人转发了刚发布的《国务院关于同意在北京设立国家植物园的批复》（国函 [2021]136 号）。当晚，我写了一则意见贴在网上，表示国家植物园选址宜慎重。第二天某部门一位领导打来电话解释了半天。我受宠若惊，猜到其用意。接着，2022 年 1 月 8 日傍晚新华社播发《我国建设国家植物园为哪般？此次为何选址北京？》，记者胡璐就国家植物园选址等问题采访了有关部门和专家。这让局外人多知道了一点植物园选址背后的信息，但是仍没办法看到有关部门呈交国务院的申请报告。

对于国家植物园选址我有自己的看法，已在别处讨论过 [刘华杰. 中国国家植物园选址与迁地保护. 生物多样性.2022, 30（1）：33–34]，这里主要说说"迁地保护"概念的滥用，以及借它论证植物园选址的非恰当性。

需要先说清几个前提：第一，我个人对于建立中国国家植物园，不管是一个还是多个，都非常赞成。这是大好事，早就应当做了。但它没必要"对标"国家公园项目。第二，我对于"迁地保护"的作用持肯定态度，完全同意有少量物种需要通过"迁地保护"的办法进行保护。第三，我个人赞成国家和地方给全国的植物园更多投入，真正重视植物分类学、系统学专家，现在全世界都有轻视其工作意义的不良倾向。说清楚这几点，是为了防止有人故意把我的看法歪曲。

我对选址之说理（论证）方式有点意见。讲道理的方式直接涉及所要得出的结论；说理不充分，难免人们对其结论担忧。

新华社稿件在第二小节中，讲完北京香山附近南北两个植物园合起来之后说了一段话："这个国家植物园现有迁地保护植物 1.5 万种，是全国唯一拥有世界三大温室旗舰物种的植物园。"不知道其他读者读后有什么感觉。

1. "种"的含义与数量

新华社稿件中说"这个国家植物园"用的是单数，从前文可得知，指的就是目前北京香山附近南北两园并合后将建立的"新园"。意思是说现在两个园子已完成"迁地保护"的植物就达到了 1.5 万种。看到这个数据，结合文章前面提到的："我国是世界上植物多样性最丰富的国家之一，有高等植物 3.6 万余种。"两者给人一种强烈的印象，目前这两个园子基础扎实、做得简直太好了。这样的成就非同一般，国家植物园还没出手，就保护了中国约 40% 的植物物种。

是这样吗？显然不是。两个园子已有的植物，不都是国产的植物！有一些是从国外引进的，比如北园（北京市植物园）就特意引进了世界知名入侵物种火炬树，数量颇多，也引进过非常不错的皇冠贝母等。

上面的"1.5 万种"和"3.6 万种"的计量单位"种"与通常讲的物种数之"种"，是一回事吗？不是。《中国植物志》收录 31142 种植物，后来又发现一些，其中的"种"指物种、亚种和变种，一般不包含园艺品种。如果包含的话，那数量可就多了去了。而上文说的 1.5 万种，则是包含园艺品种的！也就是说此种非彼种。

这 1.5 万种的数据如何计算的？我们并不很清楚。查了一下南北两园官网上标出的数据：中国科学院香山植物园（南园）"收集保存植物 7000 余种（品种）"；北京市植物园（北园）"收集展示各类植物 10000 余种（含品种）"。两者都用括号明确注明包含品种，两者简单相加是 17000 余种，重复的有多少？我们不知道，重复是否超过 2000 种？收集的植物总数量，就数量级而论与 1.5 万种相差不多。数量上暂时明白了缘由，但是，它们都能算"迁地保护"植物物种吗？

为形象理解这个提问，可以打个比方。比如 10 岁的小朋友"谦芊"在自家窗台养了几盆植物，数一数共计生长了 15 种植物，其中有国产的也有外来的。这 15 种迄今都活着，虽然每一种数量不是很多。有的只 1 株有的 5 株，没有超过 200 株的。此时，不管这 15 种植物是否值得保护（很有可能其中包含入侵种），按某部门的逻辑，"谦芊"可以理直气壮地到处宣称："我家'迁地保护'了 15 种植物！"

2. 收集等同于"迁地保护"吗？

南园和北园，在描述现有植物时，到 2021 年 12 月底所用词语分别是"收集保存"和"收集展示"，都没有用到"迁地保护"。这样的书写方式，非常正常，我也特意查了一下西双版纳热带植物园的官网，用的是"收集活植物 13000 多种"；昆明植物园用的是"收集保育植物 7000 余种和品种"。但是，到了新华社的稿件，北京那两个园子栽种的植物就变成了"现有迁地保护植物"！为何变了呢？看看新华社稿件第一个小标题"重中之重：强化植物迁地保护"，就能猜到几分了。再看看国务院批复文件的措辞，也能猜测到专家的技巧。"你要什么，我就有什么。"传统上，植物园栽种植物，一般不说"迁地保护"。一方面"迁地保护"这个词以前并不流行，另一方面植物园的工作人员知道自己做的是什么，不大说浮夸话。"迁地保护"虽说形式多样，但也是有门槛的。如王康博士所说，不是什么都能叫真正的"迁地保护"。然而，其间数据转换是如何完成的？谁的建议？这样做是否违背科研道德？是否欺上瞒下？

3. "世界三大温室旗舰物种"能论证什么？

我孤陋寡闻，加上老眼昏花，这话看了两遍才算理清修饰关系。第一眼误看成了"全国唯一拥有世界三大温室"，吓了一跳，我怎么不知道呢。真是抱歉，是我看走眼了。原来是说这里很厉害，"拥有"（这里没有用"迁地保护"字眼）三种宝贝，国内其他园子没有，比如昆明、西双版纳、南京、武汉、上海、成都的植物园就集不齐。哪三宝？新华社稿件没有说，我赶紧查，估计一定能查到，植物园之前一定不止一次宣传过。果然，马上就找到了线索，据"北京植物园官方发布"，它们是指：巨魔芋、海椰子、千岁兰。注意，没有一种中国原产。其中的巨魔芋和千岁兰还在延庆世园会展示过。许多报道中有一句子："北京植物园是目前国内唯一将三大物种集齐的单位。"注意，是"集齐"，不是"迁地保护"。指称终于搞清楚了，但是人们想知道，这是谁认定的。"北京植物园官方发布"说"世界温室公认的"。"世界温室"是个什么机构？

开个玩笑，这个其实不重要，估计是个"简称"。植物园的宣传，意思无非是自己的园子很不一般，有"吉祥三宝"且"传承有序"，得到专家认可。问题是，这"吉祥三宝"跟"迁地保护"有何关系？惜字如金的新闻稿，在通过迁地保护成就论证植物园选址合理性时，为什么特意提此"吉祥三宝"？莫非其他国家都保护不了，而中国现在发达了，经费充足，想为世界做点贡献，为了整个地球保护这三个物种？其实，栽活几株样本，根本谈不上对一个物种进行了有效保护。为何在延庆没有展出海椰子？猜测北京植物园拥有的海椰子数量极有限，还没有长出高大的植株，就算长出植株了也还没有结果，更没有验证结的果能否繁育后代。不能结果，就不能进行自然的有性繁殖，说到时底算不上成功保护了一个物种。我倒是在斯里兰卡康提的一个植物园的户外，见到大量海椰子，长得非常好，而且结了许多果实。也没听说过斯里兰卡那家植物园宣传自己"迁地保护"做得如何成功。而我们很难做到斯里兰卡那种程度。不是缺钱缺技术，而是北京这地方不行！北京这地方自然条件限制了许多物种没法在户外生存。放屋里呢？栽不下那么多，也伺候不起。

于是，这"吉祥三宝"与"迁地保护"的关系并不明确，用此例并不能辅助论证某园"迁地保护"做得好。坦率说，虽然这"吉祥三宝"比较特别，但是从生物多样性保护的角度看，其重要性并不明确，比如它们可能远不如北京崖壁上的槭叶铁线莲重要，甚至没有北京遍地皆是的诸葛菜重要。那么，槭叶铁线莲和诸葛菜需要某植物园来"迁地保护"吗？根本不需要！这两种植物在自然状态下生长得非常好，不需要人为介入。显然，我并非否定向公众展示"吉祥三宝"的意义，那是另外一件事。

另外，一些媒体反复报导北京新建的国家植物园将是全国首个国家植物园。这是不对的，在陕西早就有一个秦岭国家植物园了，北京的这个只能算第二个。

4."迁地保护"并非万能

新华社稿件末尾，有这样一句令人振奋的句子："今后将在广州等地建设区域国家植物园，逐步实现我国 85% 以上野生本土植物、全部重点保护野生植物种类得到迁地保护的目标。"

这样的叙述有歧义。目标是谁设定的？果如此，这明显是跟国家层面前一个大工程"建立以国家公园为主体的自然保护地体系"抢活儿干！有人说这叫"一鸡两吃"，跟国家要两份钱。在我看来，保护这些植物主要还得通过在地保护、就地保护，而非"迁地保护"。没有一个懂得植物生态和园艺的植物学工作者敢于说保护它们主要靠"迁地保护"！国家植物园将来会有那么大的本事，把我国 85% 的野生本土植物都迁地保护了，那太玄了吧？有那么大的植物园吗？一种植物栽一株，肯定不行。栽 10 株呢？也不行，也达不到保护的目的。栽 100 株、1000 株？有时也不够用，基因多样性依然保证不了。那得多大的园子啊？这还仅仅是土地面积的事。关键是，植物生长在自己的生境、生态系统中，人没法精确复制那个"生态共同体"。"全部重点保护野生植物种类得到迁地保护"，这个听起来比较可怕。这些植物非常重要，通常稀少，操作好了一切都好，弄不好，伤筋动骨，把植物折腾残了。现在只讲迁了多少，没说迁活了多少，迁死了多少，迁了之后半死不活的是多少。北京平原地区海拔不到 100 米，而且气候干燥，冬季风大，基本上很难栽活高海拔地方生长的野生植物，比如杓兰属、报春花属、绿绒蒿属、星叶草属、独叶草属等（有些在英国反而能栽活，因为那里气候湿润）。

　　有人可能说了，其"迁地保护"不是你想象的那个意思，而是一个系统、一个谱系等等。能猜测到包含迁地研究、迁地观赏和真正的迁地保护，还有时态上的分别（将要进行的、正在进行的和已经完成的），这些都算"适地保护"。那么为何不用更精确的语言表达呢？好好的一个术语，为何要把它玩坏呢？就像对于疫苗，那说好的感染保护，悄悄地变成了重症保护，百姓是有意见的。自然科学讲究严格、准确，有一说一，有二说二，玩概念没出息。

　　祝愿中国国家植物园前程美好！

2022 年 1 月 9 日

1 月 15 日修订

第 5 编

媒介互动

——◎

博物是人的基本权利

不同尺度看世界，得出的认识不一样

腾讯文化：您是学理科出身，为何对文科发生了兴趣？

刘华杰： 在中学，我物理、化学和数学成绩更好一些。初中临毕业时，学校告知有几个中等师范名额，考上、毕业后当小学老师。我成绩排在前面，也想去考，但父亲不同意。他说：不能只看眼前，你要看远一点，你要读高中、考大学。

我本科是学石头的，专业为岩石、矿物及地球化学。考研时，我选了哲学系。不知为什么，从地学转学哲学的人特别多。以北京大学哲学系为例，教师中有6人是从地学转过来的，仅少于本科学哲学的。如陈来从中南矿冶学院（现中南大学）地质系毕业，徐向东、王骏和我原来都在北京大学地质学系，吴国盛是学地球物理的，孙永平是学地理的。

转学哲学，并非因为地质学课程学得不好，是因为发现了哲学的有趣之处。本科期间我读了一些哲学书，也听了一些哲学课。我这个人个性较强，想干什么自己就坚定地走自己的路。

腾讯文化：在专业科学家眼中，博物学很肤浅，它能替代科学？

刘华杰： 在近代科技诞生前，人类靠博物生存。博物确实肤浅，但它经得起考验。几千年来，人类延续了下来，我们的祖先都是成功者，这也表明博物通过了严酷的检验。

近现代科技诞生至今，不过 300 年，人与自然环境的冲突空前激化，按这种模式，人类还能延续几千年吗？重视、重启博物学，不是取代科学，而是追求平衡发展。

腾讯文化：可中国古代博物学有很多迷信的说法啊？

刘华杰：西方古代、中世纪时的博物学也主张"以形补形"，也以为吃核桃能补脑，也大量使用神奇的草药，也包含诸多迷信，这些并非中国独有。包含迷信的东西，不等于都是坏东西，更不等于非理性。任何认知，只有相对其生活方式才能加以评判，也都有其合理性。抽象地比谁高谁低，没什么意义，只有打嘴仗时有用。

腾讯文化：西方博物文化至今仍在，为何中国古代博物文化会衰落？

刘华杰：鸦片战争后，不仅是博物文化，我们其他的传统文化也都在衰落。面对西方船坚炮利，打不过人家。打不过，有许多原因，也可能是对方太强、太坏了，我们那时候没资格讨价还价、讨论对错。开始时我们颇自大，瞧不起西洋文化，后来则走向反面，全力向人家学。总体上看，中国人学习能力很强。

我们学得还不错，特别是理工科，西方人能做的，如今我们也都能做。创新弱一点，我们的传统文化本来就不太在乎创新。

西学东渐中，中国传统博物文化衰落了。博物学在宏观层面做事情，不深刻，没力量，不能满足资本与权力的需要。资本与权力都需要高效、快速，博物学的效率太低。19 世纪下半叶，各国博物学都在衰落，但人家社会上还有发达的博物文化。比如英国，现在大学里没人教博物学了。可在具体生活中，旅游、休闲等，博物文化依然浓重。在发达国家，博物已经深度融入人们的日常生活。

我们暂时还不行，刚吃饱饭，但中国博物文化一定会复兴。世界上所有发达国家都有发达的博物文化，中国不会例外。

博物是人的基本权利

腾讯文化：最近几年，博物图书卖得很好，似乎一提博物，就是给孩子买本自然书，让他们热爱大自然，您怎么看？

刘华杰：多出自然书总是好事，信息渠道多一点对百姓有好处。孩子会变成青年，会变成父母；孩子从小接触全面的信息，人生态度会不同。但博物不只是针对小孩子的，可以全民参与，从孩子到老人都可尝试。在欧美国家以及日本，博物活动的主要参与人群是中产阶级，有儿童、退休者，也有在职青壮年。他们有钱有闲，钱不必太多，但一定得肯花时间。现在中国老人的爱好较单一，到处在跳广场舞，经常扰民。其实，博物学足够丰富，迷上它，多少时间都不够，它是消磨时间的优选方式。

中国人玩博物文化有优势，古人强调天人合一，虽然知识分子说得玄，但确实有道理。中国人的自然观不同于西方人。中国古代人物画，除帝王像、圣贤像外，很少单独画一个人，而是画一个生态系统，如元代极其厉害的作品《乾坤生意图》。不是单独画一个洋葱头，或单独画一棵向日葵，而是画了一个食物链，这种偏好扎根于民族心理中。鸦片战争以及"文革"等时期，中国人个体与大自然的丰富对话虽然被破坏了，但还会恢复。

博物使我们更接近祖先，初民学会辨识植物、蘑菇及各种风险才能生存，这是非常重要的能力，现在我们把这种能力交给专家了。就像开车一样，有导航仪帮你认路，如果有一天没导航仪怎么办？导航仪犯错怎么办？生而为人，我们不能让渡自己的方向感，不能放弃访问大自然的权利。

博物是人的基本权利，它帮助我们定义自我、人是怎样的动物。

腾讯文化：博物学很有趣，但会不会让人玩物丧志？

刘华杰：人为什么要博物？其实不为什么，你看CCTV"动物世界"中的猴子，在树上荡来荡去，就是过生活。人也一样，我现在活得像小孩一样，做完必须做的工作后，便想着用尽可能多的时间玩。不玩就无法表明我活着、是个正常人，毕竟人的一生那么短暂。

玩是人的一种存在方式，生活本来就由"工作＋玩"组成。玩不是浪费时间，这就像不能说睡觉是浪费时间一样。于光远先生晚年十分重视休闲学，这个确实很重要，其实跟他当年非常重视经济学一样，甚至更珍贵。

接受您的采访前，我上午刚从云南勐海回来，在那里待了十多天。我去勐海很多次了，但这次仍然看到许多以前没看到的东西。其实，就算不去云南，到自己所在城市郊区看看也很好，每个季节、每个地方都不一样。

喜欢吃也是博物学

腾讯文化：现实是，绝大多数老师、家长更愿意让孩子多读书，不愿意他们多玩，这该怎么办？

刘华杰：玩能让人长见识，因为它是一种试探过程。孩子也许会跌倒、受伤、打架等，但这是成长的代价。出了问题，努力解决，才能培养出规则意识。正义、公平等，是在人与自然、人与人的真实相处中习得、确认的。只会看书，或课堂上学一下，没有实际操作，很难发自内心地认同。

在教育守则中，有许多条款，如讲道德、爱国、爱人民等，学生可能觉得很空洞。如果能具体一点，比如开门、关门时要用手扶一下，在公众场合别大声喧哗，在车上不要向外抛物……这么列出100条，让孩子们天天去实践，他们自然会归纳出原则来。

警察、官员、教师等示范性职业应由最优秀的人来担任，因为承担的责任更大，对社会风气的塑造起较大作用。人与大自然玩、与他人玩，都要讲究规则。我是大学老师，我教不了中学。大学老师讲完就走，中学老师还要做更多事情。在成长过程中，每个人都需要真正的人生导师，如果老师过度重视书面考试，就会忽略了对学生的全面培养。

偶尔玩玩电子游戏很正常。学业压力太大、占用时间太多，很多孩子没机会到户外玩，沉迷在电子游戏中也就不难想象。电子游戏提供的是虚拟世界，一个孩子在其中能肆意"杀人"，很容易因此产生幻觉，以为在真实世界中也可以如此。改变这种状况，最好的办法是家长多带孩子出去旅游，学校也要多组织户外学习。旅游是让孩子自己教育自己的最好方式，家长全程几乎不用说话。家长不能过分考虑安全问题，这个社会本身就充满了风险，你不可能一辈子什么都罩着。让孩子受点小伤、吃点亏、遭受点挫折，是孩子健康成长必须经历的。

腾讯文化：现在许多孩子对旅游不感兴趣，到一个陌生城市只关心吃，这该怎么办？

刘华杰：关心吃也很好啊，《舌尖上的中国》也是广义上的博物，古人重视食物，它是生存的根本。正因食物不够，所以才要研究鱼头、下水之类的做法，积累起来，就成了不得了的文化。吃中有生存智慧，这也是博物学关注的内容。

腾讯文化：在今天，一方面是整体科学素养不够，另一方面，又有许多科学主义者，对博物持鄙夷态度，您怎么看？

刘华杰：没有通用的办法，破解这个矛盾太难，只能就事论事，针对具体情况予以回应。

整体看，我国国民科学素养相对较低，社会上存在着许多迷信的东西，百姓的衣食住行经常被伪科学渗透，需科学来破除。与此同时，对科学本身也不能迷信。像环境、幸福、人文等，不完全是科学问题，只从科学的角度评判，可能走入"有知识没文化"的误区。

对科技创新也不能迷信，百姓只需要适当的创新。天天创新，人类会被折腾死，大自然也受不了。创新出的成果，也不一定非要立即使用。在后果不明时，可以暂缓一下，急什么呢？但是，现实中总有人鼓动越快越好，越多越好，能做则做。理由是自己不做别人也会做。打个简单比方，当一个人可以扇别人耳光时，是否就去扇呢？伦理学主张"己所不欲，勿施于人"。在一些人看来，能做到，就要做；能扇就一定要扇，否则辜负了自己扇耳光的能力。别指望伦理学能立即说服科学家和唯科学主义者，这是很难的。如今玩科学的都很自负，自认为对什么都最懂。可科学影响的不只是他们自己，也会影响别人，影响到大自然的正常演化。

原刊题为《专访学者刘华杰：博物学过时了吗？文化有腔调》，记者：唐山，"腾讯文化"2019年6月28日。此次收录有删节和修订

关注大自然，阅读自然之书

首届"坪山自然博物图书奖"代表国内业内的最高水准

《深圳商报》（2020 年 12 月 27 日下午）：作为评委，您觉得首届"坪山自然博物图书奖"在国内和业内处于什么水准？

刘华杰：策划者南兆旭老师境界很高，奖项虽然叫"坪山自然博物图书奖"，但所评作品之水平却是相当可以的，代表了中国这个领域的最高水平。奖项放眼全球，紧扣生态文明建设，也不玩虚的，比如不用作者专门申报，还有丰厚的奖金！不客气地讲，它是中国目前最好的图书奖之一。

南老师从一开始策划此奖项，视野就开阔，立足点比较高。以地域性冠名的奖项容易让人感觉是一个地方性的奖项，但是这个奖获奖的作者却是全球的，有美国和英国的作者。中国人可以给外国人发奖，似乎不可思议，一个省下面的一个市、一个市下面的一个区的奖项，凭什么发给外国作者？事实上，中国经济、社会发展到一定的地步，认识水平上去了，可以做这件事情。我们可以给世界上任何人发奖，当然要讲出点道理来。

《深圳商报》：上海电影节也是 A 字头的国际性电影节，它想给好莱坞的一线明星发奖，吸引人家来领奖，经过好多年的努力，因为国际有影响的电影节太多了，人家为什么来上海领奖？比起来，"坪山自然博物图书奖"好像不

存在这个问题。

刘华杰：给一个从事自然教育、环保、博物的人发奖和给电影明星发奖是非常不一样的。影星本来在社会上已经有很高的知名度了，再发一个奖无非是锦上添花。对自然作家、博物学家发奖不一样，他们即使很有名，其影响力也没法跟影星比，他们还是很希望被认可的。

特别考虑我们国家的情况，经济发展太快，保护往往跟不上。保护政策法规有很多，但操作起来缺少抓手和心理认同。有时百姓的认识也没有到达某个层面，这时就需要上下一起、官方和民间有个互动，把节能减排、生态环保包括垃圾处理，真正做起来、落到实处，图书评奖是其中的一项工作，评奖是要引导和激励，展示给大家什么是好的、美的。

普通人在信息不对称的情况下，知道并欣赏一本好的自然博物图书，不是很容易，需要有人提醒。有的人从来就没有机会接触这些书。现在看书的人本来就少，好书也出版了许多，但很容易被埋没。即使是关注相关事情的人，信息也并不通畅。评这个奖，至少能提醒大家，优秀自然博物图书已经不少了，我们帮大家选了又选，选出的书值得一看，看了不会后悔。这些书，可能会改变读者对世界的许多看法，可能诱惑你去参与一些行动。

南老师既能高又能低，他本人是一位超级自然爱好者，每周刷山。做到这很不容易，深圳是一个多么快节奏的社会啊。南老师有一阶博物的扎实基础、感受，才能提出这个二阶的评奖想法来。我们管刷山跑山、观察大自然的叫一阶实践，没有一阶的实践，提不出二阶的思想，更不会有设立自然博物图书奖的想法。坪山这个奖，我觉得非常好，希望能支持。

把公共知识变成个人知识有相当的难度

《深圳商报》：这次获奖的图书您想推荐哪本？

刘华杰：所有奖项都非常有特色。获年度思想大奖的《水的密码》立意巧妙，很多好书单里并未提到这本书，那是眼光局限所致。这本书讨论了一个谁都缺不了的东西：水。我们每天都会跟水打交道。水是啥东西？学化学的人都知道，是 H_2O，两个氢原子一个氧原子。中学生就能说出来，但能看到氢原子或者氧原子吗？不能。大家首先要在宏观的"生活世界"中了解水，读懂水（to read water）。这本书讨论的是普通人关于水还能了解些什么？除了吸收化学家告诉我们的知识（比如"氢键""比热"），我们还可以在生活中不断地观察水，看各种反射波纹、尾流，即从宏观的博物层面去了解周围的自然物。《水的密码》的作者是位航海家、探险家，他确实很了解水。古代航海人通过多种水的知识判断哪天快到大陆了，怎样的水情暗示着危险。

这本书更大的意义不在于关于水讲了哪些具体知识，而在于提醒我们，每个人都可以像这个作者一样，关注我们身边的寻常事物，必有收获。比如关注木头，关心桌子，关心石头，关心小区的草木、城市的生态。我们只要坚持，对事物有好奇心，坚持到一段时间，就会掌握大量知识，兴趣、好奇心会牵动我们去查找有关它们的知识。

实际上，现代社会关于任何事物的知识都是海量的，但并非人人有兴趣去获取。摆在图书馆书架上的知识，跟大家其实没有多大关系，只有当我们产生兴趣，把其中一部分下载、阅读、琢磨、实践时，才能真正变成我们个人的知识，只有"个人知识"才是我的、我们的知识！那些"公共知识"其实跟个体没什么太大关系。"个人知识"现在不太被强调，好像我们现在只生活在一个公共知识的时代，实际上一个人在世界上要活好，必须获得相当的个人知识。关于水、食物、风险均有海量知识，现代人要学会下载相关的公共知识，但这还不够，必须通过个人致知，把它们中相当一部分变成我们自己的个人知识。这本关于水的书得"年度思想大奖"，最重要的是提醒人们，自己要参与这个世界，不能事事总依赖专家。现在人特别依赖专家，自己不能对世界进行独立探究而形成自己的判断。那样的话，公民则不成熟。这本书讲的不只是知识，更重要的是思想、方法。

《深圳商报》：评选过程中大家对这本书的意见一致吗？

刘华杰：好书很多，大家提了各种选项。每位评委都有自己喜欢的书，通过讨论，大家觉得这本书更有新意，更特别些，最后一致同意选这一部。

获"青年原创大奖"的杨小峰跟这个奖项特别匹配

《深圳商报》：您印象深刻的奖还有哪个？

刘华杰："青年原创大奖"杨小峰的《追随昆虫》很棒，我迄今还没见过他，明天能见到。

《深圳商报》：我觉得法布尔已经在昆虫界封神后，他敢跟随，而且他在高校的虫子课大受欢迎，这个很难得。

刘华杰：关键他不是学昆虫的，本职工作不是研究昆虫，但现在是昆虫观察、探究的高手了。他是学建筑、教建筑的高校老师。他能喜欢并观察昆虫，更多地考虑仿生学问题，尤其可贵。杨小峰获此奖项很恰当，也鼓励人们做交叉性研究。

"坪山自然博物图书奖"是有关自然博物的，跟科学不一样。博物跟科学有许多交叉，但毕竟是两个东西。博物的历史更久，有几千年，科学的历史比较短，近现代科学的历史实际上只有300来年。但300多年的近现代科学给人们塑造了一个形象：科学无往而不胜，无所不能。此时，科技某种程度上取代了基督宗教的角色，科学经常成为一种符号。职业科学、专业化的科学很重要，但是古老的博物之学也重要，它现在几乎被现代社会遗忘了，需要不断提起，需要更多人操练。

观察昆虫，从中能看到许多惊奇的现象，得到不少启示，比如获得非人类中心视角。昆虫是另外一大类生命，最早的昆虫3—4亿年前就演化出来了。虫子的时间也不是白过的，时间是智慧沉淀积累的一种过程，昆虫世界包含大量的智慧，人这个物种可以从中学习很多东西。

这位杨老师特别厉害，他有科学精神和灵气，想法很多。他没有站在高点鄙视昆虫，而是细致入微，反复观察、拍摄。他拍摄自然物的历史不算特别长，比如可能都没有我长，但他拍的片子比我拍得好多了。他的观察能力和使用拍摄器材的能力达到的相当高的水准，值得大家学习。

观察能力很重要，自然博物领域，不能鼓励拼器材。杨小峰现在观察昆虫，显示出了非凡的能力。如果哪一天让他观察别的东西，他也能很快上手，素质在那儿。

他的书获奖，一是因为他对昆虫的观察达到了相当的水平，二是有公众示范意义，三是跟其专业有很好的结合。看虫子的人多了，院士也有，发表有关昆虫的 SCI 论文的人也多的是。如果单纯比研究虫子，排十个百个恐怕也排不到他，但是把这几点结合起来考虑，剩下就没几个人了，几个人一比，杨小峰非常突出。

他做的事情有趣并给人启发，这是我们这次评奖的标准之一。他本人非常优秀，而且给人启发。如果某人厉害，像爱因斯坦，我们评出来也没有多大意义，"老爱"是神，跟老百姓之间太远了。看着爱因斯坦我们大家啥也做不了，只能仰慕、崇拜。杨小峰水平很高，但他所做的，只要认真学习，许多人也可以做！这项图书奖的意义在这里。

《深圳商报》：他可以让大家觉得观察虫子的门槛没有那么高。

刘华杰：对。人人可以向杨小峰学习，可以从自己的专业出发，学中文的可以看虫子，学化学的可看虫子，学生态的更可以，大家都可把它与自己的学科建立关联。有关联，就可能有新的东西冒出来。

《深圳商报》：所谓的跨界也好，交叉也好，出圈也好，都是这种。

刘华杰：我们鼓励这种跨界，一开始他不是基于功利，并非为了跨界而跨界，而是觉得好玩儿。喜欢昆虫，不自觉地跨界了，不自觉地就有收获了，这个心态很好。有的人创新，就是为了创新而创新，当然这个也是国家鼓励的。从我们民间的角度，更鼓励"意外拥有"。从没有那么大的野心开始，无形中收获了很大的成功，这不挺好吗。杨老师做出了一个示范，我想，如果中国有10个、100个、200个这样的人，那中国知识界的面貌会很不一样的，中国人的形象也会不一样。能不能做到，完全可以，现在要鼓励多样性。

《深圳商报》：设计界的朱赢椿老师也玩虫子，跟他小时候在农村生活的经历有关，在设计界也玩出了门道，他在深圳中心书城办过一个小的展览，打着手电筒进去看，在都市里营造了一种自然的氛围。

刘华杰：他的路子很好，很特别。朱赢椿为什么成功，国外也认可？别人没那么做过，朱先生眼光独特。我家里就有一截圆木，表面有很多虫洞，用纸把它们拓出来会很漂亮。一个人能够欣赏另一类生命，是考验境界的，需要"非人类中心论"。持人类中心论的人，总觉得人类很牛，瞧不起虫子，朱赢椿独辟道路，很了不起。

知识分子的身躯和精神应该延展到更远的地方

《深圳商报》：您是在国内最早提倡复兴博物学文化的，现在国内的博物生活势头如何，自然博物类图书在其中扮演什么样的角色？

刘华杰：博物学文化复兴，说到底，还是马克思说的话是对的，要看经济基础。但统计意义上这只是必要条件。如果社会经济没有发展到这个地步，再提倡也没用。人首先要吃饱饭，中国人开始迈向小康生活，才能谈博物、环保。早了不行，但是晚了也不行。环境污染得太厉害了，再去搞环保，就晚了。吃饱饭后，人才会想怎么样活得更好，活得更有趣味，每个人把自己的爱好发挥出来。在这方面，西方发达国家有各种先例，做得最好的就是英国。英国工业革命完成得最早。工业革命各种折腾，现在英国又回到田园生活，英国的大城市很少，整个国家像花园一样。当年工业革命，伦敦烟雾缭绕，确实像狄更斯《双城记》笔下那么惨，但现在又回归自然了。

博物传统在英国有极好的民众基础，一直传承得不错。老百姓喜欢自然的东西，喜欢去观察、探究，没有这个传统和基础，出不来达尔文这样的牛人。达尔文就是在那个群体中，从几千人几万人中出来的。他不是单独冒出来的一个神人。大家现在只看到达尔文，没有看到达尔文身边那些博物同行，没有看到博物学盛行的那个时代。当时出了很多博物书，真的多了去了。就像走秀海选一样，有了一定的民众基础，建立在此基础上的地质学、生物学才能发展起来，牛人才能诞生。

提倡博物，现在到了这个时候了。我们的经济条件没有问题，买设备也没有问题，看看公园里老年人的设备，全世界第一。但没有充分发挥作用，说明我们慢了一步。文化工作者做得不好，没有提供必要的文化教育课程，百姓不知道看什么、如何看。有些人只是猎奇，比如把鸟绑到树枝上，可劲地拍摄，那是祸害鸟不是爱鸟了。但这不能都怪老百姓，还是文化人没有讲清楚。在全社会，要通过潜移默化的教育，让大家认同我们跟大自然应该建立一种什么样的关系。什么是好的，什么是不好的？这并非一清二楚，需要讲道理，需要示范。知识分子要有使命感，要心系百姓，扎实做事。评奖也好，讲课也好，写书也好，不能把手段与目的混淆。学者也不能只发专业论文，有时写杂文才是最重要的事。很多学者认为写论文是唯一重要的事儿，但老百姓只能阅读杂文或者是博客、微信。用洋文写的论文，老百姓看不懂，外国人也未必稀罕。知识分子要反省，我们为这块土地做了些什么？拿这些工资值不值？知识分子比下矿井的工人要轻松吧，比官员压力要小一些吧，使命感够不够，对百姓的疾苦了解不？对我们的文化传统、古老文明是否足够尊重？

我本人也经常想，自己为这个社会做了点什么？倒是教了几名学生。毕竟很少啊，能读北大的多少啊。光教几个学生就能拿这份工资吗？不能！学校雇用自己，却是整个社会养了自己，还是得为社会做点事情。跟南老师一样，办公司做生意赚钱是很小的一部分，还要时刻想着身边的人，想着深圳这座城市的未来，知识分子的身躯和精神应该延展到更远的地方。

我在哲学界属于另类

《深圳商报》：您是学哲学的，是不是容易看透生命的历程，对您转向博物学特别有助力？

刘华杰：不一定，当今的主流哲学并不这样，当今的主流哲学是从文本到文本，并不大关心现实世界，也可说对天下的生灵有些麻木。比如学院派哲学工作者关心以前哪个大的哲学家说过什么话，去解释、考证，哲学活动往往变成语文学、考据学或者修辞学。这是当今哲学的主流，全世界哲学家都这么干。比如，某人写论文阐述海德格尔，另一个人说海德格尔不是这么说的、不是那个意思，随后出来一位说，海德格尔就是那个意思，但还要补充一点，然后这个领域就发表了很多论文。大会上小会上，海德格尔哪天在什么语境下说了啥就成了学术时尚。海德格尔为啥提出那种学说，你能不能基于现实世界的问题做出新的哲学分析？这似乎变得不重要了，显得不够哲学。

我在哲学界属于另类，哲学界肯定觉得我这样很弱智、很边缘。我自己承认我哲学境界不够，哲学还没有入门。虽然学了这么多年，也在哲学系教书，但觉得自己不属于主流哲学界。我觉得哲学是一个不断地反省批判的过程，哲学这个词 philosophy，本义是"爱智慧"，是一个动宾结构，表示一个动作过程。爱智慧不是智慧本身，如果觉得哲学就是智慧本身，那是很狂妄的想法。爱智慧是一个过程，一个没法终结的过程，哲学工作者对事物特别是主流事物要有一种反省的态度。作为时代精神的哲学，必须首先关心这是怎样的一个时代，要睁眼看世界而不是闭目玄想，要回答一些基本的宏观问题。

当下哲学主流界并没有贯彻"爱智慧"这样一个古老传统，但是不乏诡辩。历史上大的哲学家是关注现实世界的，亚里士多德研究动物、卢梭关心教育的问题也关心植物、海德格尔考虑现代技术的异化、胡塞尔分析科学危机，总之，他们是在乎这个物质社会的。马克思更是如此。马克思还说，重要的不是解释这个世界，而是改变这个世界。现在的哲学老强调解释，解释来解释去。解释当然也重要，但是不能停留在解释上；总是要批判、憧憬世界的，要尝试影响世界进程。

国外情况也差不多，知识分子的堕落是一个社会堕落的标志。知识分子为何堕落，主动与权利、权力结合？很多时候是出于一种惯性，因为顺从最容易获得较好的收益。跟风，其风险是最小的。别人开创了一样东西，我马上模仿，最容易获利。别人又开发一个什么东西，我马上再跟。知识分子不愿意开辟新的学术可能性，一是因为能力不足，二是因为那样做风险较大。

我在北大吆喝博物，也是有风险的，好在北大是宽容的。我之前也申请过有关博物学文化研究的基金，完全没戏，在评审中第一轮就被干掉了。这很正常，因为大家都不做这个，博物学显然不是专家认可的领域和主题。我并没有放弃，过了一段时间，我不报一般项目了，反而报了个重大项目，只是想试一试。没想到，这次竟然获批了，我也不知道为何获批，也许是评审专家换了？重大项目下来了，还没等细致研究，一大堆人就找上门，要预订出版成果，够讽刺的吧。回头看，2013年那个重大项目还是非常有价值的，对我个人当然有好处，对复兴博物学文化，对于关注博物学的人，都有巨大的无形好处！之后，博物学文化立项就多起来，更多人开始关注博物学。这就是学术界的状况，从中可以看到偶然性的作用，看到引导的作用。结论是：要有信念，不必总跟风；一时失败不要气馁，不行的话再试试，没准儿下一次就行了。

"坪山自然博物图书奖"坚持下去就会形成一定的影响力

《深圳商报》：现在国内的自然博物出版情况怎样？

刘华杰：情况不错，势头很好，这次"坪山自然博物图书奖"，没怎么宣传，一下子就有 400 多种图书参评。现在我们一年出版的有关博物的图书有五六百种，包括引进和原创的，这在十年前是不可想象的。以前大概就是几十种。良好的局面短时期不会下去的，会越来越好。这是共识。几乎每家出版社都觉得这个领域不错，对社会没什么危害，虽然赚不了大钱但也亏不了本。博物图书销量还可以，这个领域大家都看好，很多出版社像化工出版社、工人出版社、中信出版社都来出版自然博物类图书，这个局面来之不易，大家应该珍惜。这次评奖也想传递一个信息：大家要坚持做好博物图书。评奖活动告诉出版社和作者，哪些是好的、值得提倡的，评奖当起到引导作用。

《深圳商报》：自然图书类作者的队伍如何？

刘华杰：作者队伍也在变好。每年都会涌现那么几位很特别的，比如半夏、赵序茅、杨小峰。现在中国作家群体也开始关注博物学，这非常好。作家能写，缺的是细致观察，如果能细致观察，就不得了了。比如鲁迅文学院连续三年请我去做有关博物学的讲座，给他们的青年作家培训班讲讲博物学的历史、用意、价值，这是个好的开始。目前中国的自然文学还很一般，但将来也许会好起来。别着急，种子埋下了，有些是会发芽的。

《深圳商报》：您对"坪山自然博物图书奖"未来的期许？

刘华杰：我最关心的是它能坚持多久。这个奖项的冠名和操作过程，也是坪山区宣传自己的一个机会，它胜过许多广告。贵在坚持下去，形成一定的影响力。南兆旭老师扮演的角色很关键，他游走于社会空间、自然空间，用自己的人脉为第二故乡深圳做了很多事情，深圳政府应当感谢南先生。

《深圳商报》：自然博物类图书有哪些短板需要弥补？

刘华杰：公众"访问"大自然，需要基本的工具书。现在好书很多，但本土化的实用自然手册还很不够，深圳、北京、中山还算先行一步，但还有大量工作要做。理论上每个保护区、每个公园都要有自己的博物手册。南老师他们在做深圳植物手册的普及版，这个很重要，其他城市、区县要跟上。老百姓博物有这方面的需求，科学家群体应该满足这些需求。这样的要求并不过分，百姓想了解家乡的蝴蝶和植物，需要基本的参考书、靠谱的参考书，科学家要提供。科学家目前光顾发论文去了，论文还不用中文写，而是用洋文写的，你们拿国家那么多钱，只会原创新？如果我们经常提这类事情，科学工作者会在乎的，有关的科研管理部门也会听见，如果大家不提要求，科学界可能觉得自己的工作做得挺好，百姓很满意。

北京有很多蘑菇，2013年出版过一本蘑菇手册，但不够实用。英国、美国的博物学文化为什么厉害？它们每个郡每个州这些手册是全的，咱们这里买不到，没有啊。

深圳植物手册有了，分两卷，野生和栽培的，但是还不够细致。深圳有十个区每个区不一样。还需要有两栖类的、海洋生物类的等等。海鲜很多，吃没有问题，但是还需要知道它们是什么，有什么知识和故事。深圳可以做起来，深圳的知识分子有很好的想法，已经努力尝试做了。相关图书不需要太厚，每部书的物种数也不需要太多，收集百十来种，先做口袋本和普及本。

刊于《深圳商报》，2020年12月27日，此次收录有删节

科技创新并非只增不减

"湛庐社科"：您对"思想马拉松"是如何理解的？

刘华杰：这是中国民间发起的一项极少见、颇有趣的智力活动，希望它能影响未来。

"湛庐社科"：在您参加的往届活动中印象最深的事情是什么？

刘华杰：我之前只参加了一次，印象是活动自由、开放、平等、学科交叉，所有讨论立足当下、着眼未来；通过民间力量能够组织这么多领域的一流学者坦率、概括性地讲出自己的看法，很不容易。现在各领域都有"小圈子"，隔行如隔山，不同领域学者真正坐在一起讨论的机会实际上不多。

"湛庐社科"：您对哪些研究领域比较关注？对于人类未来发展，您觉得最值得思考的问题是什么？

刘华杰：我不是科学家和技术专家，我在受邀请者当中属于"异类"。我关心的是如何给创新活动注入更多的人文情怀，如何更多地从非人类中心论的视角看问题。难以阻挡甚至难以降速的人类智力创造正在哪些主要方面用力，资本追逐的是哪些项目，这些对天人系统的长远演化意味着什么。决定未来的，不仅仅包括我们创造什么，还包括我们拒绝破坏什么。科技创新，并非只增不减，它给这个复杂的世界增加了一些东西，同时也必然因其巨大影响而减少一些宝贵的东西。创新的速率并非越快越好。那么，什么是合适的速率？我们依据什么原则进行判断？我认为在大尺度上只有一个原则可用，即达尔文意义的演化论。要充分考虑系统的"适应性"，而这与博物学有关。导致严重"不适应"的东西，就是恶，不管它冠以什么样的美名。无疑，强权和资本助力下的高科技快速创新，已经引起全方位的不适应（人与人，人与自然）。

"湛庐社科"：面向未来，您认为哪些思维／能力是非常需要具备的？未来在等待什么样的人才？

刘华杰：当下的人类，还不成熟。学者需要有变焦思维，变焦指摄影中用变焦镜头去观察对象，在不同的焦距看到不同的景象，而且要来回变焦，就像用高德地图导航一样，不能只在一个尺度（scale）下看前进的道路。未来需要更加多样性的人才，现在的人才依然主要集中在少数类型当中。特别需要跨领域、横向发展的综合性人才，他们要对创新决策发挥更大的作用，此决策不但要考虑到小尺度的影响、对自己的好处，还要考虑大尺度的可能影响、对他人（包括竞争对手）和对大自然的可能影响。科技创新战略家将决定用功、投资方向，他们的能力和见识将决定我们共同的未来，特别是要避免不必要的人类内耗（比如战争、集团与国家之间恶斗）。人类可以合作做许多更有益的事情，而现在把精力大多用在了很无聊甚至自毁性的事情当中。研究人与人如何取得信任，如何和平相处，恐怕是最高级的技术创新。

"湛庐社科"：您如何理解把思考作为习惯？您如何看待思考的重要性？

刘华杰：由于社会分工不同，对人的要求也是不同的。并非人人都要太多地劳神，伤脑筋地思考；对多数人来说自由自在地生活，过好平常生活是硬道理。人文学者，特别是从事哲学工作的人，必须把思考、批判性的思考当作自己的重要使命；从事科技创新的工作者，要肩负起责任（不要推脱责任，不要说与己无关），多做有利于人类和平、有助于彼此理解、减少焦虑的创新，而非单纯加速系统的运行。学人有独立见解，坦率地表达自己的思考，才有可能使人类社会行走在安全的道路上。

2021 年 5 月 29 日

关于大学开设博物学课程

一、关于博物学课程在高校的演变

华东师范大学学生记者（以下简称"记者"）：刘老师，我们了解到博物学作为一门学科，曾经遍布各级教育，以前高校还设有博物部、博物系等，但后来经历了很长一段时间沉默。如今博物学开始复兴，您在北京大学也开设了《博物学导论》等课程。您如何看待博物学经历的这一过程和现象？您认为导致博物学从我国教育体系中淡化的最主要因素是什么？在您看来，为什么现在高校没有大量开设博物类课程？

刘华杰：不仅是在我国，在全世界其他国家也差不多，正规教育都不再重视博物学。原因是多方面的，比如分科之学越来越走向深入，原来宏观层面综合性探究大自然的方式（对应于博物之学），显得肤浅，跟新兴的还原论科学相比没有优势。更重要的原因可能在于，现代社会更加强调用知识、科学来改造、支配这个世界，来控制他人、他国、自然界等，而博物学显示不出强大的力量。

现在的学校想重新开设博物类课程，必须先想清楚，在教育观念上有所转变，即教育的目的是什么、要培养什么样的人才？博物学的价值并非人人认可，需要对现代性的狂奔有所反思，才能欣赏、支持博物类课程，这需要有独立思考的人。

我个人还算乐观，认为经过大家的努力，终究会有越来越多的人意识到现在的主流教育问题多多，必须改革。我相信更多的高校会开设博物

类课程。不一定是必修课，最好是选修课，或者开展导师辅导下的探究性
学习。

二、关于您"博物学导论"课程的问题

记者：我们都知道您在北大给本科生开设了"博物学导论"，您能否简单介绍下这门课程的情况？在课程目标方面，您希望学生通过课程学到什么？

刘华杰：首先让学生知道博物学十分古老，作为一个传统，在认知、文化等方面非常重要，历史上有一系列重要人物是博物学家，比如达尔文、华莱士、缪尔、卡森。他们并非如现在一般人所理解的是科学家，他们首先是博物学家。在信息时代，我的课不会讲许多细节，但宏观线索要讲到，告诉同学有哪些关键词、关键人物，讲清楚为何要传承博物学，这对于个体、对于国家、对于人类意味着什么。

上课人数由我事先限定，起初只限 10 人，20 人，30 人，后来放宽到 40 人，80 人，120 人。因为要带户外实习，人多了不容易操作。此外，我个人也没有野心，并不认为人越多越好。重要的是，我希望别人也开设类似的课程。除了科学史和一般博物理念，我对植物物种熟悉些，因而会多讲一些有关植物的内容，举例也会多从植物选取。

具体授课内容，每年每次都不一样，故意不一样的，我也想试试不同的进路和内容。这也是北京大学的优势，学校比较相信教师。必须感谢北京大学的宽容，这也可以说明为何北京大学首先恢复了博物学的教学与研究。

理论与实践的比例是 2:1，实际上应当是 1:1，但因为安全问题户外实习不大好办，只好多讲一点。

主要困难是：学生来源不同，背景知识差别很大，每个人的兴趣点也不同，这给讲授和实习带来一定麻烦。可考虑设置一定的限制，避免让一些完全不上心的人占据了课程的名额而使得想上此课的人无法选上课。经

常出现这种情况：想选的选不上，而选上的个别人不认真上。

北大历来支持教师开设新课程，尽可能提供方便。别的学校开设博物类课程，可根据自己学校的特点做，不必考虑我们。如果提点建议的话，建议多考虑 G. 怀特、D. 梭罗、J. 缪尔、A. 利奥波德、R. 卡森这样的博物学家，不要特别强调探险、征服。有些博物学家做的事情也不大光彩，不宜宣传他们的"事迹"。

三、关于高校博物学教育是否以其他形式存在？

记者：您提出了博物学的"平行说"，并强调博物学应该平行于科学做出自己的努力；同时您也曾提出"全面恢复博物学，在现代条件下非常困难或几乎不可能"。目前，我国高校开设博物学课程的凤毛麟角，但不少大学一直以来都有开设"自然科学史""科学哲学"等课程，像华东师范大学还开设了一些与博物学有关的通识选修课程，例如"自然观察与生态保护""生态思辨""物质科学系列课程"等，请问您认为这些课程是否可以算博物学课程或博物学教育在当前高校的其他存在形式？当前高校一些课程中有野外考察实习（比如地理、生物等专业的野外实习），以及一些通识课也会安排学生去博物馆参观，您认为这些活动属于大学生博物学教育的载体吗？

刘华杰：博物与自然科学平行存在、发展的"平行说"很难被认同，我也不指望人们立即就理解并接受。"平行说"的用意是，不要把博物归为自然科学的附属品，博物学并不收敛于自然科学，虽然两者有重要的交叉。自然科学史，会涉及博物学，但主要是科学，从科学史的视角看博物当然是为科学服务的。自然科学史的讲法也多种多样，有的看重数理、还原论科学，有的也注意到其中的博物传统。现在的趋势是，科学史向文化史转型，职业史学家更倾向于把科学放在文化、社会中来理解。科学哲学，基本不涉及博物，波兰尼的《个人知识》除外。"自然观察与生态保护"算标准的博物类课程，这样的课程应当多开设一些，重要的是让学生有自主性，主动学习，而不是老师单向灌输。安排学生去博物馆参观，非常好，尤其在大城市有这样的条件。参观博物馆，甚至自己参与采集和制作标本，都是不错的博物活动，可与学生创新项目结合进行。野外考察实习可与人类学、民俗学的调查相结合，这对于了解并维护两个多样性（生物多样性和民族文化多样性）有重要作用。

四、关于大学开设博物学课程和开展博物学教育的建议

记者：您对高校开展博物学教育有什么具体的建议？您认为博物学课程教学的重点在于什么？授课内容更集中于一阶、二阶、三阶博物学？如果开设博物学课程，哪些教师更适合授课？

刘华杰：重点是明白在"人类世"的大背景下，人的活动在整个大自然的演化过程中扮演的角色，意识到天人系统可持续生存的重要性，力图让人的生活更加自然一点，合天理，少折腾。在此过程中，使学生学会尊重、欣赏大自然、自然的事物，做自然的事情。知识、情感和价值观三者的确同等重要，现在的主流教育只强调知识维，这相当成问题。

不一样的价值观很多，比如通常认为力量、快速、高效是值得追求的价值观，而从博物的观点看未必如此，有时（不是全部）其反面反而是值得追求的，弱、慢有时是极为重要的，这与老子《道德经》一致。博物与自然科学交叉较多，但博物用意在"生活世界"，而自然科学用意在"科学世界"。理论上，科学世界应当服从于生活世界，但事实并非如此，现代社会人们更愿意相信科学世界，自愿被科学世界牵着走。

阶数不是越高越好，通常用一阶和二阶就能说明问题。第一要有一阶亲身实践，第二要了解历史上他人如何博物的，理念是什么，这就是二阶内容了。现在的中国，进行一阶操作的已经有很多，关注二阶的较少，能把两者结合起来的更少。实际上，需要两者密切结合。

潜在的博物学老师很多，比如曾经教授植物分类学、动物行为学、生

态学、保护生物学的老师，稍加调整，就可以直接开设博物学导论课程。我们编写的《西方博物学文化》一书大家可以参考，书中提到了许多可参考的信息。联合授课，也可以，但需要一个人先把历史、人物、理念等讲清楚，然后再由各位老师讲专题。

开始时，宜以西方博物学为主，适当讲一点中国古代博物学。因为西方的路数清楚，不容易讲偏了，中国的博物也非常有趣，但不好把握。

五、关于高校博物学教育与公众、中小学博物学教育的区别与联系

记者：您曾提出"博物 +"的模式，给博物学的发展开拓了思路；而且您也提到复兴博物学不只针对娃娃，感兴趣的人都可以参与。您如何看待公众、中小学博物学教育和实践与高校博物学之间的关系？哪个阶段是学生授课博物学课程的"黄金时段"？高校与社会公众的博物学教育有何关联？

刘华杰：人来自大自然，从属于大自然，但人经常忘记这一点，因此各级各年龄段的人借助于某种课程，来提醒这一点很重要，博物学导论课程就有这个使命。至于不同阶段有多大差异，我觉得内容上肯定会随着年龄增加而变难一点、多一点，但是理念上差不多，只有理解程度、感受程度的不同。这是由博物的"肤浅"、横向、综合的特点决定的。博物学课程培养或者说尊重大家本来就具有的"孩子气"、好奇心、对自然事物的向往心理。"博物 +"策略考虑的是，以博物的眼光看一切，对待一切，把博物融入自己的日常生活。此时"博物 +"的性质相当于"互联网 +"。果如此，将导致不同的人生，我相信对个人对国家对大自然都有好处。但是，也有人不高兴，比如想折腾世界的人、想发横财的人。

博物学是终生教育，主要不是教育别人，而是教育自己。成年人、老板、CEO 也有博物的愿望，他们修习博物学对这个社会有好处。从小抓起比较好，但对于成年人，任何时候启动也不晚！现在有钱人家、父母思想解放的人家，都会重视培养孩子对自然的观察，会频繁带领孩子到各地

旅行，让孩子充分感受这个缤纷的世界。相反，有些家境不好的人，就没有很好的条件，这样成长起来的孩子，虽然对书本知识的理解和别人差不多，但实际能力差别很大。

在小学阶段就启动博物教育最好，然后中学、大学都有相应的课程，让学生的爱好得以延续、提高。

高校的职责是多方面的，除了培养具体的社会用才，还应当为全社会提供思想、新思潮及文化的丰富性。高校应当对社会风尚有一定的引领作用。

2020 年 6 月 17 日

松花湖度假区一季滑雪三季赏花

吉林万科松花湖度假区（以下简称"万科"）：博物学、大自然及植物的联系在哪些方面？

刘华杰：植物是人们出门最容易见到的自然物，在旅游当中更是如此。植物是人类的救星，它在食物链中居于相对底层，而且以自己的美丽装扮着大地。了解植物就是了解我们的地球家园。植物与日常生活关系极为密切，《诗经》中讲"杨柳依依""雨雪霏霏"，而且被认为是最优美画面，在现代社会中我们能读出其中的味道吗？孔夫子曾号召"多识于鸟兽草木之名"，我们听了吗？知道自然物的名字管什么用？在信息网络时代，名字是关键词、检索词，有了它，已有的相关知识就可以访问。不知道，那一切知识、研究与自己无关。

现在一名学植物科学的学生、研究植物学的科学家可能只认识少量植物，这无可厚非，他们的工作通常不做横向较广的要求。但是，我们一个普通人、一个热爱大自然的人，可以也应当认识几百种植物。知道了有什么用？坦率讲，也没什么用！但是，好玩！特别是到各地旅行时，懂植物和不懂植物，完全不一样。以我的经验，我们普通人认识几百种、上千种植物，完全没问题，只要我们喜欢。

博物起来，我们的生活、世界观会悄悄发生变化。

万科：请从博物学角度宏观分析一下度假区的自然景观，对度假区的自然景观进行简单的评价。

刘华杰：度假区有不同的类型，我不敢就一般情况发表评论。就我感兴趣的而言，我认为度假区要有"两个多样性"，它们也是发展旅游文化的根本依托，要注意保护、传承、发掘。一是指自然多样性，二是指文化多样性。这"两多"不是强调绝对值的多，而是要讲个性，有自己有特点。前一个多样性涉及物种、生态多样性；后一个多样性涉及民族文化、风俗多样性。就万科松花湖度假区而言，这两个方面都有很好的资源，即特色明显。

大青山地处松花湖的西北角，大青山（地图上标着"小屯山"）海拔接近1000米，属于局部最高点。度假区处于几条小山岭拥抱之下，外形如字母n。从"风水"的角度瞧，是相当不错的地方。有山有水，水不急山不太陡，不易出现大的自然灾害。附近也没有大的工厂，空气质量相当不错。就气候而论，冬有雪夏有雨，降水适中。夏季白天气温高夜晚气温低。这些都非常适合度假。这里适当建设步道（trail）系统，也很适合开展森林疗养和一般性户外健身活动。开展自然教育、博物、科考都很好。也可以建设成大学植物学课程的野外实习基地，因为这里的植物极为丰富，而且相当集中，学生只要在一个相当小的范围内就可以见识大量有趣的植物。在这里学生住宿也方便。万科可考虑这方面的需求。

万科：大青山的植物构成有什么特色？

刘华杰：东北植物的特色在区区的大青山这样一个小范围内，差不多都能体现出来。东北植物自有其特点，当然不能跟云南、西藏比了。东北有自己的强项。最牛的是早春观赏地被植物，没有哪个地方能跟东北相比。而在大青山，出了王子酒店向南只需要走上不到100米，就可感受到。对于爱花人，可以想象这是一种什么样的感觉！

4月下旬5月初，在万科滑雪场周边就能欣赏到多被银莲花、侧金盏花、平贝母、荷青花、莓叶委陵菜、笔龙胆、山茄子、五福花、单花鸢尾、兴安白头翁、朝鲜白头翁、汉城细辛、齿瓣延胡索、堇叶延胡索、黄堇、顶冰花、三花顶冰花、深山毛茛、北重楼、玉竹、草芍药等非常棒的野花。它们生长在林下，等树木的叶子长出来后它们就"消失了"，不容易被发现，下一年它们会准时再开花。其实不用把这些都列出，仅仅列出多被银莲花、侧金盏花这两种，就足以说明问题，它们的量非常大，极别致，足以让人兴奋，产生敬畏之情。这时候还能看到大量（数以十万计）的东北百合、毛百合的幼苗，在全国其他地方不可能一下子看到如此多。

夏季值得观赏的野花主要有：毛百合、东北百合、黄海棠、吉林乌头、月见草、一年蓬、黄连花、棱子芹、尖萼耧斗菜、旋覆花、败酱、藿香、辣蓼铁线莲、兴安独活、剪秋罗、山罗花、屋根草、兴安升麻、紫菀、唐松草等。秋季可主要观赏：宽叶蔓乌头、东风菜、蹄叶橐吾、高山蓍、盘果菊、大叶风毛菊、美花风毛菊、山马兰、翼柄翅果菊、羊乳、柳叶芹、黑水当归等。

这里的野菜、野果、草药也多极了，东北最具特色的品种几乎都有（真话，因而在这个地方进行野外实习非常合适。但如果大家都来采收，也会有麻烦），为避免人们对四A级景区的植物"过分利用"，我在此就不具体列名称了。

大青山高大乔木主要有：壳斗科的蒙古栎，椴树科的辽椴、紫椴，榆科的裂叶榆、春榆，无患子科的东北槭、青楷槭、花楷槭、茶条槭，蔷薇科的山楂、斑叶稠李，芸香科的黄檗，豆科的朝鲜槐，胡桃科的胡桃楸，桦木科的白桦和硕桦，松科的杉松、红松、樟子松。也能看到寄生在榆科与壳斗科大树上的槲寄生。特色灌木主要有：忍冬科朝鲜荚蒾、修枝荚蒾，忍冬科的金银忍冬、金花忍冬，豆科的胡枝子，卫矛科的卫矛、黄心卫矛。特色藤本植物主要有猕猴桃科的两种大藤子和葡萄科的山葡萄。

总结一句，这里的植物能够充分地代表东北丰富的野生植物种类，乔木、灌木和草本植物都极有特点，在这里能感受到正宗的东北森林景观。

就我个人来讲，万科松花湖度假区可考虑引进百合科的一种特色植物：猪牙花。它非常漂亮，目前这里还没有。重要的是它是吉林省自己的特色物种，在通化、白山、抚松等地都非常多，在这里引种肯定没问题。

它真的不输于郁金香之类植物。

万科：从您的角度看，能够对植物进行辨别、认知，这对于大众有什么样的好处？

刘华杰：区分物种或者鉴别物种，是我们祖先生存的基本功夫。现在看好像那都是科学家要关心的事，与自己无关。这样理解是不对的。善于区分植物，我们的生活会变得有趣、精致！这不是虚言，试一下就知道了。中国开始步入小康社会，吃好穿好后，我们可以博物起来，生活会更加丰富多彩。

从哪开始，现在参与晚不晚？这是人们常问的。从身边开始，从小区、度假区、学校开始。什么时候都不晚，如果能引导小孩子从小关注大自然，多在野地里玩耍，注意培养对大自然的情感，对人的一生都有重要影响。爱植物的人，不容易抑郁。

万科：请从人与自然的和谐角度，讲述植物保护这一方面的必要性。

刘华杰：人再牛，也只是一个物种。我上面提到的每一种植物都是独立的物种，和我们一样的物种！人，不是孤独生存在地球上的，人的持久生存、良好生存，离不开岩石、植物、动物、细菌等。植物是最容易引起人们兴趣的，因为它可食、可观！植物对其他生命的贡献非常大。从哲学上看，除了实用的考虑，我们人和植物是共生的，或者说人是寄生在植物当中的。植物离了人没问题，人离了植物则不成。

但在现代化的进程中，植物被过度利用、被严重破坏，有许多物种面临灭绝的危险。无论从哪个角度，人类都要保护植物。说到保护，其实人类保护不了什么，少一点破坏就是最好的保护了！学着克制、少破坏一点，我们就是善人、就是善良的物种了！特别是，别指望发善心，把濒危物种迁地保护或者放在实验室中保护，那样根本没用。重要的是少破坏栖息地，让自然物在大自然中像以前一样生存、演化。人类个体和群体面对植物时，不要高高在上，宜谦卑一点。这样对我们自己、对整个地球，都有好处。

万科：很想知道您对万科及万科松花湖度假区更多的看法、建议，能再讲一讲吗？

刘华杰：万科高级副总裁丁长峰先生跟我是校友，他国政系毕业，我地质系毕业。一个偶然的机会我们因为植物认识了，我也有机会关注一下万科的滑雪业。没有想到长峰竟然对我现在吆喝的博物学感兴趣。长峰约我来松花湖滑雪并给易居沃顿的学员讲一次博物学。这样我就来到了吉林松花湖滑雪度假区。其实我老家在吉林通化，36年前参加全国地学夏令营时我就来过松花湖，当时读高二。2016年12月中旬我来到了大青山。"眼见群芳消歇尽，何人重有惜花心"（林伯渠《偕友游吉林龙潭山》），滑雪过程中，我突然发现雪地里有许多东北百合的蒴果，还有一种藤本的乌头属植物的果实，走近看又发现了忍冬科忍冬属植物的果实以及茜草科的林生茜草。于是就萌生了为这里编一本植物图鉴的想法。在微信中跟长峰提了一下，他说巴不得有人做呢！

于是我就开始了实地拍摄工作，然后是分类整理，现在工作已经过半。顺利的话，不久大青山植物图鉴就要出炉了。此前，我这个植物外行（我只是爱好者，我没有学过植物学）为河北崇礼和北京延庆各编了一本植物小书。不过，预计这一本要厚许多，估计比前两者加起来还厚。我也想趁机为家乡做点事情，我们大东北有那么多宝贝，应当展示给人瞧瞧。这活本来应当科学家来做，但现在科学家都忙于创新了，顾不上普通百姓的爱花识草需求。

万科的企业文化相当棒，园工对我的工作都非常配合。各层人员都曾询问过我植物与雪场关系的问题。坦率说，这是一个敏感的问题，但长峰一开始就正视这个问题，还主动问过我建滑雪场过程中和之后如何保护好生态。修建雪道，肯定对植物有影响。但是滑雪也很重要（我个人也喜欢滑雪），不能因此而不建滑雪场。重要的是，如何调整，如何尽可能地保护好生态。一个突出问题是滑雪场和度假区的防洪、绿化问题，该采用什么物种？此问题我原来也挺担心，多次实地考察后发现没有原来想象的那么严重。东北雨水充足，跟北京、河北很不一样，在这里只要适当注意，是完全可以做好的。2017年吉林发大水，据说是N多年不遇的大水，这里虽然也受灾了，但我综合考察了一番，觉得问题不严重。只要适当注意，这里可以打造成（保护成）生态环境一流的现代化滑雪度假区。

第一，雪道要做足防洪设计，许多排水沟可能通常用不上，但要有冗余设计，留有余地。

第二，在这里因施工导致的裸露区可以迅速变绿，长出各种植物。不能为了引进而引进，搞不清楚时尽可能不用外来种。引种植物时要尽可能采用本土物种，一则适应性强，二则不可能导致生物入侵，三则经济上划算（长远看成活率较高，虽然目前本土苗木供给不足）。必要时，万科要建自己的本土植物苗圃。

固土、防洪用的植物可以考虑多年生（不用重复种植）、不影响滑雪的种类：（1）马蔺和白花马蔺，抗踩压，根深。此类植物也很美，春季观花，夏秋观叶。北京城市街道绿化已经大量使用，非常成功。（2）蒙古黄芪，根深，花美。（3）紫穗槐，根深，枝条越割生长越旺。秋季把当年生枝条割掉。虽是外来种，但非常安全。现在松花湖度假区已经有一些。（4）黄连花，夏季观花。（5）旋覆花，繁殖快，夏季观花。可以用它对付同科的入侵种豚草。（6）黄海棠，夏季观花。（7）龙芽草，根深，抗踩。（8）藿香，目前C索道下部雪道上就有大量分布，花芳香。（9）东北玉簪。（10）尖萼耧斗菜。（11）牛蒡。（12）草本威灵仙。（13）北黄花菜。（14）黄精。（15）瑞香狼毒。（16）苦参。（17）歪头菜。（18）草木樨。（19）叉分蓼，也称叉分神血宁。（20）落新妇。（21）蕨麻，又叫鹅绒委陵菜。本地生长的莎草科多种薹草属植物在雪道上栽种也非常适合。不宜栽种常见的外来园艺菊科植物。

景区绿化方面，我个人推荐如下种类（宜栽种小苗，而不是大树。最麻烦的是，通常园艺公司并没有本土种苗木，各公司几乎千篇一律，"你有我有全都有，你没我没大家没"。长远看真的要有自己的小苗圃，储备一些特色本土种苗）：（1）紫花槭，秋叶极美。（2）山楂，大青山的水库阳坡上非常多，可以自己串根繁殖。（3）朝鲜槐，大青山的山坡上各处都有，极适应本地。（4）东北杏，春季观花。（5）山桃，早春观花，易繁殖。（6）斑叶稠李，大青山有许多，适应性强。（7）春榆。（8）裂叶榆。（9）紫椴。（10）辽椴。（11）蒙古栎。（12）暴马丁香。（13）白桦。（14）软枣猕猴，高大藤本，可营造特殊的场景。（15）金银忍冬。（16）玉铃花。（17）山樱花，早春观花。（18）山荆子。（19）东北扁核木。（20）花楸树。（21）伞花蔷薇。（22）卫矛，大青山水库东侧就非常多，非常优美的一种灌木。

园艺观赏植物宜重点驯化几个吉林省本土种：（1）百合科东北百合。（2）百合科毛百合。以上两种大青山都非常多，要注意保护和繁育。下面几种需要从吉林其他地方引进（个别的已有但数量不多）。（3）百合科猪牙花。（4）小檗科鲜黄连。（5）虎耳草科大叶子。（6）虎耳草科槭叶草。（7）毛茛科獐耳细辛。（8）鸢尾科溪荪。（9）鸢尾科燕子花。（10）鸢尾科山鸢尾。（11）鸢尾科玉蝉花。（12）百合科卷丹。（13）报春花科樱草。（14）唇形科大叶糙苏。（15）唇形科甘露子。（16）桔梗科聚花风铃草。（17）小檗科朝鲜淫羊藿。（18）毛茛科朝鲜白头翁，目前已有少量。（19）百合科铃兰。（20）百合科藜芦。（21）球子蕨科荚果蕨。

2017 年 8 月 23 日

人间草木大青山

《吉林日报》：博物学的概念对一般人来说还挺陌生，也是《青山草本》这本书让我们感兴趣的原因之一。您的书和文章，让我对梭罗对《瓦尔登湖》有了新的认识。什么是博物学？您致力于复兴博物学，向大众做博物学的普及工作。两者之间有何联系？

刘华杰：博物是一个古老的认知传统、生活方式。在很久以前大家可能不太把它当学问。中国古代有着丰富的博物学文化，甚至可以讲，国学当中应当有相当的博物成分。但现在宣传的国学几乎收敛到伦理道德、空口论道的境地，或许将来会扭转一下。中国古代文明不是只靠现在讲的国学而发展过来的，除此之外，还有非常重要的物质基础、形而下的方面，博物则是其中的重要部分。就大尺度人类社会发展而论，靠的也不是只有极短历史的近现代科技、高科技，而是平稳发展的博物学。博物式的探究是平面化的、肤浅的、力量较小的、对大自然破坏也较弱的一种探究。它有没有意义？不同人的看法不一样。

我理解的博物学，就是人类长久以来在宏观层面对自然世界的一种认知、利用，它是可持续的。

复兴博物学，包含两层。一是二阶学术层面，要研究博物学的历史、人物、博物认知、博物文化、博物艺术等。二是一阶实践层面，指实际参与对大自然的探究，这种探究可以是很随意的，也可以是相对讲究的。不管怎样，它无法与当今职业化的自然科学相比。

我用了10年的时间才理清博物与科学的关系。我们时代的"缺省配置"

影响我们对博物的判断。现在我尝试用"平行论"来阐述博物之学与自然科学之间的关系：博物学平行于自然科学存在、演化，过去、现在和将来均如此。它们虽然紧密关联，有交集，但互不隶属。

我不愿意用"普及"两字，因为它蕴涵了上下级的关系。博物，重在实际操作，重在参与。博物学不同于自然教育，后者热衷于教育别人，而前者主要在教育自己。博物学也不是科普，虽然许多人愿意那样理解。

《吉林时报》：作为一位哲学和科学史的学者，做这样一本书肯定别有深意吧？特别是在环保和生态保护成为当下热点的大背景下，您希望达到的目的是什么？作为一个普通读者，会以"好看"来评价这本书。"好看"这样的简单评价您会满意吗？

刘华杰：如果我是一名植物学家，恐怕不会写《青山草木》！现在的植物学家对这类工作兴趣不大，他们关注的是如何用中国普通人看不懂的洋文发表专业论文。中国有成百上千的植物学家，吉林省内也有大批植物学家、生态学家，他们都没有做，可能也不想做，或者想做而排不上日程。因为在他们看来，这样的工作很费劲，又不算什么成果。

我没有在课堂上专门修习过植物学课程，只是个人喜欢植物，经常到野外看植物。就大的方面看，我一方面吆喝博物学文化，倡导研究博物学史，另一方面想做一个实验，拿我自己做实验：看看像我这样的没有专门学过植物学的人，能否认出、理解我所见的植物。植物就在我们身边，它们是人类的伙伴。实验分三个阶段：近、中、远。目前，我都试过了，结果还可以，结论是：普通人可以辨识植物、欣赏植物，并通过观察植物而了解所在地的生态及其变迁，从而为生态文明建设贡献自己微不足道的力量。关于近，我写了《燕园草木补：识花认草手册》，关注的只是我们北京大学校园内的植物，与此接近的还有《崇礼野花》等。关于远，我写过《檀岛花事：夏威夷植物日记》，关注的是异国他乡美国夏威夷群岛的植物。关于中，我写了《青山草木》，关注的是吉林省吉林市万科松花湖滑雪场的植物。这些书现在看，可能都不重要，但我希望50年后，100年后，它们会成为一份史学家愿意参考的史料。

现在许多人对博物学感兴趣，但出发点可能非常不同。有的人只关注二阶学术研究，其本人不参与或者不喜欢博物实践；有的人只做一阶实践而不关心二阶文化。我个人的情况是，小时候有点博物基础，后来因为一直读书而忘记了，等我博士毕业后当教师，通过学术研究又发现了古老的博物学，同时也捡起了小时候的博物爱好。

学术上的考虑，特别是哲学上的考虑，使我下决心致力于复兴博物学。学术上有哪些考虑呢？第一，对现代社会发展的现状极为不满，即对"现代性"持强烈的批评态度。第二，在科学哲学上，受波兰尼的《个人知识》一书影响。第三，在评判近现代西方科学时，深受现象学大师胡塞尔《欧洲科学危机和超验现象学》一书的影响。第四，想重写科学史或者人类文明史，尝试提出"博物编史纲领"，现有的科技史和文明史存在严重的偏见，宣传暴力、强力、操纵力，鼓励人们恶斗而不是共生。不过，我对哲学的理解不属于主流，当下学院派哲学似乎根本不关心现实社会。

具体到《青山草木》，还涉及其他具体的机缘。总的意思是，考虑到中国滑雪业快速发展，要提早介入，记录生态变化过程。如果我的工作能产生影响更好，没影响也无所谓。做这本书，我个人付出了很多，包括精力和财力，但无所谓，我个人认为值得。出版社也付出了许多。我们都认为应当做。

"好看"，就如"有趣"一样，是个很高的评价了，谢谢！吉林的植物与辽宁的有许多一致，我希望通过此书，让人们回忆起与植物的美好交往，重新关注身边的草木。爱家乡，可从身边的草木开始。关注草木，我们的心情、生活品质也会发生变化。我希望这类书多起来，东北的每个国家公园、每个保护区、每个景区，都应当有这类手册。现在基本没有，是因为认识不足，心中没有百姓。

《吉林日报》：您的文章中有这样两句话："对于大部分不足以成为科学家的人，他们要么成为'民科'，要么放弃自己对大自然的有个人温情的探索。不幸的是，这恰是某些人的行动客观上所追求的场景!""公众操练博物学，要注意从身边、社区、家乡做起，不要过分迷恋远方。要热爱并研究自己的家乡。"很给我们以启发，作为热爱家乡和关注自然的普通人，我们还可以做些什么?

刘华杰：中国公民，可以如"朝阳区群众"一般敏锐，观察大自然，理解大自然，欣赏大自然。百姓看花草，总比盯嫌犯更有诗意，更符合自己的身份。这样做有意义吗? 我认为有，而且意义重大。世界上任何一个发达国家中，博物学均十分发达，中国人吃饱饭过上小康生活，博物学也一定会发达起来，我们做的工作是推动一下。正规教育无视博物学，这件事通常要在社会上推动；大学教育最多是开设一点选修课，让人们记得博物学曾经十分重要；博物学现在依然重要。

刊于《吉林日报·东北风周刊》，2018 年 12 月 13 日

博物学的历史可以不断重构

《三联生活周刊》：博物学是一个古老的学科，它在西方是如何兴起的？请谈谈博物学的历史。

刘华杰：已经谈过多次，简要重复一下吧。各国各地区都有自己的博物学，都有其特殊性。因为近现代西方对世界其他地方影响巨大，所以西方的情况学者关注得更多些。也应当如此，反复考察西方的文化，可以检验前人的说法是否靠谱、是否穷尽了多种可能性。西方内部也有张力、多样性，西方也是变化的，现在和未来可以变，过去也可以变！因为人们对"过去"的描写，经常有问题。

西方博物学构成一种古老的文化，至少可以前推到亚里士多德、希罗多德时代。亚里士多德留下了厚重的《动物志》，也提出了命名的方法论。他的大弟子塞奥弗拉斯特留下了《植物研究》和《植物本原》两部植物学作品。在西方，通常说博物学有"古代四杰"，除了上述的师徒两人，还有迪奥斯科里德，其代表作是《药物论》，第四位是老普林尼，作品为《博物志》，有 10 卷 37 册。早期希腊的博物学有相当的自然主义气息，几乎没有鬼怪、神秘主义比附其中，这一点似乎很难想象。理性和自然主义的风格，是古代希腊学术的重要特色。

博物学探究指向"生活世界"，发展比较缓慢。到了 16 世纪才有大发展，出现了一批牛人，比如瑞士的格斯纳（1516—1565），出了 5 卷本《动物志》；意大利的切萨尔皮诺（1519—1603）的《论植物十六书》，研究了1520 种植物。17 世纪在英国出现了约翰·雷（1627—1705）的《植物志》《造物中展现的神的智慧》，此时博物学与自然神学深度结合。

雷去世两年后的 1707 年，出生了两位风格不同的大学者：瑞典的林奈和法国的布丰。演化的思想才一点一点展开。地理大发现、海外扩张、远方探险带来大量标本，需要分类命名。

英国乡绅怀特，现代观鸟之父，特别值得关注。他做的是阿卡迪亚博物学，而不是帝国博物学。

德勘多父子对植物分类学、自然分类法贡献巨大。不过，分类学并非越"自然"越好。林奈的人为分类法中也并非全是人为，也包含自然因素。许多人搞不清楚其间的辩证法，错误地将人为分类法与自然分类法对立起来。

差不多同期，拉马克（1744—1829）、洪堡（1769—1859）、伊拉斯谟·达尔文（1731—1802），钱伯斯（1802—1871）、查尔斯·达尔文对博物学做出了重要贡献。19 世纪同时代还有伍德等所谓的小人物对博物学贡献巨大。英国社会经济发达，博物学成为时尚。1859 年《物种起源》出版，其演化思想也属于博物学成果。同时期托马斯·赫胥黎、华莱士等都是博物学大家。之后还有梭罗、杜布赞斯基、迈尔、洛克、E. 威里森、缪尔、利奥波德、E. O. 威尔逊等。

在我看来（别人可能不这样看），阿卡迪亚型博物学家值得特别注意，他们关注家乡的生物多样性、生态学和保护生物学。不过，整体而言，进入 20 世纪，西方博物学开始走下坡路。

《三联生活周刊》：博物是人认知自然的一种手段，到底什么是"博物"？

刘华杰：特点是平面化，但综合、系统。也可以说"肤浅"而重视"联络"。它基本活动于"生活世界"，自然而然，因而破坏力小。为便于理解，可用汉语拼音 bówù 对应的四个首字母表达博物的基本意思和动机：B=Beauty，自然之美；O=Observatoion, 观察、记录；W=Wonder, 好奇心，惊奇感；U=Understanding, 寻求理解，而非天天创新，不是战天斗地。具体可参考半夏的书《看花是种世界观》。

特别要提到的是，女性做出了重要贡献，现在喜欢、参与博物活动的，相当多是女性。

《三联生活周刊》：中国的博物学复兴是怎样一个过程？中国古人也有博物情趣，比如侍弄花草、收集石头、养鸟等等，再比如文学作品《山海经》《诗经》里也有很多博物的内容。这是否也是中国博物学的一种独特传统？与西方相比，有哪些特殊性？

刘华杰：它们是优秀的文化遗产，但是长期以来不被文化人看重。现在的国学是狭义的，应当包括自然部分，中国古代的学问相当程度上是博物的。我这样概括，好像没什么，你听起来不以为然。但它是一个新视角，国学家们、史学家们都没有这样概括。以博物的视角挖掘传统文化，可做的工作非常多，也要做得非常细。在中国，博物学研究通常分散在不同的学科当中，刘宗迪、扬之水、余欣、裴盛基、龙春林、潘富俊几位学者做得很好。

《三联生活周刊》：观鸟是博物活动的一种形式，这些年热度不断上升，也是一种全球潮流。跟其他博物类型相比，观鸟在中国现状如何？为什么这么受欢迎？

刘华杰：我对观鸟并不在行，只认识戴胜、普通翠鸟、斑鱼狗、紫胸佛法僧、埃及雁、绿头鸭、蛇鹫之类。在各种博物活动中，观鸟开展得较早、较好，各省份差不多都有自己的观鸟协会，许多城市和学校也有。鸟有特殊性，飞翔、视野开阔，人们容易对鸟产生兴趣。鸟种数量相对少，辨识上比植物方便一些。观鸟可以先发展起来，观其他的，可以慢慢来。不过，观鸟也要讲道德，不能乱来。有人把鸟窝周围的树枝破坏了甚至把鸟绑起来拍摄，只为了取几张好看的照片，这就不对了。

《三联生活周刊》：在有些人看来，博物学是一门"肤浅""没用"的学科，这种说法当然是种偏见，为什么我们现在仍然需要这样一门学科？我们普通人

该如何进行"博物"?

刘华杰：不怕肤浅。过体面的日常生活、持久地生存，这是大事，对人对大自然均如此。天地之大德曰生，生生之谓易。道生之，德蓄之。有没有用是相对的，与生活方式和价值观有关。高科技牵引普通人和大自然，做得太过分，导致天人系统不适应，环境和生态问题根本上由此而生。人类要学会与他人与大自然相处，现在远远没有做到，要反省现代性的逻辑、教条。

2019 年 11 月 14 日

刊于《三联生活周刊》，2019 年第 47 期（总第 1064 期）

博物观鸟和科学观鸟之异同

《光明日报》：博物学与自然科学对观鸟的理念和开展方式有何不同？观鸟有什么意义？

刘华杰：不管基于什么学科，观鸟行为背后都是人这个物种想了解另外一个或一些物种；鸟类是很特别的能飞翔的动物物种类群，人类对其一直保持着浓厚的兴趣。说得通俗点或者实际点，博物学和自然科学之观鸟，都有功利的一面，无须否认，只是考虑功利的时空尺度有差别，间接和直接程度有差别。在现代条件下，具体讲博物学与自然科学观鸟也有一些明显的差别，主要体现在行为主体的身份之不同上，都可以做得非常好，也都有胡来的。在社会学和人类学的层面看，博物学之主体是普通公众中的爱好者，而自然科学之主体是职业专家。前者通常没有资助，一般也不发表论文；后者则申请资助，必须发表论文。前者人数众多，后者人数很少。前者观鸟相对随意，但也耗时极多，对鸟类辨识、行为、生态等也可以获得相当多细致的信息，后者观鸟要按科学设计和具体任务展开，获得的知识相对系统和深刻。前者个人情感表露较多，后者不是没有情感而是往往隐藏起来（论文和专著常以第三人称撰写，打扮得很客观）。这也只是简化的叙述，其实博物学家中有许多人就是科学家。

观鸟有什么意义？可能说来话长。对科学（家）来讲，观鸟是田野调查、研究的一部分，当然重要，但在现代科学体系中其地位很低，从业者发表论文也变难，获得经费也不容易，这当然不是什么好现象。这是现代科学技术体系、运作方式出了问题，这里不谈。对博物学爱好者而言，观鸟是种享受、是一种有趣的生命体验，也是一种优良的生活方式。人这个物种能有闲心自由自在地观察另外一个或多个物种，是十分奢侈的事情。所谓文明、高雅，所谓小康社会，可以用公众博物的程度、观鸟人数的多少来衡量！想一想，当衣食不足时，当战乱不断时，人们无心观鸟，也不可能认真观鸟。观鸟意义重大，但一般人理解不了，资本家和官员理解不了，也很难三言两语说清楚。首先，一个社会中有一批人能够观鸟，就说明这个社会的经济、社会、文化发展达到了相当的程度，其次观鸟活动能够获得正反馈，进一步贡献于社会、文明。现在讲生态文明，良好的观鸟行为能够具体推进生态文明。观鸟的过程中，能够令行为人了解动物的行为、生态的细微变化，能够让人们在乎其他生命的生存权利，进而推动生物多样性保护，有助于"天人系统"的可持续生存。当然，每个具体的观鸟人，未必要想那么多，他（她）只需要喜欢鸟、关心鸟就可以了，观鸟过程可以让其更加了解鸟，自身也获得美好的人生体验。说得笼统点，观鸟可以让人类个体感觉快乐、幸福！"快乐人生有鸟相伴"，不是表示人情淡漠，而是表示人类可以超越自我、超越同类而将自己重新融入大自然。

比如，观察校园、住宅小区、公园中的鸟类，可以使人类个体获得超越自身物种的局限性，尝试以"非人类中心论"的视角看世界。这不是必然的要求，"非人类中心论"也并非那么容易达成的，但观鸟以及更广泛的博物活动确实可以令行为人及时感知大自然四季的流转、环境的变化、生态的好坏。

对了，观鸟或者博物，不会让人抑郁！而抑郁是现代社会很难对付的事情。

《光明日报》：国内外观鸟有何区别？在您看来，理念层面，国内观鸟是否存在误区，评判标准是什么？

刘华杰：没什么大区别。中国观鸟者与日本观鸟者、英国观鸟者、美国观鸟者心境类似，不用什么语言彼此就能沟通。不但可以跨地域还可以跨世纪，19世纪的观鸟者与20世纪、21世纪的观鸟者有许多共性、共同感受，阅读一些作品可以印证这一点。就此而言，观鸟也是沟通古今、联络四方的一种好方式，甚至可以利用于外交领域（老罗斯福总统访问英国与英国外交大臣格雷交流的相当一部分内容是关于鸟的，在公务之余他们一起观鸟）。

国内观鸟起步较晚，误区确实有，而且有些还相当严重。这不是说外国观鸟就没有误区。国内观鸟的误区主要表现于：（1）缺乏理念衔接、承续，既与我们自己的优秀传统文化脱节也与国外的博物学文化脱节。也就是说，根不深、源不清，需要补课。（2）盲目追求所观察过之"鸟种数"的提升。某种程度上变成了一种比赛。实际上不需要与他人攀比，不宜变成"竞技体育"，要跟自己比。（3）猎奇与扎堆两种相异的东西奇妙地混杂在一起。好奇是博物的出发点之一，这很正常，但是过分猎奇就有问题，比如有的人对身边的鸟种不大关心，上来就想着到远方观看非常特殊的鸟种，这种心态是不对的。扎堆、起哄，是一种从众的社会现象，按理说与猎奇不是一路，但是现实中确实两者走到了一起。比如某处发现新鸟种大家一窝蜂赶过去，进行不友好的"密集式""观看"。一回两回没什么，习惯了则意味着自己没有主见，自己没办法培养独特的观赏品位，也可以说不会独立观察，发现美的能力、求知的能力不行。此外，这类行为对鸟类本身也有伤害。（4）一定程度地拼设备而遗忘了观鸟的初心。到公园中很容易确认中国大爷大妈的设备全世界一流。观鸟人大致分两类，有一类只观不拍，即他们在户外只用肉眼或者望远镜细心观察而不用高精尖设备拍摄鸟类，有舍弃也会令其更专注，相对而言这一类品位较高。当然我不是说拍鸟的就没有好人、高人，其实他们人数相对多理念也是不错的，只是少数人作恶而败坏了风气。我之所以提及这一方面，是因为确实有许多人破坏了规则，为了拍出所谓"好看"的鸟片，而过分打扰鸟类、伤害鸟类。植物领域也一样，有的人因喜欢植物而过分采集，应当鼓励在地、在野外观察和欣赏自然物。

评判标准主要是，看行为对谁更有利，对生物多样性、对生态系统是否有伤害。摄影评奖等，应当严格把关，对于不友好的摆拍、伤鸟的拍摄，应当严格禁止、惩罚。

《光明日报》：您如何看待目前国内观鸟热现象？火热背后原因是什么？

刘华杰：总体上是好的，表明中国经济社会文化真的是大发展了，它是中国进入发达国家的重要外在标志之一。

火热背后的原因，归根结底是马克思讲的经济基础。当然，并非经济就决定了一切，许多事情是关联着的，博物、观鸟都需要正确引导，否则要哲学要文学要文化干什么。

《光明日报》：国内观鸟组织、观鸟节和观鸟经济发展中也暴露了乱象，原因是什么？与博物学所倡导的观鸟是否相悖？

刘华杰：原因与其他领域诸多好事办坏的情况类似，通俗说就是：着急。确实与优良的博物理念相悖。

观念需要正确地引导，行为需要规范。组织观鸟以及想通过相关活动提升地方知名度，获得经济发展机会，动机都是好的，关键是要懂行，不能着急不能乱来。这也确实与"二阶内容"传播滞后有直接关系，即与优良博物理念传播欠缺有关。2018年8月18日第三届"博物学文化论坛"通过的《博物理念宣言》（即《白鹿宣言》），是一份重要文件，值得关注。这表明中国学人已经意识到相关问题，提出了自己的主张。比如，"博物自在而不忘自律，方能赢得尊重、做到可持续"；"鼓励对平凡的事物保持好奇心，反对不适当的猎奇。鼓励通过文字、影像、绘画等多种形式展现自然物和景观，反对为了某种特殊的拍摄效果而故意伤害动植物、破坏景观。提倡分享，反对掠夺、霸占大自然的物种、物产和优美景观"；"博物有先后，宜由近及远，量力而行、渐次展开。热爱家乡及第二故乡，重视地方性知识的收集整理。尝试记录在地景观、物种、动物行为及生态系统的状况，关注家乡的生态环境变迁。对外来物种保持警觉"。

《光明日报》：国家"十四五"规划中提出要倡导"绿色消费和绿色生活方

式""人与自然和谐共生",据此,国内观鸟发展路在何方?国内外有哪些好的经验做法值得借鉴,试举例。

刘华杰:提倡并推广形式多样的公众博物活动(包括观鸟),是落实国家"十四五"规划中倡导"绿色消费和绿色生活方式""人与自然和谐共生"理念的重要具体举措。各级领导应当有这个眼光、见识,认识到博物学文化的展开是推动生态文明建设的重要抓手,它很具体、实在,不容易引起百姓的反感。其实,其他领域的工作,也可以主动采取"博物+"的策略,这可以令竞争激烈的现代人生活增添一丝浪漫。

若做长远考虑,建议多了解国内外的博物学文化历史,我们编写过《西方博物学文化》可供参考。别人的一些经验值得学习,榜样有力量。

2021 年 1 月 15 日

"爱智慧"是个动宾结构

《中国科学报》：哲学含义广泛，内容体系繁杂。您认为在目前的环境中，哪类哲学是高校学生应该学习的？讨论哲学更广泛的含义和教育是否与意识形态教育相悖？

刘华杰：在目前的中国，哲学也是多样化的；你说的现象确实存在，但也只是一种表现，不是全部。哲学分专业哲学和大众哲学，两者都需要。前者只针对少数研究者，后者涉及每个人。多数学生（哲学专业的不算在内）与大众一样，需要学点哲学，这种哲学我认为宜用通俗的语言来撰写，使读者能够看得懂。讲述者，不要掉书袋，把读者弄糊涂。如你所言，哲学的范围很广，涉及各个方面。生活、工作中都需要哲学，不是这种哲学在起作用就是那种哲学在起作用，因此需要用"合适的哲学"来填充需要。我知道，你可能希望我说得具体一点，最好能举例子。但是，一举例就可能被误解，以为只重视这些例子所涉及的范围。不过，我甘愿被误解，而具体地举例子。比如哲学上要讲清楚我们是谁，在生态系统中处于何种地位，我们的理性、正义、同情、知识等观念从哪里来并具有怎样的性质，我们可以期望怎样的幸福生活，人类之间以及人与大自然之间应当如何相处。不限于此，但这些是基本的。为何是这些内容呢？因为哲学与其他学科不同，它要处理一些大的、一般性的问题，涉及世界观和方法论，当今社会中人这个物种对自身的地位仍然缺乏足够的体认，对自己及人类想过怎样的生活也缺乏共识，哲学家应当通过批判性思维引导人们做出有根据的判断。

《中国科学报》：如果从广义哲学看，您认为学生应该掌握哪些内容？

刘华杰：哲学包含丰富的知识，但严格讲知识对于哲学并不是主要的。哲学是一种爱智慧的活动，是一种批判性的智识过程。特别要注意，哲学不是智慧本身，也不占据、把持真理。重点在于"爱—智慧"这一行动，"爱"是动词。学生宜训练的是阅读与反思技巧，学会对"缺省配置"本能地持怀疑态度，从而为严格分析、理性判断提供可能性。当提及怀疑时，并非要事先否定什么，只是一种不盲从的态度而已，是一种"悬置"。怀疑之后可能还会归于肯定，当然也可能还是否定，这个不能事先决定。

《中国科学报》：您以哲学学者的身份进入博物领域，您认为这一过程是不是人文学科进入自然学科的过程？或者两者本身互通不存在明显的界线？换言之，在很多人眼中，人文社科与自然科学的界线泾渭分明，但是对于您来说，哲学与博物学乃至自然科学是怎样的关系？

刘华杰：这带有相当的个体性和偶然性。我并非想进入自然科学，人文学科也不必进入自然科学。我认为当今的人文学术宜吸收其他各学科的材料，为自己所用，这样做的用意是获得灵感，避免闭塞。

学科的划分具有路径依赖性，是历史上各种因素或必然或偶然造就的，其划分并非天经地义。分和合以及相互借鉴，应当是常态，但现在"分"表现得明显，得到了足够的重视。其实，"合"也十分需要。以哲学史为例，在历史上它就借鉴各种信息，康德就从牛顿力学借鉴了许多，今日做哲学自然也要睁开眼睛、敞开心扉。哲学与博物学都很古老，现在显得都很没用！历史上从哲学中分出诸多学科，包括当今很风光的许多自然科学学科；博物也一样，从博物学中演化出了动植分类学、地质学、气象学、生态学、保护生物学等。正如，在今天哲学不是科学一样，在今天博物学理论上也不是科学，但它们与科学都有密切联系。博物学与自然科学也有明显的交集，这都是事实，但是我还要强调它们互不从属。在这方面我采用了"平行论"，《西方博物学文化》引言中有详细说明，在此不重复了。

《中国科学报》：您认为就科技发展的历史看，哲学对于其产生的影响有哪些？最大的影响是什么？

刘华杰：暂不论上面提及的由哲学分化出一些自然科学这一层意思，就一般情况而言科技发展背后有价值预设，即为什么要发展这些科技而不是那些？为何要以这般速度进行发展？这些都与哲学有关。涉及我们、决策者、科学家如何看待这个世界，希望这个世界未来如何运作。哲学工作者要把其中隐藏的或者不那么明确的关联找出来，摆到桌面上讨论。因为现实中，有许多人只管做而不大思考背后的事情，哲学工作者必须关注科技，揭示科技何以可能，是什么在影响科技的投入产出，哪些价值观在起作用，其合理性如何，是否需要改变，如果想改变在战略上应当如何操作，等等。影响是什么？背后的观念会影响到科技的创新，即有怎样的科技产品问世，我们的生活将受其影响，我们的生态系统将受其影响。要注意的是，创新并非天然有理，对"创新神话"的建构本身要给出具体分析。

《中国科学报》：您认为，当下，如果让许多人了解哲学，了解人与自然之间的关系，会对社会发展产生怎样的影响？

刘华杰：哲学的批判性思维并非只产生对当下主流意识形态不利的结论，理论上两种可能性都有。哲学对于合理的政策主张，必然提供一定的理论、舆论支持，而对于不合理的政策主张，必然发现其中的诸多矛盾、不周，有助于暴露问题从而有助于解决问题。比如，哲学界对生态文明建设持高度欣赏的态度，愿意以各种方式论证其合理性并对操作环节提出具体建议。哲学，只起一定的作用，不要高估它也不要贬低它。哲学家要持开放态度，除了关注文本外，也要努力汲取经验信息。当下的主流学院派哲学，似乎不大关注重大的社会现实问题以及人与自然的突出矛盾，对文本倾注了更大的心血。哲学宜多样化，少数人可以依然做冷门学术，亦可以热衷于抽象辩论，但相当一部分人应当考虑"哲学作为时代精神"的使命感，不要让社会失望。哲学工作者也不宜把权利自动地过多地转让给社会学家、经济学家、政治学家、心理学家、自然科学家、社会工作者等。

前提是，哲学工作者能提出有价值有启发性的思想，能够引领时代发展，减少社会的苦难，让天人系统可持续性生存。具体来说，在我看来，发挥一点小聪明，为"更快更高更强"出主意，并不是有责任感的哲学家的用功所在。

2020 年 10 月 29 日

勐海本土植物好且美

《中国科学报》：说到吃，您除了尝试勐海人民已经在吃的野菜、果子，每次在野外发现新植物、果子，也会品尝，这是博物考察的一方面吗？

刘华杰：有段子讽刺吃货的"能好怎"，说他们听说一种新植物，通常会立即提出一串问题："能吃吗？好吃吗？怎样吃？"我以前觉得讽刺得对，后来发现不能这样看问题。人民群众不是植物学家、法律专家，也不是圣人、伦理学家，他们有探究什么东西能吃的权利。这涉及人类的生存本能。如今我们能有这么多食物可用，显然是吃货们一点点探究出来的。当然，也要讲规矩，不能乱来，既不能破坏生态也不能伤害身体。

我在勐海吃过很多野果，有的味道很好，有的味道一般，也有个别有毒的，但我有分寸，不会出问题。山茶科叶萼核果茶的果实很漂亮，却不能吃，味道很糟糕，我琢磨过它的嫩叶，试着用其嫩叶煮茶，茶汤淡黄色，味道也不错，说不定将来可开发成某种饮品。无患子科野果"干果木"看着像荔枝或桂圆，个头小一点，非常甜，若驯化好了，荔枝又能多一个"兄弟"。至于蔷薇科悬钩子属的野果，随便吃，这个属的果子都很安全，只是口感有所差别。

博物学讲究全方位收集植物的信息，"品尝"是一个重要方面。博物学大家梭罗就是吃野果的专家。当然，安全第一，没有一定的基础知识不要乱来。

《中国科学报》：勐海植物本土种与外来种的情况如何？您为什么在书中说"本土种好且美"的观念还没有被接受？

刘华杰：人们往往误以为外来种好，外来种可以让当地快速致富，而本土种不挣钱甚至本身价值不大。中国各地区有意无意引进了大量外来种，导致外来种入侵非常厉害，尤其在热带地区。"本土种好且美"这种观念，是博物学、生态学的一个基本原则，可是它在勐海乃至全国都还没有完全树立起来。勐海很多行道树用的是来自非洲的紫葳科火焰树，看起来很美，实际上问题很多。勐海本地有大量优良树种，为什么不可以做行道树呢？本土种在当地定居了数百年数万年，适应当地环境，是生态系统的一部分，安全而稳定。至于美不美，爱家乡，它们就美。爱家乡是一种能力，也是一种美德。

在《勐海植物记》中，我特意多收入一些平时人们不大注意的勐海本土植物。我也向勐海县提出一些具体建议：要优先辨识和使用本土物种，慎重引进外来物种。

《中国科学报》：博物学对今天的乡村文化建设有什么作用？

刘华杰：建设美丽新农村和生态文明，需要做扎实的工作。当下农村的状况并不乐观，知识分子应当为此做些事情，国家相关政策也要有所突破。博物学在乡村大有用武之地，比如进行自然美教育。什么叫美、自然美？学会审美很难，比致富还难。认知、理解、欣赏生物多样性之美确实不容易，需要训练、培养。第一步要认识家乡的草木鸟兽虫鱼，知道它们的实用功能和生态功能，知道古人和当代人是如何可持续利用它们的。如果各地中小学生只学习全世界都一样的普适且抽象的知识，孩子走进学校上课就等于与自己的家乡隔绝起来，怎么期望他们了解家乡、热爱家乡以及将来回报家乡？博物学教育需要编写优秀的乡土教材，还有师资培养问题。我本人愿意做些努力，但总感觉有劲儿使不上。

基础教育的一个主要任务是培养当地人成为当地社区的合格"自然公民"：爱自然、能劳动、会生活。有了合格的"自然公民"，人与周围的自然物就可以构成休戚与共的"共同体"，将来也容易把自己培养为成熟的"政治公民"。博物学，就是要从小抓起、从底层抓起，为培育自然公民提供方式、方法。

回到勐海的发展来说，生物多样性和民族文化多样性是根本。但经济发展与自然保育之间存在着矛盾，所以在具体工作中，还需要一些切实可行的抓手，平衡各种诉求。比如怎样把远方的游客吸引来，让当地人得到实惠，同时又不破坏生态？"勐海五书"计划，就是为此服务的，看似远水解不了近渴，但绕不过去，这对当地文化和自然的推介是实实在在的。

刊于《中国科学报》，2021 年 6 月 4 日，此次收录有删节

哲学与人类世：新冠疫情对个人的影响

《信睿周报》：您所在的专业领域及您的个人研究今年是否受到了疫情影响，影响体现在哪些方面？

刘华杰：肯定有影响，比如无法给学生当面上课。对学术研究影响不大，只是借书和外出考察不方便。从1994年到北大工作，前十七年间教研室全体教师共用一间不足9平方米的屋子，也凑合着过来了。后来每人有了独立的办公室。满足基本物质需要后，重要的是心灵是否开放，可否独立思考。

《信睿周报》：今年让很多人感触颇深的也许就是"疫情/后疫情时代"的不确定性了，您怎么看待这种不确定性对未来十年的人类及世界的影响？

刘华杰：十年，主要不是哲学考虑的时空尺度。哲学家最应当关注的是百年、千年、万年，当然也有关注"一刹那"的。张载讲"为万世开太平"，虽有夸张，大意是明确的。人这个物种已经进入"人类世"（地质学家造的词）、"风险社会"（社会学家造的词），现在在依然在向未知方向狂奔，没错，是疯狂地奔跑。新冠病毒病带来了小停顿，高傲的人类大概不会因此特别长记性，想着改变非理性的生存方式。对人这个物种而言，"欲壑难填"，追求更快、更高、更强、更舒适，成了难以反思的信条。

《信睿周报》：您认为，2020年在您的专业领域被忽视的人/事件/趋势是什么？

刘华杰：我的硕士导师苗东升教授在疫情期间去世。住院期间只通了电话，他不让学生去探望，想来非常遗憾。被严重高估的人物是技术狂人马斯克（应当批判他才对），被忽略的思想家是圣雄甘地。

在我看来，主流学院哲学是令人失望的，学者们从事的主要是从文本到文本的细枝末节性解说、阐发，中外皆然，哲学家基本影响不到大政方针的制订。在马克思说的"解释世界"和"改造世界"中，哲学家自动退缩于前者。在多种约束下，相当多学者只不过想努力展示自己像个哲学工作者：发论文、提职称、规训学生。疫情暴发后，中外许多哲人也发表了一些"高见"，但坦率说表现不如科幻界，甚至还不如文学、史学、神学界。"人的正确思想是从哪里来的？"哲学如何才代表时代精神？书本、档案只是一个方面，非常重要的是社会实践、百姓的日常生活，特别是日新月异的科技活动。哲学家当然重视科技创新，一部分学人觉得还不过瘾、希望更快地创新，但是对"科技—权力—资本"三位一体的社会驱动模式反思、批判得不够，对连绵的战乱、纷争缺乏同情心。"生活世界"（胡塞尔提出的一个重要概念）与"科学世界"的张力会越来越明显，人类个体将活得愈加辛苦（如不得不"浪费"更多的大好时光在学校里苦读），人类整体与大自然相处时的不适应将更加突出。"适应性"是达尔文演化论特别强调的一个概念，当下的不适应主要表现为人这个物种超前发展，挤占生态系统中其他物种的利益、同时也破坏自己未来的生存环境。除人之外，地球上还没有哪个物种有如此超凡的影响力并表现得如此非理性。从代际正义角度看，当下的过快发展，明显窃取了子孙后代的财富，剥夺了他们的一部分权利。

趋势没法精确言说。针对突出的问题，可以说一下科技哲学、STS研究应当面对的难题。人类正在勇往直前地试图将自己日益非人化，即幻想成为超人而把自己变成非人。非人化指人类利用科技手段日益否定自己的自然生物学存在，比如人体增强、基因编辑。具体不良后果很多，比如裸眼视力下降、野外生存能力下降、面对新型疾病不堪一击。这是一种可怕的倾向，因为人的过分折腾违反自然法则，甚至有人讲"人不灭绝似乎天理难容"。说到底人只是宇宙中一个不起眼星球上的一个普通物种，人的

"我思"、认知、理性、财富、家国、自我实现等，均不能超出生态系统的正常演化而获得独立的存在论意义。

《信睿周报》：请您谈谈明年的研究计划，会特别关注哪些方面？

刘华杰：睁眼看世界，用心思考，继续实践"看花就是做哲学"。今日社会，所谓启蒙或人文教育，就是了解现代性的信条和"缺省配置"并与此保持距离。比如，在科学观上意识到科学主义是我们的缺省配置，在历史观上认识到辉格史是我们的"缺省配置"，在自然观上看到人类中心论是我们的缺省配置。注意，是我们而不是他们；要充分估计超越这些缺省配置的难度；保持距离需要持续做功。挖掘"生活世界"的潜力，概括时代精神的要素。

《信睿周报》：请您推荐一本今年读到的让您"眼前一亮"的书。

刘华杰：拉图尔的《自然的政治：如何把科学带入民主》。不过，他写得比较绕，如果用科学与社会"分形交织"的想法改写，可以大大简化。中国人写的书我推荐孙周兴教授的《人类世的哲学》，它代表着哲学家更加关注未来的现实世界。关于"人类世"的持续时间我们有不同的估计。"人类世"首先作为一个地层学概念，时间跨度不能太短。比如第四纪中的更新世和全新世，前者百万年，后者也有一万年，"世"不大可能是百年的尺度。

2020 年 10 月 21 日